复杂环境下岩石物理力学特性研究

丁梧秀　著

北京理工大学出版社
BEIJING INSTITUTE OF TECHNOLOGY PRESS

内 容 提 要

本书主要介绍了作者多年来在岩石物理力学特性研究方面取得的成果，内容包括概述、岩石基本物理力学特性与试验方法、含水率对岩石物理力学特性影响的研究、应力状态对岩石物理力学特性影响的研究、结构特征对岩石物理力学特性影响的研究、水化学溶液作用下岩石物理力学特性及侵蚀损伤模型研究、MHC耦合作用下岩石物理力学特性及侵蚀损伤模型研究、冻融作用下岩石物理力学特性及侵蚀损伤模型研究、复杂环境下岩石抗侵蚀试验研究等。

本书可作为土木、水利水电、隧道、岩石力学、环境、岩土工程勘察、设计、施工等相关专业本科生和研究生的教学参考书，也可供有关科研和工程设计人员参考。

图书在版编目（CIP）数据

复杂环境下岩石物理力学特性研究／丁梧秀著.—北京：北京理工大学出版社，2021.4

ISBN 978-7-5682-9700-4

Ⅰ.①复… Ⅱ.①丁… Ⅲ.①岩石力学—物理力学—研究 Ⅳ.①TU452

中国版本图书馆CIP数据核字（2020）第063210号

出版发行／北京理工大学出版社有限责任公司
社　　址／北京市海淀区中关村南大街5号
邮　　编／100081
电　　话／（010）68914775（总编室）
　　　　　（010）82562903（教材售后服务热线）
　　　　　（010）68948351（其他图书服务热线）
网　　址／http://www.bitpress.com.cn
经　　销／全国各地新华书店
印　　刷／天津久佳雅创印刷有限公司
开　　本／710毫米 ×1000毫米 1/16
印　　张／12.5
字　　数／248千字
版　　次／2021年4月第1版 2021年4月第1次印刷
定　　价／65.00元

责任编辑／江　立
责任校对／周瑞红
责任印制／李志强

前　言 Preface

自然界中存在的岩体有着不同的形成经历，也有着各自不同的赋存环境，物理力学性质各异。随着工程建设规模的不断扩大，岩体赋存环境越来越复杂，不仅影响了岩石的物理力学性质，而且关系到工程的施工与运营安全。有关不同赋存环境对岩石物理力学特性的影响，已有很多学者进行了大量研究，并取得了重要的成果。本书在借鉴已有成果的基础上，主要围绕应力、水流、化学、冻融及岩体结构特征等因素对岩石物理力学特性的影响展开了研究，对其变化规律进行分析，对岩石抗侵蚀保护进行了初步探讨。

本书是作者对多年来研究工作的总结。在多年的学习和工作中，作者得到了许多教师、同事的支持和帮助，特别是作者的博士生导师冯夏庭院士和硕士生导师姚增教授的悉心指导与帮助。作者的研究工作得到了研究生徐桃、建磊、杨金金、闫永艳等的支持和帮助，他们在研究生学习过程中完成了大量的试验及研究工作。作者的研究工作还得到了国家自然科学基金、河南省科技创新人才计划、河南省高校科技创新团队支持计划等项目的资助。在此，一并表示衷心的感谢！

兰州大学的姚增教授审阅了全书，并提出了很多宝贵意见，在此表示诚挚的谢意！

由于作者水平有限，本书中介绍的一些看法和方法，难免存在认识上的不足，敬请读者批评指正。

著　者

目　录 Contents

第1章 概 述

1.1 复杂环境下岩石物理力学特性研究背景

随着我国交通工程、水利水电工程、大规模的跨流域调水工程、能源巷道等基础工程建设规模的不断扩大，以及地下核废料处置、地下能源储备及开采、地下二氧化碳封存等地下空间的不断开发和利用，对不同赋存环境下岩体工程特性的研究也在逐步深入。由于我国幅员辽阔，地理环境复杂，地形地貌存在很大差异性，因此在实际工程岩体建设过程中会不可避免地遇到一些复杂的地质环境，导致影响岩体稳定性的因素不断增加。不同地质环境影响下，例如，在不同含水状态、应力状态、岩体结构特征、水流、水化学溶液、冻融等因素及各因素的耦合作用下，岩体的物理力学特性将发生变化。为提高复杂地质环境下岩体工程的稳定性及安全性，从复杂环境下岩石的基本物理力学特性出发，开展岩石基本物理力学特性变化规律及岩石工程损伤机理研究，并对岩石的抗侵蚀损伤方法进行探索，具有重要的实际工程意义。

岩石的物理力学特性，除受其本身的矿物成分和结构构造等影响外，还取决于其赋存环境。其中，地下水对岩石的物理力学特性的影响较为明显。水坝失事、岩体滑坡等事故多数与水密切相关。赋存在岩层中的自由水是诱发岩体变形与破坏的重要因素，岩石受其润滑、水楔、孔隙水压和溶蚀等作用影响，力学性能将产生不同程度的下降，因此，水对大坝、岩石边坡及地下硐室等工程的稳定性有着重要影响。同时，实际工程中的岩体往往处于三向受力状态，工程岩体中围岩常遭遇大变形、底鼓、片帮、冒顶及岩爆等工程问题，由此，岩体应力状态对其物理力学特性影响也较大。随着埋深的增加，岩体所受到的地应力也随之增大，加之地壳运动等构造作用及不同地质环境的影响，导致不同埋深位置的岩体应力状态差异较大，致使岩石物理力学性质也具有较大差异。由于地质构造作用，实际工程中的岩体还含有不同级序的节理及软弱面。节理及软弱面的存在弱化了工程岩体的质量，尤其是在受到开挖卸荷作用时，开挖卸荷扰动将改变岩体的应力状态及其内部结构特征，使得岩体中原有的裂隙扩张、贯穿甚至产生新的裂隙，岩体连通性增强，强度急剧降低，致使岩体质量迅速劣化。

水化学溶液对岩石有一定的溶解、水化和氧化等作用，进而导致岩石的物理力学特性发生改变。岩体受水化学溶液作用后，由于水化学溶液作用削弱了矿物颗粒之间的连接作用或侵蚀矿物颗粒晶格而使岩体物理力学特性发生变化，同时，水化学溶液通过溶蚀岩石将溶蚀物质带走，使岩体性状变差，甚至出现工程事故，对岩体工程的长期稳定性产生威胁。岩体在地下水和地应力作用下从变形到破坏是一个长期的过程，尤其是深部岩体工程的长期稳定性不仅与应力作用下岩石和结构面的变形行为有关，而且与地下水渗透、溶蚀作用密不可分。另外，冬季寒区岩体的冻融作用也会对岩石物理力学性质产生一定程度的损伤。因此，研究应力(M)—水流(H)—化学(C)及冻融等不同因素耦合作用下岩石的物理力学特性，不但可以丰富和完善岩石力学基础理论，还可以为合理评价和预测多场耦合环境下岩石工程的长期安全性与稳定性提供理论依据。除此之外，化学材料对岩石的作用也有有益的一面，如近现代以来出现的低渗透油气田的酸化开采、岩土体的化学灌浆加固与防渗、利用化学作用对岩体进行化学加固及防风化处理等，因此，研究复杂环境下岩石的抗侵蚀损伤方法也具有重要的工程应用价值和应用前景。

由于工程岩体结构特征难以预见且赋存环境复杂，致使对应力、水流、水化学溶液、冻融作用及其耦合作用下岩体的物理力学特性的认识还不够清晰，对岩石的抗侵蚀损伤规律也不清楚。因此，本书主要围绕应力、水流、化学、冻融等因素及岩体结构特征等对岩石物理力学特性的影响进行试验研究，并基于试验结果对其变化规律进行分析，最后对岩石抗侵蚀保护进行初步探讨。

1.2 国内外研究现状

1.2.1 含水率和应力状态对岩石物理力学特性影响的研究

在地质学和地球化学方面，水—岩相互作用的研究很早就有研究者进行。在二十世纪五六十年代，许多岩石、矿床学家，如 Barnes(1963)、Beales(1966)、Degens(1969)和 Helgeson(1966)等进行了水—岩相互作用的模拟试验，主要研究与矿床、围岩蚀变、矿物溶解度等有关的问题，并发表了许多这方面的研究成果。自 20 世纪 70 年代起，国外水—岩相互作用的研究进展相当快。美国最先开始，英、法、苏、日也依次进行了海水—玄武岩相互作用的试验研究，其中 Bischoff(1975)、Mottle(1978，1979)和 Kyphocob(1986)等取得了重要的试验成果，提出了现代海底硫化物金属矿床成矿的理论，并验证了海底扩张假说，大大推动了这个领域的研究。20 世纪 80 年代以来，水—岩相互作用试验转入与人类休戚相关的环境地质研究。例如，Haswell(1985)、Abrahams(1987)调查和试验了砷对土壤、地下水和环境污染的情况。Rampe(1987)和Runnells(1989)对从废弃金矿山和碎样厂获取的污水与土壤进行试验研究，发现从尾矿坝获取的污水pH值为2.4，从崩塌入口获取的污水pH值为5.4，且不同来源的污水中各离子含量也各不同，但结果都表明这些污水使原来的河水变浑浊，土壤变质，草木枯萎。L. Muller(1981)曾指出，岩体是由矿物—岩石固相物质与含于孔隙和裂隙内水的液相物质组成的，水的存在会降低岩石的弹性极限，提高岩石的韧性和延性，使岩石软化，易于变形，水在岩石中主要以束缚水和自由水两种方式存在，对岩石能够产生连接、润滑、孔隙水压和溶蚀等作用，并共同影响岩石的强度和变形等力学特性。Chugh(1981)对饱水沉积岩的抗压强度进行了大量的试验，试验结果表明，水对岩石强度的弱化程度主要与岩石自身的重力密度、含水率、应力状态等因素有关。A. B. Hawkins等(1992)对分布于英国的35种砂岩进行了干燥和饱水条件下的单轴抗压强度的对比试验，试验结果表明，饱水后的砂岩强度普遍降低，强度损失率主要受制于岩石中石英和黏土矿物的比例。20世纪90年代至今，在国际矿物地质学家、流体地球化学家、微生物学家、有机化学家及生命起源理论家共同感兴趣、合作研究的“热液系统与生命起源”的新领域，对水—岩相互作用的试验也起到了很重要的作用(梁祥济，1995)。国内许多研究者对水—岩相互作用这一问题也进行了大量的探讨。陈刚林等(1991)对不同饱水度的岩石进行了单轴压缩试验，试验结果表明，岩石峰值强度和弹性模量与岩石饱水度呈指数减小关系，当饱水度达到某一程度时，其峰值强度和弹性模量基本趋于稳定，泊松比受饱水的影响不明显。康红普等(1994)进行了不同含水率岩石单轴压缩试验研究，发现岩石的强度和弹性模量随含水率的增加基本呈线性减小关系。周翠英等(2005)进行了不同含水状态软岩力学性能软化规律的研究，得出岩石单轴强度与饱水时间呈指数减小关系，随着饱水时间的加长，最后趋向于稳定。孟召平等(2009)进行了含水率对岩石力学性能影响的试验，试验结果表明，含水率的增加会降低岩石的弹性极限，提高其韧性和延性，使岩石更易于变形，含水率对岩石的力学性能影响程度受岩石本身材料性质所控制。邵明申等(2010)对不同含水率的砂岩进行了单轴压缩力学试验，发现水分弱化了砂岩的应变软化特性，且其峰值强度和弹性模量与含水率呈指数减小关系。邓建华等(2008)对膏溶角砾岩进行了不同含水率下的力学性能试验，结论与砂岩相似，即随着含水率的增加，其峰值强度和弹性模量也呈指数减小，另外，还发现泊松比与含水率呈线性增大关系。傅晏等(2009)进行了不同干湿循环次数下岩石的单轴压缩试验，发现在干湿循环条件下，岩石将产生不可逆的渐进性损伤，且岩石单轴强度和弹性模量均与干湿循环次数呈对数减小的关系。

关于不同含水率和围压条件下的岩石力学试验也有较多研究成果。孟召平等(2002)分别进行了砂岩在不同围压和不同含水条件下的力学性能试验，试验结果表明，砂岩的弹性模量与围压呈非线性增长关系，强度与围压呈线性增长关系，泊松比受围压的影响较小；岩石的单轴强度和弹性模量随含水率的增加而迅速减小，且在含水状态下，主要表现为塑性破坏。姜永东(2007)也进行了砂岩含水率和围压两因素的独立试验，试验结果表明，含水率越高强度越低；随着围压的增大，抗压强度明显提高，塑性变形明显增大，残余强度随围压的增大而增大。郭富利等(2007)进行了炭质页岩在围压和饱水耦合作用下的力学性能试验，试验研究表明，围压对软岩强度的影响规律不受饱水时间影响，即在不同饱水时间下，其抗压强度与围压均呈指数增长关系，岩石的弹性模量随围压的增大而增大，泊松比随围压的增大而减小，残余强度和围压呈较好的线性关系。于德海等(2009)进行了干燥和饱水状态下绿泥石片岩的三轴压缩试验，试验结果表明，从干燥到饱水状态岩石强度降低幅度较大，在较低围压下，岩石干燥时比饱水时的强度围压效应明显，在围压小于 5 MPa 时，软化系数与围压基本呈负指数关系；干燥时岩石的弹性模量与围压呈线性增大关系，而饱水时其线性拟合较差；岩石的破坏形式均为剪切破坏，但随着围压的增大，其破坏形式从单一断面的剪切破坏，向近于平行的双断面剪切破坏发展，围压越大其破裂面越平整。熊德国等(2011)对自然和饱水状态砂岩进行了单轴、三轴压缩试验，试验结果表明，岩石饱水时的强度围压效应比干燥时明显，三轴压缩强度的软化系数与围压大致呈正相关关系。

综上所述，关于含水率和围压对岩石力学性能影响的试验研究较多，而关于含水率和应力状态耦合作用对岩石的影响，还需要进行更多的试验来进一步探讨。

1.2.2　冻融作用对岩石物理力学特性影响的研究

对混凝土等孔隙介质的冻融损伤过程，目前已经有了比较一致的认识：当脆性孔隙介质冻结时，储存在其内部的孔隙水发生冻结并将产生约 9%的体积膨胀，导致其内部产生较大的拉应力和微孔隙损伤；当介质内部的孔隙水融化时，水会在其内部微孔裂隙中迁移，进而加速这种损伤(M. Hori，1998)。徐光苗等(2005)从力学的角度分析了岩石的冻融破坏过程，得出结论：当环境温度下降时，岩石内部孔隙水开始发生冻结，体积发生膨胀，对岩石颗粒产生冻胀力，这种冻胀力相对于某些胶结强度较弱的岩石颗粒有破坏作用，使得岩石内部出现局部损伤；当环境温度上升时，岩石内部的冰体融解，伴随着这一过程发生的是冻结应力释放和水分的迁移；随着冻融次数的增多，这些局部损伤区域逐步连通，岩石强度和刚度就会不断下降，并最终造成岩石块体断裂、剥落等现象，从而影响岩石的力学特性。H. Nicholson 等(2001)选择了 10 种不同的岩石，开展了冻融循环试验，对不同岩性岩石的冻融损伤程度进行了系统研究。杨更社等(2004)采用了 3 种不同岩样，先将 3 种岩样饱水，然后将其温度分别降低到 0 ℃、−10 ℃和−20 ℃，再利用 CT 扫描技术，研究了不同冻结温度条件下岩石内部的细观损伤扩展机理、水分迁移、冰的形成及其结构损伤的变化，该研究成果对寒区岩土工程具有十分重要的意义。王俐等(2006)对不同初始含水率的红砂岩进行了冻融循环试验，研究了不同初始含水率的红砂岩在冻融循环过程中的损伤特性，发现水对冻融过程中红砂岩的力学性质影响明显，随着初始含水率的增加，红砂岩的单轴压缩峰值强度逐渐下降。李慧军等(2009)选择了砂岩和煤岩两种岩石，进行了不同温度(−5 ℃、−10 ℃、−20 ℃、−30 ℃)及不同围压(6 MPa、8 MPa、10 MPa)下的单轴和三轴压缩试验，研究了不同温度及围压对岩石冻融后强度等性质的影响，并对不同岩样的同一性和差异性进行了比较分析。张继周(2008)选择了粉砂质泥岩、辉绿岩和白云质灰岩3种岩石，并在两种水化环境下(蒸馏水饱和，饱和并经1%硝酸溶液浸泡侵蚀)分别进行了冻融循环试验，冻融温度分别为−12 ℃和12 ℃，每个冻融循环时间为4 h，测定了不同循环次数下试样的饱和单轴压缩强度和质量变化，研究了这3种岩石在冻融条件下的力学特性和损伤劣化机制。程磊等(2009)选取了煤岩和砂岩两种典型岩石，进行了不同冻结温度、不同受力状态条件下单轴和三轴压缩试验，分析了煤岩和砂岩在不同冻结温度、不同受力状态条件下的力学特性，并对两者的同一性和差异性进行了比较，在此基础上进一步研究了两种岩石的单轴抗压强度、弹性模量和泊松比在不同低温条件下的变化规律。刘楠(2010)从工程现场选取红砂岩和页岩两种典型岩石，进行了冻融循环试验，设定冻融循环温度分别为−20 ℃和20 ℃，冻融循环次数分别为0、5、10、20、40、60、100次，分析了两种岩石的冻融损伤劣化及冻融破坏行为，对干燥和完全饱和两种含水状态下经历不同冻融循环次数后的岩样分别进行了单轴压缩试验，获得了岩样在不同冻融次数后的变形和强度变化规律，分析了两种岩石的冻融损伤机理及冻融耐久性。丁梧秀等(2015)进行了不同水化学溶液及冻融耦合作用下的力学试验，研究了灰岩在水化学溶液及冻融耦合作用下的力学损伤特征，发现随着冻融循环次数的增多，灰岩的损伤将逐渐增大，且灰岩的冻融劣化模式均为颗粒损失模式，溶液中凝结核的丰度是影响灰岩损伤程度的重要因素，同时，建立了水化学溶液及冻融耦合作用下灰岩的侵蚀损伤方程。Zhang Jian等(2018)对冻融作用及水化学溶液耦合作用下，砂岩物理力学性质进行了研究，表明冻融循环后砂岩试件质量、抗张强度和点荷载强度均有不同程度的降低，孔隙率则有所增加，化学侵蚀和冻融循环的耦合作用对砂岩物理与力学性能具有显著的破坏性。

在有关冻融损伤的研究中，目前对混凝土的侵蚀破坏机理研究较多，研究成果也较为成熟，而对岩石冻融破坏机理的研究现处于快速发展阶段，还有待进一步深入探索。

1.2.3　MHC耦合作用对岩石物理力学特性影响的研究

在MH耦合试验研究方面，太沙基首先建立了渗流与多孔介质变形之间的有效应力原理，基于此原理，Biot 等建立了相对完善的三维固结理论，此后各国学者基于 Biot 的理论开展了耦合研究。A. W. Skempton(1954)对太沙基的有效应力原理进行了修正，并最早考虑了水岩之间的力学作用效应。Louis(1974)分析了自然状态下非破坏岩体的 MH 耦合作用，指出了渗透系数和正应力呈负指数关系。Burshtein(1969)研究了富含黏土矿物砂岩与石英砂屑岩的强度和变形受含水率的影响规律。Dyke 和 Dobereiner(1991)进行了石英砂屑岩的试验，发现岩石强度越低，对含水率反应越敏感。Hawkins 和 McConnell(1992)进行了干燥和饱和状态下砂岩的单轴抗压强度试验研究，发现与干燥状态相比，饱和状态砂岩的强度损失为 8.2%～78.1%，平均损失为 31.0%，强度的衰减受含水率的影响较大，而受孔隙水压力的影响不大。张玉卓等(1997)进行了应力和渗流耦合作用下裂隙岩体的试验研究，探讨了渗流与应力之间的作用机理，指出了渗流量与应力成四次方关系。刘才华等(2003)结合裂隙面受剪时的力学机理，进行了裂隙岩体的渗流剪切试验，研究了岩体裂隙在剪切荷载作用下的渗流特性，探讨了裂隙剪缩阶段过流能力的变化，发现渗透系数与剪应力之间有明显的线性关系。仵彦卿等(2005)推导出了基于 CT 数的岩石孔隙率公式，并据此探讨了岩石在应力—应变过程中孔隙率等参数的变化特性。崔中兴等(2005)分别对常规和渗流三轴试验下干燥岩石进行了 CT 实时观测，初步揭示了渗流与应力耦合作用对岩石细观损伤扩展规律的影响。傅晏等(2009)研究了干湿循环作用下完整砂岩的力学性质，获得了相应试验条件下砂岩的单轴抗拉与抗压强度等力学参数。阎岩等(2010)进行了渗流与流变耦合作用下多孔隙石灰岩的试验，研究了岩石试件在渗流场中的流变力学特性。林鹏等(2013)基于溪洛渡工程现场地质条件和监测数据，以及岩体渗流和应力耦合作用机制，分析了大坝复杂基础的渗流耦合作用机制，以及水位和渗透压的变化规律。杨金保等(2013)通过开展单裂隙花岗岩的渗透试验，进行了应力历史对裂隙渗透性能演化的影响规律的研究。李佳伟等(2013)利用岩石力学试验系统，针对高孔隙水压效应对砂板岩岩体力学特性影响进行了试验研究。俞缙等(2013)利用稳态法研究了渗透压和不同围压条件下砂岩的应力—应变过程的渗透率。宋战平等(2019)研究了不同渗透压下灰岩单轴压缩破裂过程，表明在不同的渗透压力下，岩石的变形阶段明显不同，且随着渗透压力的增加，岩石的各项力学特性均有不同程度的下降，渗流对其损伤破坏具有引裂作用。

在 MC 耦合试验研究方面，研究成果主要集中于不同水化学溶液腐蚀后岩石物理力学性质的试验研究上。J. M. Logan 和 M. I. Blackwell(1983)发现水的存在使砂岩的摩擦因数降低了 15%，而 $FeCl_3$ 和 $CaCl_2$ 的存在将使砂岩摩擦因素降低 25%。Rebinder 等(1944)分析了几种不同化学药剂对钻进面上岩石力学性质的影响机理，利用强度理论揭示了化学物质的吸附作用使岩石矿物表面能降低，并促进岩石裂纹扩展的机理。Atkison(1981)的研究结果表明，水化学溶液作用对石英的断裂影响是非常显著的。Dunning等(1994)的研究结果表明水化学溶液作用对岩石摩擦性质有重要的影响。Feucht(1990)开展了饱水及NaCl、$CaCl_2$、Na_2SO_4溶液作用下砂岩的三轴压缩试验，研究了水化学溶液作用对砂岩强度的影响规律，探讨了NaCl、$CaCl_2$和Na_2SO_4等溶液对砂岩摩擦系数和摩擦强度的影响效应。M. G. Karfakis和M. Askram(1993)研究了水化学溶液对岩石断裂韧性的影响。A. Hutchinson和J. B. Johnson(1993)用HCl、H_2SO_4等溶液模拟酸雨，对石灰石的腐蚀作用进行了研究。T. Heggheim(2005)等分析了石灰石的力学性质受海水作用后发生弱化的机理。Li Hao等(2018)、Lin Yun等(2019)、Yu Liyuan等(2020)分别对水化学溶液侵蚀后灰岩、砂岩的力学性质进行了研究，表明酸性溶液对两者腐蚀损伤最大，碱性次之，中性最弱。冯夏庭(2000)、王永嘉(2000)等进行了岩石在不同水化学溶液下的破裂特性的试验研究，探讨了花岗岩的时间分形特征。谭卓英等(2001)进行了岩石在酸化环境下的强度弱化效应的试验模拟研究，分析了岩石损伤受酸影响的敏感性及相应的损伤机制。汤连生等(1999，2001，2002)系统地研究了水—岩相互作用下的力学与环境效应，进行了不同水化学溶液作用下不同岩石的抗压强度及断裂效应试验，探讨了水—岩相互作用的机理及定量化的研究方法，并依据水—岩土之间的化学作用来分析岩土体的稳定性。周翠英等(2004)研究了软岩的水化学作用，得出软岩的软化主要是由于黏土矿物吸水膨胀与崩解、易溶性矿物溶解、离子交换吸附作用、软岩与水的微观力学作用机制和软岩软化的非线性化学动力学机制的综合作用造成的。丁梧秀等(2004)进行了化学侵蚀下多裂纹灰岩的试验研究，获得了不同水化学溶液侵蚀下不同预制裂纹灰岩试件的强度、结构侵蚀特征及裂纹搭接破坏模式。陈四利等(2003，2004)对不同水化学溶液作用下砂岩、灰岩、花岗岩的力学特性进行了系统的细观力学试验研究及分析，获得了化学环境侵蚀下岩石的动态破裂特征和演化规律。乔丽苹等(2007)进行了不同水溶液流动环境下砂岩的微细观结构变化特征的试验研究，获得了水化学溶液pH值和离子浓度及砂岩孔隙率等物性参数的演变规律，分析了砂岩的细观损伤机制，提出了砂岩水物理化学损伤变量表达式，并进行了损伤计算结果与CT扫描结果的对比分析。丁梧秀等(2013)对不同水化学溶液作用下砂岩的质量、波速及溶液pH值等的变化规律进行了试验研究，分析了砂岩的化学侵蚀损伤时效特征。崔强等(2008)对化学侵蚀前后砂岩试件的孔隙率、溶液酸碱度等相关参数进行了观测和测试，根据砂岩次生孔隙率的变化分析了岩石孔隙结构的变化，并指出砂岩中石英质矿物的溶解是其化学侵蚀的主要因素。姚华彦等(2008，2009)进行了蒸馏水、Na_2SO_4和$CaCl_2$溶液作用下硬脆性灰岩的三轴压缩试验研究，分析了灰岩力学性质受水化学溶液影响的机理和规律。丁梧秀等(2005)通过不同水化学溶液侵蚀不同时间下灰岩的力学试验，获得了不同水化学溶液侵蚀下灰岩强度损伤特性，建立了水化学溶液作用下灰岩单轴抗压强度随时间的侵蚀损伤方程。苗胜军等(2016)进行了酸性水化学溶液作用下花岗岩力学特性试验，研究了水化学侵蚀下花岗岩的强度损伤、变形特征及力学参数响应机制。王伟等(2017)对砂板岩进行了不同水化学溶液侵蚀作用下的单轴压缩试验，研究了不同水化学环境侵蚀作用对砂板岩试样质量、变形和强度特性的影响规律，探讨了水化学溶液作用下砂板岩的侵蚀机制。张站群等(2020)对化学腐蚀后灰岩的动态拉伸力学特性进行了探究，并基于核磁共振试验，从微观角度分析了灰岩动态拉伸强度及能量耗散等随侵蚀损伤度的变化规律，发现岩石宏观力学性质与其内部微观结构损伤有着密不可分的联系。

在 MHC 耦合试验研究方面，冯夏庭等(2005)依据自行研制的 MHC 耦合下岩石的细观力学试验系统，进行了多裂纹灰岩在受水化学溶液侵蚀作用和未受化学腐蚀作用下的单轴压缩破坏全过程的对比试验，试验结果表明，灰岩受化学侵蚀作用后被软化，未受侵蚀作用时表现为脆性破坏。周辉等(2006)简述了国内外在 MHC 耦合作用下有关岩石方面的主要研究成果及进展，并就如何有效地进行岩石的 MHC 耦合研究给出了几点建议。鲁祖德等(2008)通过 MHC 耦合作用下裂隙红砂岩的试验研究，获得了裂隙红砂岩的化学侵蚀损伤时间效应特征，发现红砂岩质量的变化与浸泡水化学溶液的性质关系不大，然而其强度受水化学溶液的 pH 值和流速影响显著。申林方等(2010)研究了单裂隙岩石在 MHC 耦合作用下的综合响应机制，获得了在该耦合作用下的水岩化学反应特征、蠕变变形特征及水力性质变化特征。王伟等(2012)通过试验研究了水化学溶液的离子成分和 pH 值对红砂岩力学特性影响效应，得到了各试验条件下的偏应力—应变轴向曲线和溶液 pH 值、岩样相对质量随时间变化的关系曲线，分析了红砂岩物理力学特性与水化学溶液之间的作用关系。建磊等(2014)开展了新鲜灰岩在 MHC 耦合侵蚀下的物理力学试验研究，分析了物理力学参数的损伤时效特征和侵蚀损伤机理，发现 MHC 耦合侵蚀下灰岩的物理力学性质劣化程度更高。傅英坤(2020)对应力—渗流—化学多场耦合作用下混凝土蠕变特性进行了试验研究，获得了在该耦合环境下的混凝土渗透率、蠕变力学特征的变化规律。

在 MHC 耦合模型研究方面，国内外学者也已经开展了相当数量的研究工作，取得了一系列成果。Steefel(1990)、Yeh(1991)运用多组分化学反应传输模型描述了岩石裂隙面矿物反应的时空变化过程，该模型较全面地反映了物质在多孔介质中的传输转化，但不能反映多孔介质的细观孔隙几何结构特征。Groves 等(1994)研究了 HC 耦合作用下裂隙岩体渗透特性的变化对喀斯特的形成和发展的影响，该模型不能反映物质的传输转化过程，并且没有考虑应力的耦合作用。Dreybrodt 等(1991)基于提出的薄膜理论模型研究了湍流条件下方解石在 $H_2O-CO_2-CaCO_3$ 溶液中的溶解和沉淀的机理，此模型对喀斯特含水层的发展具有重要的意义。Yasuhara 等(2003，2004)从压力溶解的角度，利用规则的球形矿物颗粒模型进行了天然裂隙渗透特性变化的理论模型研究，该模型有些参数取值比理论值大上千倍，其在裂隙中的应用有待进一步的验证。Liu 等(2006)建立了二维的裂隙渗透特性耦合模型，对 Polak 等(2004)的试验研究进行了数值理论解析，并对裂隙渗透性变化的原因进行了说明。王媛等(1996)总结了裂隙岩体渗流的各类模型，并分析了这些模型的优点和不足及适用条件。仵彦卿(1997，1998)提出了基于应力场和渗流场耦合作用下的岩体裂隙网络模型、等效连续介质模型、广义及狭义双重介质模型，并分析了各个模型的适用条件和应用状况。柴军瑞等(2000，2001)以水量平衡原理建立了各级裂隙网络之间的联系，提出了岩体渗流场与应力场耦合分析的多重裂隙网络模型，并依据渗透系数与体积应变、孔隙率的关系，建立了岩体渗流场与应力场耦合分析的等效连续数学模型。郑少河等(2001)基于自洽理论建立了多裂隙岩体渗流损伤耦合的理论模型。陈炳瑞等(2004)结合遗传算法建立了不同水化学溶液作用下灰岩的进化神经网络本构模型，该模型很好地描述了受侵蚀灰岩的应力—应变特性，并可进一步推广到复杂的化学环境中。王建秀等(2004)用化学动力学的方法推出水化损伤的演化方程，且在此基础上建立了水化—水力耦合损伤演化方程。杨天鸿等(2005)应用 Biot 渗流力学理论和弹性损伤力学，建立了岩石的渗流—应力—损伤耦合作用的细观力学模型，该模型能较好地模拟岩石在水压和载荷作用下裂纹的发展及瞬态与稳态的渗流过程。周辉等(2006)研究了细观统计渗流模型与各向异性损伤模型的联合分析方法和模型参数的确定方法，并对特定的实例进行了计算和对比验证。张文捷等(2010)建立了改进的离散—连续介质耦合模型，该模型能够更加真实地反映岩体的渗流特性，并使常规数学模型中水量交换难确定的问题能够很容易地解决。姚华彦等(2010)建立了一种综合考虑力学效应及水岩化学作用的进化神经网络本构模型，并对裂隙岩石的破裂过程采用弹塑性细胞自动机模拟系统 EPCA2D 进行了模拟研究。申林方等(2011)结合化学热力学及动力学、岩石力学和过渡态理论等方面的知识，建立了岩石的溶解动力学模型，探讨了应力作用下水岩相互作用机制。王军祥等(2014)对岩石弹塑性损伤 MHC 耦合模型及数值算法进行了研究，建立了基于 Drucker-Prager 强度准则的岩石弹塑性应变软化本构模型，模拟了岩石材料的峰后软化特性，揭示了岩石峰后应变软化特性和破坏机制。

综上所述，岩石物理力学性质对其所处的地质环境具有高度的敏感性，岩石 MH 及 MC 耦合过程研究起步相对较早，研究成果较为丰富。关于岩石 MHC 耦合作用的研究，还需更深入地对其破坏机理及损伤演化过程等开展定量化研究。

1.3 研究思路与研究内容

1.3.1 研究思路与方法

本书的主要研究思路如图 1-1 所示。首先对书中涉及的主要岩石基本物理力学参数及其测试方法和影响因素等进行简要介绍，然后从含水率、应力状态、结构特征、水化学溶液、冻融循环等方面出发，分析单因素或多因素耦合作用对岩石物理力学特性的影响，并研究复杂环境下岩石物理力学特性的演化机理。针对不同含水状态下岩石物理力学特性的研究，以红砂岩和花岗岩为研究对象，开展了不同含水率下岩石物理力学试验，分析不同含水状态下岩石质量、波速、应力—应变关系、强度及弹性模量等物理力学参数变化规律，研究不同含水状态下岩石物理力学性状变化规律。针对不同应力状态下岩石物理力学特性的研究，分别对自然状态和饱和状态下的红砂岩开展不同围压下的力学试验，分析不同围压对红砂岩力学特性的影响，同时，测试不同应力状态下岩体的弹性波波速，研究弹性波波速的时空效应。结构特征对岩石物理力学特性影响的研究，主要以节理岩体为研究对象，分析岩体开挖后弹性波波速、裂隙率、密度、强度和变形等的变化规律，并以黄河上游三坝址岩体、洛阳龙门石窟岩体等为例，研究岩石动力学参数变化特征。针对 MHC 和 MC 耦合作用下风化、新鲜岩石的物理力学特性及侵蚀损伤模型的研究，主要在《岩石破裂过程的化学一应力耦合效应》一书中对洛阳龙门石窟围岩稳定性影响因素分析的基础上，以洛阳龙门石窟灰岩为研究对象，配置不同的水化学溶液，分析多因素耦合作用对灰岩物理力学参数的影响，包括灰岩质量、弹性波波速、峰值强度、水溶液的化学成分、浓度及 pH 值等，并建立不同耦合作用下岩石的侵蚀损伤模型。同样，冻融作用对岩石物理力学特性的影响也主要以龙门石窟风化灰岩为研究对象，围绕岩石质量、弹性波波速、峰值强度和水化学溶液 pH 值等因素展开研究，并建立冻融作用下岩石的侵蚀损伤模型。最后，以洛阳龙门石窟风化灰岩为研究对象进行抗侵蚀试验研究，研制抗侵蚀材料并检测抗侵蚀材料的各项性能，开展岩石抗侵蚀保护探讨。

1.3.2 研究内容

1. 岩石基本物理力学特性与试验方法

(1)岩石基本物理力学特性与试验方法简介。概述岩石的基本物理特性指标(如密度、孔隙性、水理性等)和力学特性指标(如强度特性、变形特性等)，并简要介绍相应的测试方法和影响因素。

(2)岩石动力学特性与试验方法简介。简述岩石弹性波测试的理论基础、表征岩石应力波的主要类型及其试验方法，并给出合理选择工程岩体弹性波测试方法的建议。

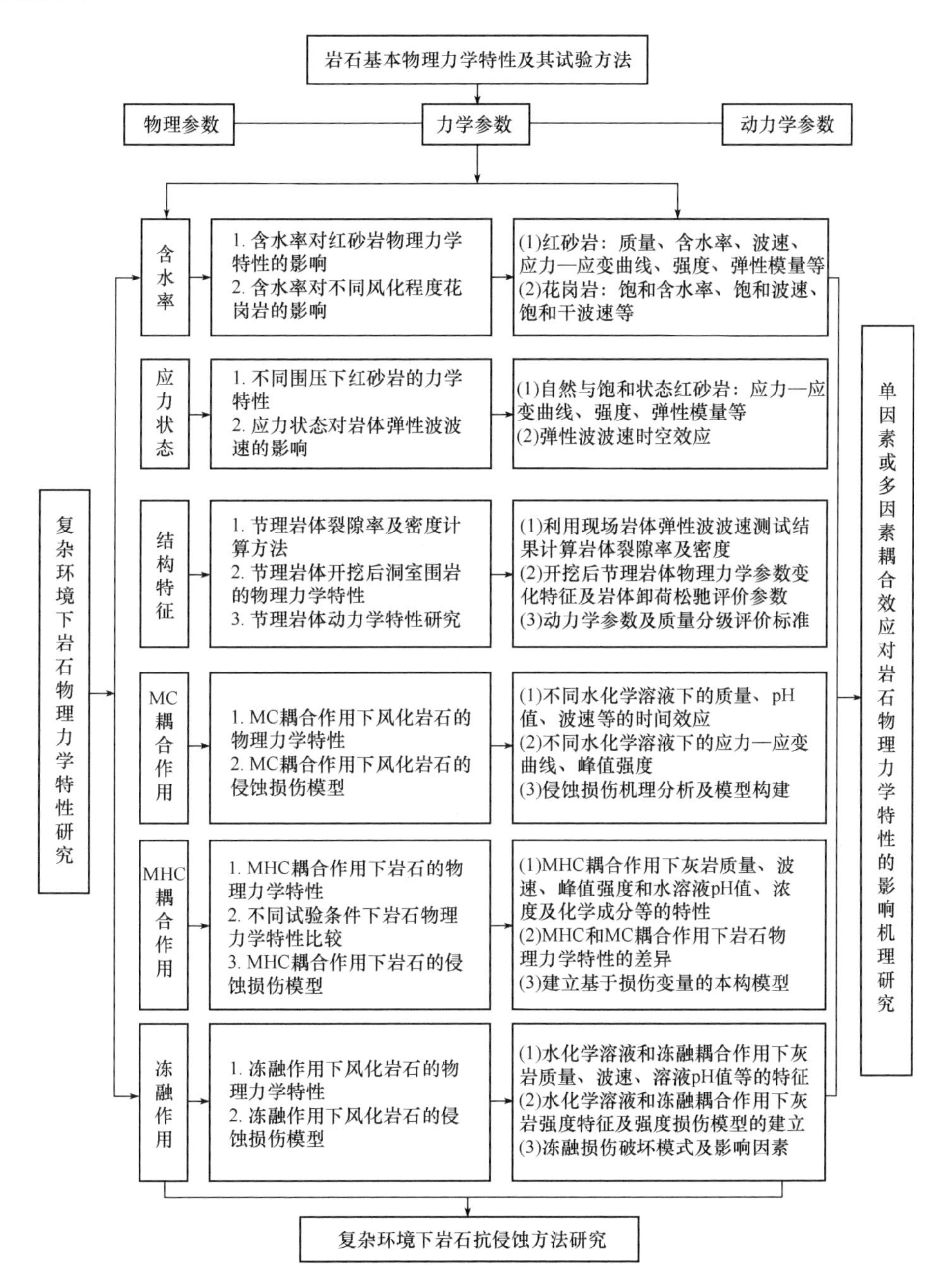

图 1-1 研究思路

2. 含水率对岩石物理力学特性影响的研究

(1)对不同含水状态下的红砂岩进行相关物理力学试验，分析红砂岩的质量、含水率、弹性波波速及强度、弹性模量、应力—应变关系等的变化规律。

(2)结合前人试验结果，对不同风化程度花岗岩的饱和含水率与波速的关系进行研究，定量分析水对岩土波速的影响规律。

3. 应力状态对岩石物理力学特性影响的研究

(1)对自然状态和饱和状态红砂岩进行单轴、三轴压缩试验，在此基础上分析围压变化对红砂岩物理力学特性的影响。

(2)通过理论推导和试验结果的分析，研究弹性波波速的主要影响因素，探讨应力状态与岩体弹性波波速的关系，研究不同应力状态下岩体弹性波波速的时空效应。

4. 结构特征对岩石物理力学特性影响的研究

(1)对不同岩级的节理岩体弹性波波速进行分析，探讨岩体裂隙率、密度与弹性波波速之间的关系，研究节理岩体在不同条件下各物理力学参数的变化规律，给出岩体卸荷松弛评价参数。

(2)以黄河上游三坝址岩体和洛阳龙门石窟岩体为例，对现场和室内获得的波速资料、波能量衰减与岩体(围岩)结构特征之间的关系进行分析，研究波能量衰减与岩体质量之间的变化规律，并尝试建立相应的分级标准。

5. 水化学溶液作用下岩石物理力学特性及侵蚀损伤模型研究

(1)以风化灰岩和新鲜灰岩为研究对象，综合考虑研究区域内水溶液环境，开展不同水化学溶液作用下岩石的物理力学特性试验，获得水化学溶液侵蚀前后灰岩的质量、弹性波波速、峰值强度及水化学溶液成分、浓度、pH 值等物理力学和化学性能指标的变化规律。

(2)对水化学溶液作用下灰岩试件的侵蚀损伤规律进行研究，建立灰岩在不同水化学溶液侵蚀下的强度损伤方程和动力学方程，揭示 MC 耦合作用下灰岩类岩石的侵蚀损伤机理。

6. MHC 耦合作用下岩石物理力学特性及侵蚀损伤模型研究

(1)以新鲜灰岩为研究对象，开展不同动水化学溶液作用下岩石的物理力学特性试验，获得动水化学溶液侵蚀前后相关物理力学和化学性能指标，并与静水化学溶液作用下的情况进行对比分析，研究 MHC 耦合作用下岩石物理力学特性的侵蚀损伤规律。

(2)运用损伤力学原理，建立 MHC 耦合作用下龙门石窟灰岩的侵蚀损伤模型，并与试验结果进行对比分析。

7. 冻融作用下岩石物理力学特性及侵蚀损伤模型研究

(1)以风化灰岩为研究对象，进行不同水化学溶液环境下灰岩的冻融循环试验，获得水化学溶液和冻融循环耦合作用下灰岩物理力学指标并分析其变化规律，研究不同水化学溶液环境下灰岩的冻融破坏特征和损伤模式。

(2)对冻融循环作用下灰岩试件的损伤规律进行分析，建立不同水化学溶液环境中，灰岩强度与冻融循环次数的侵蚀损伤方程。

8. 复杂环境下岩石抗侵蚀试验研究

(1)针对龙门石窟风化灰岩抗侵蚀保护问题，研制新型纳米 CaC_2O_4 保护材料。

(2)对研制的新型纳米 CaC_2O_4 保护材料进行性能指标测试，优化保护材料的制备工艺。

(3)用新型纳米 CaC_2O_4 和氟硅酸镁两种保护材料进行抗侵蚀试验，研究保护材料对龙门石窟风化灰岩的抗侵蚀效果和保护机理。

第2章　岩石基本物理力学特性与试验方法

2.1　引言

岩石是天然地质作用的产物，它是矿物的集合体。由于其粒间具有较牢固的结晶连接或胶结连接，大部分新鲜岩石质地均匀、坚硬致密，孔隙少而小，物理力学特性良好；当受到不良地质环境影响时，物理力学特性将受到影响，岩石质量劣化。岩石的物理性质是岩石固有的由其物质组成和结构特征决定的密度、孔隙性和吸水性、软化性、抗冻性等基本属性。力学性质是岩石在外力作用下表现出来的性质，主要包括岩石的变形特性、强度特性与强度大小等。根据岩石的动力学特性，通过弹性波波速可以反映岩石的物理力学特性的差异。本章仅对后续涉及的主要物理力学参数的定义与试验方法进行简要介绍。

2.2　岩石基本物理特性与试验方法

2.2.1　岩石密度与孔隙性指标和试验方法

1. 岩石密度指标

(1)岩石密度。岩石密度是岩石试件的质量与其体积之比，即单位体积内岩石的质量。岩石是由固相(矿物、岩屑等)、液相(充填于岩石孔隙中的液体)和气相(孔隙中未被液体充满的剩余孔隙中的气体)组成的。根据岩石所处的环境条件和状态的不同，常用的密度参数主要有3种。其中，天然密度ρ是岩石试件在自然条件下，岩石试件的总质量与其总体积之比；饱和密度ρ_{sat}是岩石试件中固体与孔隙中水的总质量与试件总体积之比；干密度ρ_d是岩石试件中固体的质量与试件总体积之比。

岩石密度取决于组成岩石的矿物成分、孔隙性及含水状态等，另外，还与其成因有关。岩石密度大小，可以在一定程度上反映岩石的力学性质。通常，岩石的密度越大，其性质就越好；反之越差。

密度的测量通常使用称重法，即先测量试件的体积，再进行称重，进而计算密度。在测量天然密度时，首先应该注意保持被测岩石的含水率；其次应注意岩石中是否含有遇水溶解或膨胀的矿物成分，若有此种矿物成分则可用蜡封法。测量饱和密度时，可先采用 48 h 浸水法、抽真空法或煮沸法使岩石试件饱和，然后进行称重，本书中较多采用 48 h 浸水法测量饱和密度。干密度的测量方法是先将试件放入 105 ℃～110 ℃的烘箱中干燥至恒重，然后进行称重。本书中测量干密度时烘箱温度设定为 105 ℃，烘干时间选用 24～48 h 以保证将试件烘至恒重。

(2)岩石颗粒密度 ρ_s。岩石颗粒密度是岩石固相物质质量与固相物质体积的比值，可采用比重瓶法或水中称量法测得。本书中较少使用该密度参数，此处不做过多介绍。

2. 孔隙性指标

岩石依其生成原因和生成条件的不同，可能含有形状、体积不同的孔隙和裂隙，另外，有各种原生的、构造的、卸荷的、风化的规模不等的面状裂隙。岩石所具有的孔隙和裂隙特征统称为岩石的孔隙性。其是反映岩石中微裂隙发育程度的指标，可以通过孔隙比和孔隙率两个参数进行衡量，本书中主要用孔隙率来量化岩石的孔隙性。

岩石孔隙率 n 是指岩石试件中孔隙体积与试件总体积的比值。其是反映岩石致密程度和岩石性能的重要参数，一般孔隙率越大，岩石中的孔隙和裂隙就越多，岩石质量越差。

孔隙率不仅可利用特定的仪器使孔隙中充满水银等方法求得，还可通过相关参数间接推算得到，如总孔隙率可由岩石块体干密度和颗粒密度计算求得，即

$$n=\left(1-\frac{\rho_d}{\rho_s}\right)\times 100\% \tag{2-1}$$

2.2.2　岩石水理性质与试验方法

岩石在水溶液作用下所表现出的力学的、物理的、化学的性质统称为岩石的水理性质。

1. 吸水性

岩石在一定的试验条件下吸收水分的能力即吸水性，常用含水率、吸水率等指标表示。

(1)含水率 ω。岩石的含水率是天然状态下岩石孔隙中所含水的质量与岩石固相质量之比的百分数。根据试件所处环境状态的不同，含水率可分为岩石在天然状态下的含水率和饱和状态下的含水率。本书中研究对象除天然状态和饱和状态的岩石外，还有人工制备的不同含水率的岩石，其含水率主要通过室内烘干法测定。

(2)吸水率 w_a。岩石的吸水率是岩石在大气压力和室温条件下吸入水的质量与岩石固相质量之比，它是一个间接反映岩石内孔隙多少的指标。岩石的吸水率可分为自由吸水率和饱和吸水率。前者的测定方法主要为浸水法；后者可采用抽真

空法或煮沸法测得。

2. 其他水理性质

(1)溶蚀性。由于水的化学作用，将岩石中某些组成物质带走的现象称为水对岩石的溶蚀。溶蚀作用导致岩石致密程度降低，孔隙率增大，强度降低。

(2)软化性。岩石浸水后强度降低的性能称为软化性。当岩石中含有较多的亲水性和可溶性矿物并且孔隙较多时，岩石的软化性较强，软化系数较小。

(3)抗冻性。岩石抵抗冻融破坏的性能称为抗冻性。与岩石的结构及岩石粒间连接力的强弱等因素有关，岩石结构越差，粒间连接力越弱，抗冻性越差；反之，抗冻性越强。其可用冻融质量损失率、冻融单轴抗压强度和冻融系数等参数表示。

2.3 岩石基本力学特性与试验方法

2.3.1 岩石强度特性与试验方法

强度是指材料在荷载作用下抵抗破坏的能力。对岩石类材料来讲，强度是指岩石在荷载作用下达到破坏时所能承受的最大应力。由于荷载作用的形式不同，对应的岩石强度也有多种，本节重点介绍单轴抗压强度和三轴抗压强度。

1. 岩石单轴抗压强度 σ_c

岩石单轴抗压强度是岩石试件在无侧限条件下，受轴向荷载作用至发生破坏时所承受的最大压应力，一般简称为抗压强度或峰值强度。

(1)试验方法。按照《工程岩体试验方法标准》(GB/T 50266—2013)的要求，单轴抗压强度的试验方法是在带有上、下两块承压板的试验机内，以每秒 0.5～1.0 MPa 的速度加载，直至试件破坏。试验试件应满足：直径为 4.8～5.4 cm；高度为直径的 2.0～2.5 倍；两端面的不平行度不得大于 0.05 mm；沿高度方向直径的误差不得大于 0.3 mm；端面应垂直于试件轴线，偏差不得大于 0.25°。另外，一般岩石单轴抗压强度的测定值分散性较大，为获得可靠的平均单轴抗压强度，每组试件数目不应少于 3 块。

按照上述规定，本书中使用高径比为 2.0～2.5 的 ϕ50 mm×100 mm 圆柱体标准试件。

(2)单轴压缩荷载作用下试件的破坏形态。在单轴压缩荷载作用下试件的破坏形态主要有由试件两端面与试验机承压板间的摩擦力增大引起的圆锥形破坏和消除端面效应后的柱状劈裂破坏。

(3)单轴抗压强度的影响因素。岩石单轴抗压强度的影响因素主要有：在岩石自身方面，主要有岩石的矿物组成、结构构造、密度、风化程度及含水率等；在试验条件方面，主要有承压板端面效应、试件尺寸及形状、加载速率及温度等。

2. 岩石三轴抗压强度 σ_{3c}

岩石三轴抗压强度是在三向压缩应力作用下岩石所能承受的最大轴向应力。按照《工程岩体试验方法标准》(GB/T 50266—2013)的要求，圆柱体试件直径应为试验机承压板直径的0.96～1.00倍，高度为直径的2.0～2.5倍，每组试件数目不应少于5块，其余和单轴抗压强度的试验方法相同。σ_2和σ_3相等时，三轴压缩试验的破坏类型主要有：低围压作用下的劈裂破坏，中等围压作用下的斜面剪切破坏和高围压作用下的腰鼓形塑性流动破坏。

岩石的三轴抗压强度影响因素主要有岩石自身性质、围压、温度、湿度、孔隙压力等。

2.3.2 岩石变形特性与试验方法

根据构成岩石的矿物成分和矿物颗粒的组合方式及受力条件的不同，按照应力—应变—时间关系，岩石变形可分为弹性变形、塑性变形和黏性变形。根据岩石材料的应力—应变曲线所表现出来的破坏特征，可将岩石划分为脆性材料和延性材料。同一块岩石在某些条件下可能呈现脆性，而在其他条件下可能呈现延性。岩石的变形特性通常可从试验时所记录下来的应力—应变曲线中获得，该曲线反映了不同应力水平下岩石的应变规律。因此，以下主要根据不同应力状态下岩石应力(σ)—应变(ε)曲线特征介绍岩石的变形特性。

1. 岩石应力—应变曲线特征

由于岩石的矿物组成和构造各不同，所表现出来的应力—应变关系也不同，一般岩石的应力—应变曲线可分为如下几个阶段：其中，在微裂隙压密阶段，应力—应变曲线上凹，内部已存在的裂隙及孔隙受压闭合，岩石被逐渐压密，但压密过程由快转慢，横向膨胀较小，体积随荷载增大而减小；在弹性变形阶段，应力—应变曲线保持线性关系，服从胡克定律，原有裂隙继续被压密；在裂隙发生和扩展阶段，新裂隙产生，呈稳定状态发展，体积压缩速率减慢，岩石表现为塑性变形；在裂隙不稳定发展直到破坏阶段，裂隙迅速扩展，进入不稳定发展阶段，裂隙扩展汇交形成滑动面，导致试件完全破坏，这一阶段的上界应力称为峰值强度或单轴抗压强度。在破裂后阶段即峰值后阶段，裂隙快速发展，交叉且形成宏观断裂面，岩石变形表现为沿宏观断裂面的块体滑移，但破裂后岩石仍具有一定的承载能力。

2. 岩石变形指标及其测定

表征岩石变形的指标一般有弹性模量、变形模量、泊松比等。

(1)弹性模量 E_e 和变形模量 E_0。弹性模量是在弹性变形范围内，试件轴向应力与轴向应变之比；变形模量是应力增量与相应的应变增量的比值，但它不仅包括弹性变形，还包括部分塑性变形。

(2)泊松比 μ。泊松比是指横向应变与轴向应变之比。在岩石的弹性工作范围内，泊松比为常数，超过弹性范围后，泊松比随应力的增大而增大。

岩石的弹性模量、变形模量和泊松比受岩石矿物组成、结构构造、风化程度、孔隙性、含水率、微结构面及荷载方向等多种因素的影响。

2.4 岩石动力学特性与试验方法

本书中涉及岩体中应力波的传播问题，以下主要介绍岩石(体)中弹性波传播过程中的动力学特性。弹性波是在线弹性介质中传播的波，由于岩体的成因、矿物成分、地质年代、结构状态等各不相同，加之所处应力状态和后期地质改造上的差异，致使测得的岩体弹性波波速千差万别，即使是岩性相同的岩体也可能得到不相同的弹性波波速值。尽管如此，岩体的弹性波波速仍有最基本的规律，即当矿物结晶颗粒较细，节理裂隙不很发育，岩体致密时，波速较高；当矿物结晶颗粒较粗，节理裂隙比较发育，岩体疏松时，波速较低。

2.4.1 弹性波测试的理论基础

当弹性波在介质内传播时，其弹性波波速与介质本身的物理力学性质有着非常紧密的联系。在测试中，岩体可视为弹性介质。弹性介质因局部受力将产生质点振动并随时间向外传播，这种在弹性介质中传播的振动称为弹性波。质点振动方向与波的传播方向一致时，称为纵波，用 P 表示；质点振动方向与波的传播方向垂直时，称为横波，用 S 表示。

纵波和横波的传播速度分别用 v_P 和 v_S 表示，根据波动方程可以得出：

$$\left.\begin{aligned} v_P &= \sqrt{\frac{\lambda+2G}{\rho}} \\ v_S &= \sqrt{\frac{G}{\rho}} \end{aligned}\right\} \tag{2-2}$$

式中，λ 是拉梅常数，G 是剪切模量，ρ 是岩体密度。

对于均匀、完全弹性、各向同性的介质，由胡克定律可以得到岩体弹性参数之间的关系：

$$\left.\begin{aligned} E &= \frac{G(3\lambda+2G)}{\lambda+G} \\ \mu &= \frac{\lambda}{2(\lambda+G)} \\ G &= \frac{E}{2(1+\mu)} \end{aligned}\right\} \tag{2-3}$$

式中，E 是弹性模量；G 是剪切模量；μ 是泊松比；λ 是拉梅常数。

由式(2-2)和式(2-3)可以得到 v_{P}、v_{S} 与 E、μ 的关系：

$$\left.\begin{aligned} v_{\mathrm{P}} &= \sqrt{\frac{E(1-\mu)}{\rho(1+\mu)(1-2\mu)}} \\ v_{\mathrm{S}} &= \sqrt{\frac{E}{2\rho(1+\mu)}} \\ \frac{v_{\mathrm{P}}}{v_{\mathrm{S}}} &= \sqrt{\frac{2(1-\mu)}{1-2\mu}} \end{aligned}\right\} \tag{2-4}$$

由式(2-4)可以得到岩体弹性模量和弹性波波速的关系：

$$\left.\begin{aligned} E &= \frac{\rho v_{\mathrm{S}}^2(3v_{\mathrm{P}}^2-4v_{\mathrm{S}}^2)}{v_{\mathrm{P}}^2-v_{\mathrm{S}}^2} \\ \mu &= \frac{v_{\mathrm{P}}^2-2v_{\mathrm{S}}^2}{2(v_{\mathrm{P}}^2-v_{\mathrm{S}}^2)} \\ G &= \rho v_{\mathrm{S}}^2 \end{aligned}\right\} \tag{2-5}$$

由式(2-2)和式(2-4)可知，岩体纵横波波速与剪切模量、弹性模量的平方根成正比，与介质的密度平方根成反比，即岩体的剪切模量、弹性模量越大，其纵横波速度越大；岩体的密度越大，其纵横波速度越小。上述因素还需综合考虑，因为式(2-4)中 ρ 的变化很小，通常为百分位上的差异，所以纵横波波速主要取决于剪切模量和弹性模量，而两者对密度值 ρ 的微小变化并不敏感。另外，在岩体节理面发育且张开度较大时，往往对横波的剪切力传递困难，此时 v_{P} 与 v_{S} 的比值稍大，因此在劣质岩体中，剪切波的传递速度下降较快。

综上所述，可以通过测定岩石(体)弹性波波速求得岩石(体)的物理力学参数。同时，岩体弹性波波速也可以作为判别岩石(体)质量优劣的重要指标。

2.4.2　试验方法

岩块的弹性波波速可以通过室内声波试验获得，而岩体的弹性波波速需通过地震波穿透法和洞壁波速法测试，以及钻孔声波法测试等获得。不同的测试方法得到的弹性波波速数值并不同，即便是对于面积、范围不大的同一岩体，测试方法若不同，获得的结果也不同。

1. 地震波波速测试

在浅层地震勘探中主要研究人工激发的地震波在岩土介质中的传播规律。一般情况下，当作用力较小且作用持续时间较短时，大部分介质都可以近似地看作弹性介质。在地震勘探中，人工震源的激发是脉冲式的，作用时间极短，且激发的能量对于地下岩层和接收点处介质所产生的作用力较小，可以将它们近似地看作弹性介质，并用弹性理论来研究地震波的传播问题。在弹性理论的研究中，介质根据其不同特征可以分为各向同性和各向异性两类。研究表明，大部分的岩土介质在地震勘探中都可近似地看作各向同性介质，从而可以将一些基本的弹性理论应用到地震波的研究。在浅层地震勘探中使用的震源均以瞬时脉冲式激发，实践表明，无论使用何种震源，激发时在激震点附近一定区域内所产生的压强将大大地超过介质的弹性极限而发生岩土的破裂和挤压形变等。上述震源点附近的非线性形变区称为等效空穴，等效空穴边缘的质点，在激发脉冲的挤压下，将产生围绕其平衡位置的振动，这种振动是一种阻尼振动，在介质中向四面八方沿射线方向传播，形成初始的地震子波。由于接收和研究地震波传播的空间一般都远离震源点，其介质受到的力很小，表现为完全弹性，因此又称为地震弹性波。在地震勘探中，一般利用的是纵波，对横波利用较少，这是因为横波的激发、接收和识别在技术上具有复杂性和工作困难。在岩体工程质量分级及稳定性评价中应用较多的也是纵波波速。以下主要结合现场实例介绍地震波测试中的地震波穿透法和地震波洞壁波速测试方法。

(1)地震波穿透法波速测试。为了对各种测试方法获得的试验结果进行比较，首先选择同一岩体，这样才具有可比性。为此，选择了黄河上游某水电工程工地的坝基岩体进行分析，该岩体岩性为变质岩，质地坚硬、完整性好，为层状块体结构。

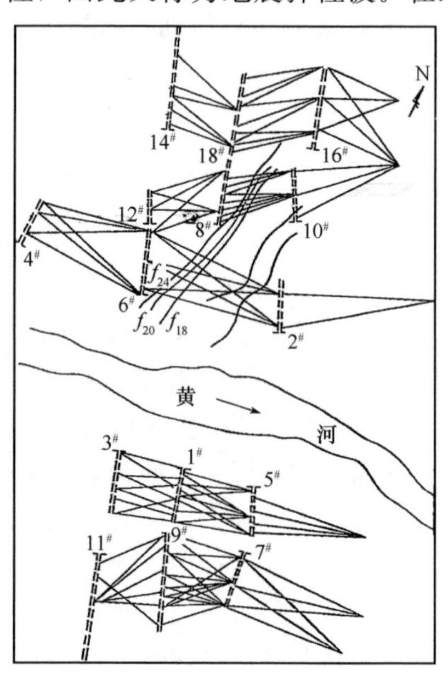

图 2-1　坝址区地震波穿透法波速测试布置图

图 2-1 所示为坝址区地震波穿透法波速测试布置图。为了使测试结果具有可比性，分别选择左右两岸高程相近的测段进行研究。所选测试段的高程左岸为 2 060 m，右岸为 2 059 m，共选取了 10 个穿透测段，测试结果见表 2-1。

表 2-1　地震波穿透法波速测试结果

测试结果	左岸	右岸
波速/(m·s^{-1})	5 400	4 600
	4 100	4 800
	4 500	4 900
	4 600	4 900
	3 800	4 500
波速平均值/(m·s^{-1})	4 500	4 700
总平均值/(m·s^{-1})	4 600	

(2)地震波洞壁波速测试。为了提高测试结果的可靠性，选择了高程、范围与地震波穿透法波速测试基本相同的 10 个洞壁测段进行测试，结果见表 2-2。

表 2-2　地震波洞壁波速测试结果

测试结果	左岸	右岸
波速/($m\cdot s^{-1}$)	3 600	3 600
	4 200	3 900
	4 600	4 200
	4 900	4 800
	5 000	4 900
波速平均值/($m\cdot s^{-1}$)	4 460	4 280
总平均值/($m\cdot s^{-1}$)	4 370	

2. 钻孔声波测试

声波测试是通过探测声波在岩体内的传播特征来研究岩体性质和完整性的一种物理探测方法，它与地震法测试相类似，也是以弹性波理论为基础。两者主要的区别在于工作频率范围的不同，声波探测所采用的信号频率要远远高于地震波的频率，因此，声波探测有较高的分辨率。但是由于声源激发一般能量不大，且岩石对其吸收作用较大，因此传播距离较小，一般只适用在小范围内对岩体等地质体进行较细致的研究。声波测井是地球物理测井的一种，它利用声波在钻井中传播的规律来研究钻井剖面。由于声波测井仪发射的声波频率一般都大于音频，故又称为超声波测井。声波测井的方法很多，在工程地质勘察中应用最多的主要有一发二收式和二发四收式。

图 2-2 所示为一钻孔内的一发二收的声波仪探头，F 为发射换能器，S_1、S_2 为接收换能器。在钻孔内注入清水以便使换能器耦合，从而在钻孔内形成了水和岩体的速度界面，即波阻抗($\rho\cdot v$)界面。当由 F 发出的振动波入射到水和岩体速度分界面，其入射角达到临界值时，波将沿界面滑行，形成折射波。根据惠更斯原理，该滑行波上的每一个点都可以是新震源，当新震源发出的振动波入射到 S_1、S_2 时，可以在仪器上读得 t_1、t_2，其时差：

$$\Delta t = |t_1 - t_2| \tag{2-6}$$

两者相距 ΔL，故岩体的波速值为

$$v = \Delta L / \Delta t \tag{2-7}$$

逐点测量将得到钻孔内不同深度 L 处的岩体波速值 v，绘制出 $L-v$ 关系图，如图 2-3 所示。由 $L-v$ 曲线可知，钻孔孔口处(L=0～0.2 m)也即开挖平洞洞壁浅表部，波速相对较低，此段为开挖平洞应力释放的岩体扰动范围。孔深为 0.2～0.6 m 段波速值高达 6 500 m/s，该段为岩体的应力集中区，这是因为平洞开挖后，洞壁应力集中，造成波速提高。$L>0.6$ m 以后为应力正常区，波速值为正常值 6 000 m/s，属于高波速岩体。由波速的变化值不难看出，正常岩体的纵波速值比松动圈的纵波速值约高 20%。

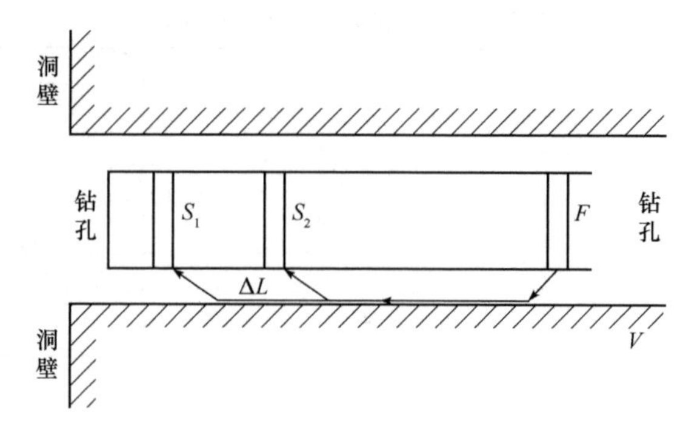

图 2-2　钻孔声波法测试示意

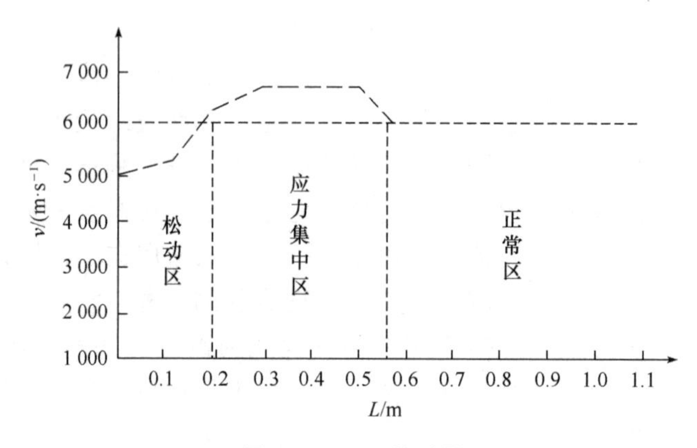

图 2-3　L—v 关系图

3. 室内试验

试件由坝址岩体勘探平洞取样加工而成，规格为(10×10×10)cm^3，试件完整，无明显裂隙。测试方法为声波法，如图 2-4 所示，分别在 $x-y$ 平面上和 $x-z$ 平面上进行，测试结果见表 2-3。

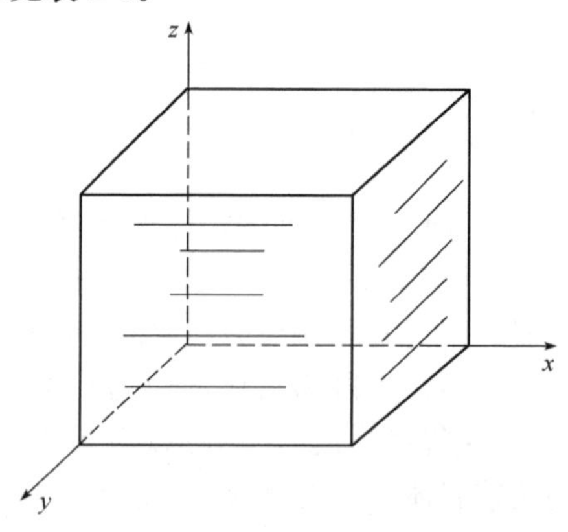

图 2-4　室内声波法测试示意

表 2-3　岩石波速室内测试结果

编号	波速/(m·s^{-1})		
	平行层面 x	平行层面 y	垂直层面 z
1	4 900	4 930	4 260
2	5 010	5 000	3 490
3	5 320	5 100	4 090
4	4 890	4 900	3 110
5	5 020	5 000	3 640
6	4 900	4 900	3 830
7	4 800	4 840	4 320
8	5 000	5 010	3 910
9	5 200	5 180	3 820
平均值	5 000		3 830

由表 2-3 可知，平行层面的波速为 5 000 m/s 左右，垂直层面的波速为 3 800 m/s 左右。

4. 不同试验方法的对比分析

由不同试验方法的现场测试结果可以看出，即使是同一地区相同岩性的岩体，弹性波波速值也会由于试验方法的不同而不同。由钻孔声波测试、地震波穿透法测试和洞壁波速测试获得的试验结果的平均值分别为 6 000 m/s、4 600 m/s 和 4 370 m/s。地震波穿透法测试和洞壁波速测试获得的试验结果基本相同，地震波穿透法测试略高 4%～5%；而钻孔声波测试结果比上述两种方法高出大约 1 500 m/s，即高出 25%左右。由室内试验结果可知，平行层面的波速值约为 5 000 m/s，垂直层面的波速值约为 3 800 m/s，室内岩块试验结果比钻孔波速测试结果小得多，故钻孔波速测试结果应慎重使用。

(1)钻孔声波测试分析。根据钻孔波速测试结果，沿钻孔纵向岩体可分为波速为 5 000 m/s 左右的卸荷松动带，其厚度为 0.2 m；波速达 6 500 m/s 左右的应力集中带；波速为 6 000 m/s 的正常应力状态下的岩体。松动带将导致波速下降 20%左右。由上所述，可以为洞壁岩体建立一个物理模型，在高应力和正常岩体的外面贴一块厚度为 0.2 m 左右的低速介质，该模型就是洞壁地震波的载体。假设测段为 10 m，在这 10 m 长的路径上波不会一直沿洞壁表面的低速带传播，而是在横切过低速带后沿应力集中的介质传递，然后通过很薄的低速带到接收点。在这 10 m 长的测段，介质的影响因素无疑是低速带和高速带。

(2)地震波穿透法测试和洞壁波速测试分析。从理论上讲，平洞开挖会改变岩体的状态，洞壁松动会使洞壁岩体波速降低，故通常地震波穿透法测试结果大于洞壁波速测试结果。在实际工程中进行洞壁波速测试时，地震波穿越应力集中带也可以使波速提高，表 2-4 给出的某坝址岩体穿透和洞壁的测试结果，在这个测试结果中穿透测试和洞壁测试相差不大，大多数情况下地震波穿透法波速测试结果高于洞壁波速测试结果，也有几组数据洞壁波速反而高出穿透波速。地震波穿透法波速测试是在原岩的原始赋存环境下进行的岩体测试，能够较好地反映岩体的实际工程性状。

表 2-4　洞壁波速与穿透波速对比

编号	测段/m	波速/(m·s^{-1})	
		洞壁波速	穿透波速
319	10—20	1 780	2 300
	20—30	2 860	2 450
	40—50	2 700	3 000
	50—60	2 870	3 200
	60—70	3 500	3 400
	70—80	3 200	3 550
325	40—50	1 890	1 800
	50—60	2 000	2 000
	60—70	2 240	2 240
	70—80	2 080	2 150
306	10—20	1 400	1 600
	20—30	1 600	1 750
	30—40	2 000	1 900
	50—60	2 300	2 300
324	20—30	1 550	1 800
	30—50	2 150	2 100
	50—60	2 400	2 550
	60—70	2 200	2 500
	70—80	2 200	2 550

(3)不同试验方法下测试结果差异的原因分析。

①频率的影响。实际地层是黏弹性的，地震波在其中传播时速度随着频率的不同而变化。这种现象是普遍存在的，目前关于频率对于地震波和声波传播的影响的研究成果比较多。由式(2-2)可知，均匀、各向同性的完全理想弹性介质中弹性波纵波和横波波速与频率无关。

然而，当不计外力作用时，由弹性黏滞介质中的波动方程：

$$\rho \frac{\partial^2 U}{\partial t^2} = (\lambda + \mu)\mathrm{graddiv}U + \mu \nabla^2 U + \frac{1}{3}\eta \mathrm{graddiv}\frac{\partial U}{\partial t} + \eta \nabla^2 \frac{\partial U}{\partial t} \tag{2-8}$$

式中，v 为位移，η 为介质的黏滞系数。

在 η 为常数时，如果波的频率很低，如地震波，满足

$$4\eta\omega \leqslant 3\lambda + 6\mu \tag{2-9}$$

则有

$$v_{\mathrm{P}} = \sqrt{\frac{\lambda + 2\mu}{\rho}} \tag{2-10}$$

式中，ω 为波的圆频率。

在 η 为常数时，如果波的频率很高，如(超)声波，满足

$$4\eta\omega \geqslant 3\lambda + 6\mu \tag{2-11}$$

则有

$$v_{\mathrm{P}} = \sqrt{\frac{4\omega\eta}{3\rho}} \tag{2-12}$$

通过以上分析可知，当地震波的频率较低时，其频率对波速的影响可以忽略不计，其波速值接近完全理想弹性介质中的波速值。而当声波的频率较高时，频率对波速的影响不能忽略，波速与频率的平方根成正比。由此可知，地震波和声波测试的波速差异一定程度上是由其自身的频率不同造成的。在黏弹性地层中，由于频率的不同呈现的速度频散现象是客观存在的，并且整体上呈现速度随着频率的增加而变大的趋势。因此，声波的测试结果通常大于地震波的测试结果。

②岩体结构特征的影响。地震波由于激振能量较大、频率较低，在岩体中能够穿透较长的距离。但在长距离的传播过程中，地震波速不仅受岩石本身特性的影响，还受岩体节理、裂隙发育程度的影响，其中岩体各向异性对测试结果影响较大，因此，地震波速不但反映了岩石骨架部分的性质，还反映了岩体结构性状。地震波速能反映岩体的综合特性，而(超)声波法，由于其穿透距离短，穿越的地质单元单一，主要反映的是岩石骨架部分的性质。由此可见，地震波在岩体节理、裂隙等结构特征的影响下，测试结果要小于声波测试结果。

③试验环境的影响。比较钻孔声波测试结果(正常岩体 6 000 m/s)和室内岩块平行层面的声波测试结果(平均值为 5 000 m/s)，可以看出，钻孔声波测试结果比岩块测试结果大 20%。钻孔声波测试结果偏大除受频率的影响外，还受试验环境的影响。在钻孔声波测试时，由于钻孔测试范围很小，测点又在大型变形试验点上，岩体在千斤顶大压力下裂隙闭合，变得致密，致使测试结果偏高。另外，在钻孔注水耦合时，岩体处在水的长期浸泡之下而饱和，这也会导致测试结果的增大。

地震波穿透法测试结果平均值为 4 600 m/s，比室内岩块平行层面的声波测试

结果(平均值为 5 000 m/s)小 8%，比室内岩块垂直层面的声波测试结果(平均值为 4 370 m/s)大 5%。地震波洞间穿透测试时，洞壁岩体小范围的松动会导致地震波穿透法测试结果小于室内岩块平行层面的声波测试结果。而室内岩块垂直层面的声波值，则由于岩块离开原赋存环境导致微节理张开，致使波速值下降。因此，地震波穿透法测试时岩体基本保持了原有的应力状态和赋存环境，除洞间穿透时洞壁小范围松动的影响外，基本无其他影响因素，测试结果能够较真实地反映岩体实际工程性状。而洞壁波速测试在平洞开挖以后洞壁的岩体应力状态、赋存环境都有了较大的变化，这种变化的大小受原来应力状态、洞径大小、开挖方式等较多因素的影响。

综上所述，在岩体质量评价中建议使用地震波穿透法测试结果。

2.5 小结

本章主要对岩石的基本物理、力学、动力学特性及其表征参数的定义、试验方法进行了介绍，具体如下：

(1)在岩石的基本物理特性部分，主要介绍了岩石密度、孔隙性、水理性表征参数的相关定义及其试验方法，如天然密度、饱和密度、干密度、孔隙率、含水率等。

(2)在岩石的基本力学特性部分，主要介绍了岩石的强度特性和变形特性的表征参数的相关定义及其试验方法，如单轴抗压强度、三轴抗压强度、应力—应变关系、弹性模量等。

(3)在岩石的动力学特性部分，主要介绍了弹性波测试的理论基础及不同的测试方法，并详细介绍了不同测试方法之间的差异性及其影响因素，给出了合理选择工程岩体弹性波测试方法的建议。

第3章　含水率对岩石物理力学特性影响的研究

3.1　引言

地下水对岩石物理力学性质的影响，本质上是水—岩相互作用的结果。水—岩相互作用主要通过一系列物理化学作用，使岩石软化、崩解、溶蚀等，进而降低岩石的物理力学性能。水的物理作用主要体现在矿物颗粒之间接触面或胶结物的润滑、软化等导致颗粒之间黏聚力降低，以及对矿物颗粒自由表面上的物质产生的冲刷、扩散和传输等作用引发的次生孔隙率。而水的化学作用主要通过岩石内的矿物成分及胶结物成分等和水溶液发生化学反应，使岩石溶蚀、膨胀等，导致岩石质量劣化。本章以红砂岩和花岗岩为研究对象，主要考虑水的物理作用的影响，对不同含水状态下岩石的物理力学特性进行研究，有关化学作用方面的探讨，将在后续章节中介绍。

3.2　含水率对红砂岩物理力学特性的影响

3.2.1　含水状态红砂岩物理特性研究

1. 试件制作及试验方法简介

试验采用的红砂岩岩样结构完整、微风化、呈棕红色。按照《工程岩体试验方法标准》(GB/T 50266—2013)，将岩样加工成 ϕ50 mm×100 mm 的圆柱体标准试件，如图 3-1 所示。首先对制作好的标准试件进行弹性波波速测试，筛选出波速相近的试件进行后续试验。然后测定并计算所选用试件的基本物理

图 3-1　红砂岩试件

参数，包括弹性波波速、自然状态下质量、干密度和自然状态下含水率等。之后将试件分为4组，每组3个试件，在105 ℃的烘箱中烘干24 h，将干燥后的3组试件分别在水中浸泡1 d、4 d和15 d，进行不同含水状态下的试验研究，同时，预留一组自然状态下的试件，以便和不同浸泡时间试件的试验结果进行对比。

2. 试验结果及分析

(1)质量变化分析。表3-1所示为不同浸泡时间下试件质量的测试结果。由表3-1可知，随着浸泡时间的增加，红砂岩试件吸水量不断增长，浸泡时间越长，吸水量越大，但是吸水率的增长趋势逐渐减缓趋于稳定。浸泡4 d的吸水率相较于浸泡1 d的吸水率增加了0.6%，而浸泡15 d的吸水率相较于浸泡4 d的吸水率几乎没有变化，表明此时试件已趋于饱和，其质量趋于稳定。

表3-1　不同浸泡时间下红砂岩试件质量测试结果

编号	浸泡时间/d	质量(干燥)/g	浸泡后质量/g	吸水量/g	吸水率/%
1—1#	自然状态	445.2	—	—	—
2—1#	1	462.3	474.2	11.9	2.6%
3—1#	4	456.2	470.7	14.5	3.2%
4—1#	15	461.6	476.2	14.6	3.2%

以表3-1中试件4—1#为例，不同浸泡时间下红砂岩试件质量随时间的变化如图3-2所示。由图3-2可以明显看出，试件在浸泡1 d内吸水非常快，质量基本上呈现直线上升，之后基本保持水平，说明试件已达到饱和。上述变化表明红砂岩是一种疏松、孔隙率较大的岩石，干燥状态下吸水速度很快，短期内就会趋于饱和，因此，红砂岩受水的影响较大。

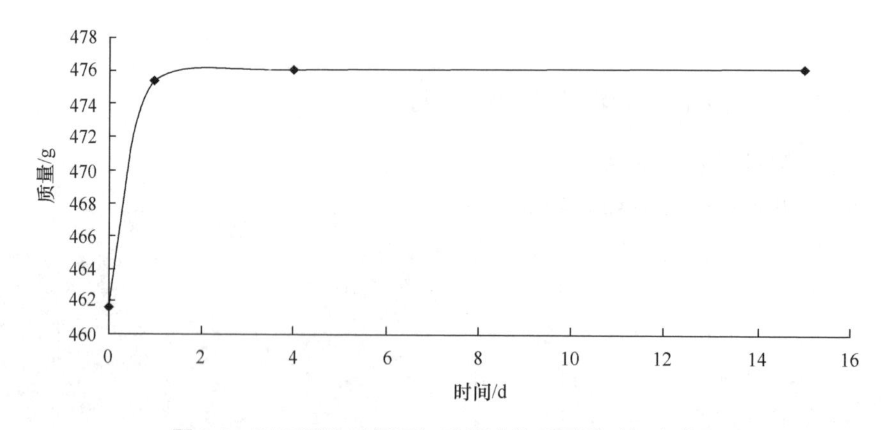

图3-2　不同浸泡时间下红砂岩试件质量随时间变化图

(2)含水率变化分析。同样以试件4—1#为例，分析红砂岩试件含水率的变化情况，表 3-2 所示为不同浸泡时间下含水率的试验结果。

表 3-2　试件 4—1＃不同浸泡时间下含水率试验结果

浸泡时间/d	0	1	4	15
含水率/%	0.8	3.0	3.1	3.2

由表 3-2 可以看出，红砂岩天然状态下含水率较低，只有 0.8%。浸泡 1 d 后含水率增加到 3.0%，含水率随着浸泡时间的增长而增加，但增幅逐渐减小，逐步趋于稳定，浸泡 15 d 后含水率为 3.2%。上述变化说明红砂岩内部孔隙多，保水性差，易风干。

(3)波速变化分析。表 3-3 为不同浸泡时间下红砂岩试件波速的测试结果。由表 3-3 可以看出，浸泡 1 d 后红砂岩试件波速增长了 51.7%，浸泡 4 d 后增长了 54.2%，而浸泡 15 d 后波速的增长却降低为 33.7%。浸泡 1～4 d 波速增长较多的原因是浸泡时红砂岩试件内部的孔隙被水填充，而弹性波在水中的波速比在空气中大，因此波速明显增大。浸泡 15 d 后波速不增长反而降低是由于长时间的浸泡，红砂岩试件内部某些成分被水溶解，水填充了原来固体的位置，而弹性波在水中的波速小于其在红砂岩固体中的波速，导致红砂岩试件波速降低，试件质量变差。

表 3-3　不同浸泡时间下红砂岩试件波速测试结果

编号	浸泡时间/d	波速(干燥)/(m·s^{-1})	浸泡后波速/(m·s^{-1})	浸泡后波速增长百分比/%
1—1＃	自然状态	2 042	—	—
2—1＃	1	2 250	3 414	51.7
3—1＃	4	2 130	3 284	54.2
4—1＃	15	2 020	2 700	33.7

3.2.2　不同含水率的红砂岩力学特性研究

1. 试验方法简介

通过分别对自然状态和浸泡不同时间的试件进行单轴压缩试验，获得了不同含水状态下红砂岩的应力—应变曲线和有关力学参数。单轴压缩试验在 RMT—301 岩石力学伺服试验系统上进行，采用位移控制方式，速率设定为 0.002 mm/s，试件破坏后的形状如图 3-3 所示。

图 3-3　试件破坏后的形状

2. 试验结果及分析

(1)应力—应变曲线。图 3-4 所示为自然状态和不同浸泡时间下试件的应力—应变曲线。从图 3-4 可以看出，红砂岩的应力—应变曲线大致可分为 5 个阶段，根据图 3-4 绘制如图 3-5 所示的应力—应变曲线示意，对这 5 个阶段进行分析。

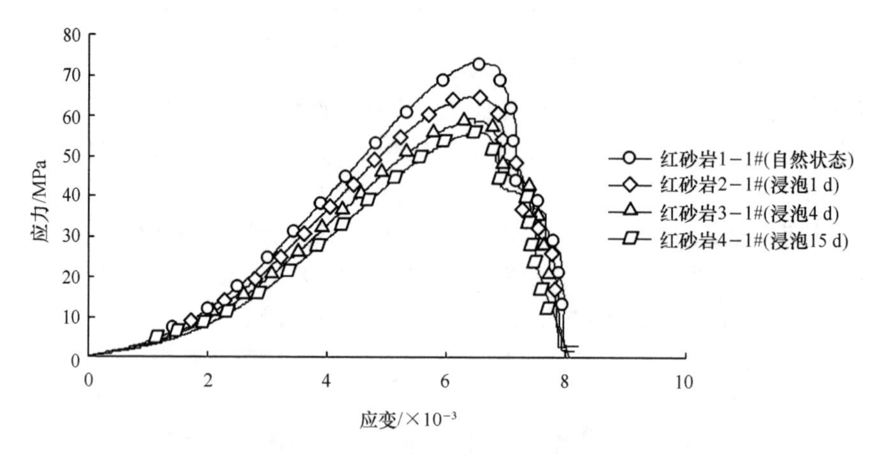

图 3-4 自然状态和不同浸泡时间下试件的应力—应变曲线

①微裂隙压密阶段(Oa 段)：曲线呈上凹型，为非线性变形阶段。这一阶段比较短，随着应力的增加，应变发展很快，这是因为岩石试件原有张性结构面、微裂隙在轴向压力作用下逐渐闭合，岩石被压密。由图 3-4 可以看出，此阶段试件浸泡时间越长，含水率越大，曲线下凹越明显，在相同应力下产生的应变越大，表明红砂岩浸泡后部分成分溶于水，使得岩石内部孔隙增多增大，导致岩石疏松、软化。含水率越高，岩石被软化得越厉害。

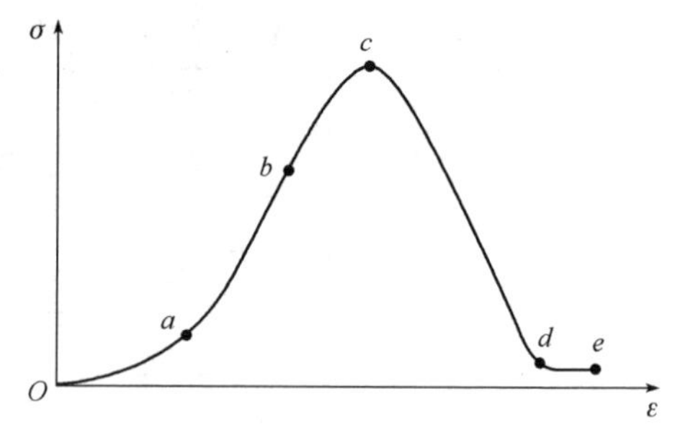

图 3-5 红砂岩应力—应变曲线示意图

②弹性变形阶段(ab 段)：曲线基本上呈直线，应力—应变呈直线变化关系。岩石变形随应力的增加成比例增加，并在很大程度上表现为弹性变形。分析图 3-4 可知，在此阶段，随着含水率的增加，弹性模量即曲线的斜率减小。

③微裂隙发生发展贯通阶段(bc 段)：随着应力的增加，试件变形不断增长，岩石内部微裂纹增加、各微裂隙逐渐贯通。此阶段为塑性变形阶段，岩石在 c 点达到强度极限，卸载后变形不可恢复。由图 3-4 可以看出，不同含水率下试件的峰值强度不同，随着含水率的增加，峰值强度逐渐下降，即承载能力逐渐降低。

④峰值后阶段(cd 段)：该阶段应力迅速下降，出现应力跌落现象，试件完全

破坏。由图 3-4 可以看出，不同含水率下红砂岩在达到峰值强度后，强度均急剧下降，丧失了承载能力。

⑤残余强度阶段（*de* 段）：此阶段试件已经完全破坏，但仍存在一定的残余强度。由图 3-4 可以看出，该残余强度基本都小于 5 MPa。

(2)强度变化分析。不同浸泡时间下红砂岩试件峰值强度测试结果见表 3-4。与自然状态相比较，不同浸泡时间下试件峰值强度下降百分比的计算结果也见表 3-4。

表 3-4　不同浸泡时间下红砂岩试件峰值强度测试结果

编号	浸泡时间/d	荷载/kN	强度/MPa	强度下降百分比/%
1—1#	自然状态	140.91	73.91	—
2—1#	1	123.39	64.70	12.5
3—1#	4	115.89	59.45	19.6
4—1#	15	106.32	55.81	24.5

由表 3-4 可以看出，随着浸泡时间的增加即试件含水率的增加，红砂岩试件强度逐步降低，浸泡 1 d 后降低了 12.5%，浸泡 4 d 后降低了 19.6%，浸泡 15 d 后降低了 24.5%。浸泡 4 d 后强度比浸泡 1 d 后强度多降低了 7.1%，而浸泡 15 d 后强度仅比浸泡 4 d 后多降低了 4.9%，表明红砂岩在含水后强度明显降低；随着含水率的逐步提高，强度降低的幅度逐渐减小。红砂岩试件强度随浸泡时间的变化规律如图 3-6 所示。

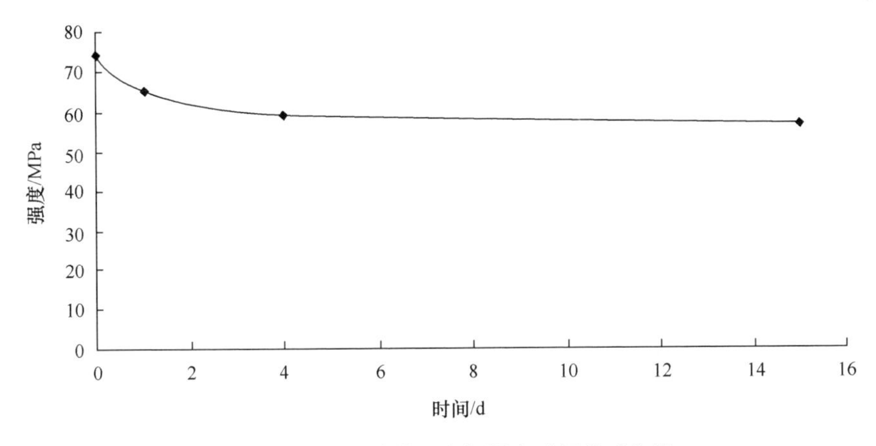

图 3-6　红砂岩试件强度与浸泡时间关系曲线

由图 3-6 可以看出，随着浸泡时间的增加即含水率的提高，红砂岩试件强度下降增大，在浸泡 1 d 后强度下降显著，随后下降较缓。

(3)弹性模量变化分析。表3-5所示为不同浸泡时间下红砂岩试件弹性模量的测试结果。图3-7所示为红砂岩试件弹性模量随浸泡时间的变化规律。

表3-5 不同浸泡时间下红砂岩试件弹性模量测试结果

编号	浸泡时间/d	弹性模量/GPa
1—1#	自然状态	15.971
2—1#	1	14.868
3—1#	4	13.464
4—1#	15	12.719

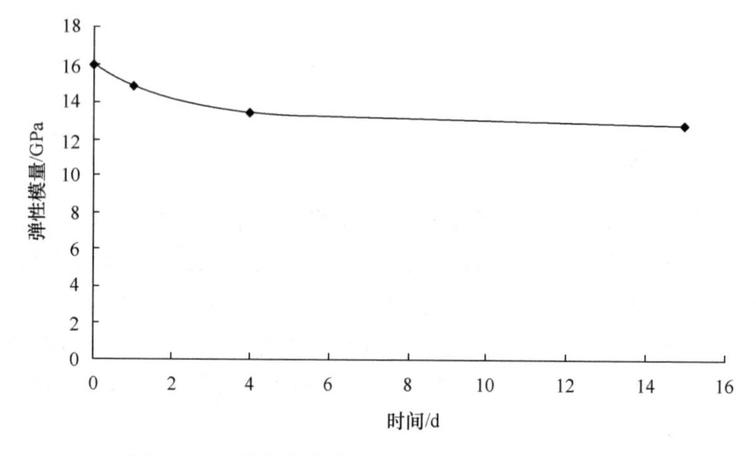

图3-7 红砂岩试件弹性模量与浸泡时间关系曲线

由表3-5和图3-7可以看出，随着试件浸泡时间即含水率的增加，弹性模量逐渐下降。浸泡1 d后弹性模量下降比较快，随后下降趋势逐渐变缓，其变化规律与强度变化规律相似。

3.3 含水率对不同风化程度花岗岩的影响

3.3.1 花岗岩饱和含水率与波速的关系

1. 参数选择与分析方法说明

表3-6所示为连续风化岩体的饱和含水率 w 与干波速 v_1、饱和波速 v_2 的对应关系。

表 3-6　风化岩体饱和含水率与波速的对应关系

岩性	岩体特征	饱和含水率 w/%	波速/($m \cdot s^{-1}$)	
			干(v_1)	饱和(v_2)
新鲜花岗岩	新鲜	0.11	5 400	5 560
局部变色花岗岩	未变色岩芯	0.32	4 940	5 400
	变色边缘	0.35	5 030	5 460
完全变色花岗岩	完全变色	1.49	3 750	4 520
	完全变色	1.52	3 670	4 350
变弱花岗岩	块体岩芯	1.97	3 100	4 060
	块体岩芯	4.13	2 800	3 560
花岗质土	弱连接土，可取芯	10.00	780	1 330
	弱连接土，可取芯	10.00	650	1 150
备注：据 T. V. 伊万。				

由表 3-6 可以明显看出，同岩性不同风化程度的岩石，其饱和含水率呈有规律的变化，对应的饱和与干燥情况下的波速差异也十分明显，因此，在岩土体中湿度对波速的影响不可忽略。为了解其敏感程度，下面对饱和含水率、饱和波速和干波速 3 个参数的关系进行分析。

2. 饱和含水率与饱和波速、干波速的相关分析

根据表 3-6 中的数据，可得饱和波速 v_2 和干波速 v_1 与饱和含水率 w 的关系如下：

$$v_2 = 5\ 631.388\ 036 \times e^{-0.151\ 940\ 29w}, \quad r = -0.998\ 0 \tag{3-1}$$

$$v_1 = 5\ 157.942\ 175 \times e^{-0.199\ 430\ 24w}, \quad r = -0.996\ 3 \tag{3-2}$$

式(3-1)和式(3-2)表明，$w - v_2$ 和 $w - v_1$ 均呈指数函数关系，且具有很好的相关性，如图 3-8 所示。

由图 3-8 可知，同类岩石在湿度不同的情况下，其纵波波速明显不同，纵坐标上的 $v_2 > v_1$，其差值 $\Delta v = v_2 - v_1$，即岩土因湿度提高波速的增加值。但 Δv 的量在整个曲线上不是一个恒定的值，而是随 w 值的变化而变化。具体分析如下：

(1)当 $w=0$，即饱和含水率为 0 时，理论上 $v_1 = v_2$，但从图 3-8 中可明显看出 $v_2 \neq v_1$，图 3-8 中，$v_2 = 5\ 631$ m/s，$v_1 = 5\ 158$ m/s，$\Delta v = v_2 - v_1 = 473$ m/s。产生 $\Delta v \neq 0$ 的原因有两个：其一，受整个回归过程的影响，相关系数虽很高，但它并不等于 1；其二，干燥情况下波速虽不受水的影响，但岩石试件的波速也绝非全受岩石骨架影响，这时的孔隙对波速仍有一定影响，该影响即称为速度上的孔隙效应。它反映的是非均匀不连续介质的特征。

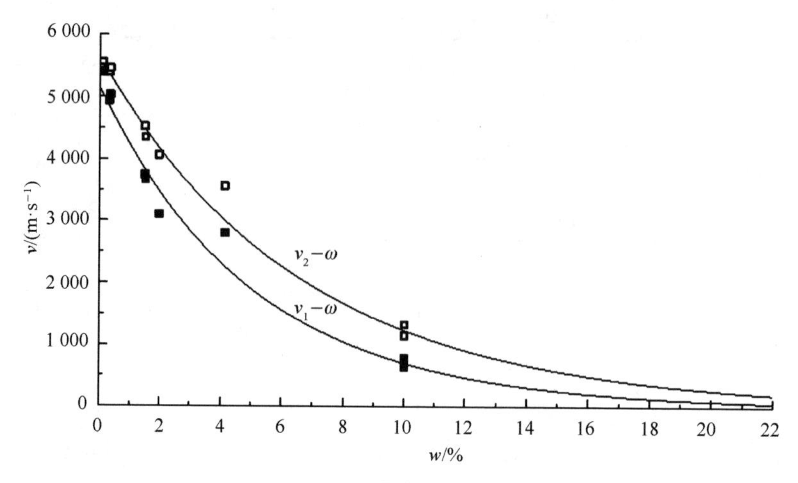

图 3-8 饱和含水率 w 与饱和波速 v_2、干波速 v_1 的相关曲线

(2)当 $w \neq 0$ 时，岩石饱和波速与干波速差异增大，$v_2 - w$ 和 $v_1 - w$ 两曲线距离也增大，至 $w \approx 4\%$时，Δv 达极大值，其值为 $\Delta v_{max} = v_2 - v_1 = 3\ 076 - 2\ 323 = 753$(m/s)。在 $w > 4\%$以后，$v_2 - w$ 和 $v_1 - w$ 两曲线又逐渐靠近。

上述现象表明，在 $w = 4\%$时，水对波速的影响最大。在岩体类型划分中，大致为Ⅲ、Ⅳ类岩体的分界线附近。值得一提的是，同一块岩石在 $w = 4\%$时，$v_2 = 3\ 076$ m/s，$v_1 = 2\ 323$ m/s，在含水的情况下，其波速相当于Ⅲ～Ⅳ类岩体的分界线；而在干燥的情况下，其波速却是Ⅳ～Ⅴ类岩体的分界线。由此说明，水对岩土体性质的影响不可忽视。

(3)当饱和含水率 w 进一步增加，即在图 3-8 中曲线的尾段，$v_2 - w$ 和 $v_1 - w$ 曲线更加靠近，表明水对波速的影响逐步减弱。说明当岩石风化程度加深至散体结构，以致变成砂土时，水对波速测定的影响很小，岩土体弹性波测试中水的影响随风化程度的变化而变化。从物理意义上来说，岩石风化至砂土程度时，宏观上可视为均匀体，从弹性波的传播理论分析，此类介质中水对波速影响不大，因此，$v_2 - w$ 和 $v_1 - w$ 曲线尾段会逐渐靠近。

上述分析表明，在岩土体的弹性波测试中，水作为一种环境因素是必须考虑的。它对波速的影响规律是：当饱和含水率很小或很大时，水对波速的影响不大；而当 $w = 4\%$，即处于中间值时，水对波速的影响最大。

3.3.2 花岗岩饱和波速与干波速的关系

表 3-6 中不同风化程度花岗岩的饱和波速 v_2 与干波速 v_1 的关系如下：

$$v_2 = 8.500\ 747\ 044 \times v_1^{0.759\ 778\ 905}, \quad r = 0.998\ 9 \tag{3-3}$$

两者呈幂函数关系，且相关性很好，相关曲线如图 3-9 所示。

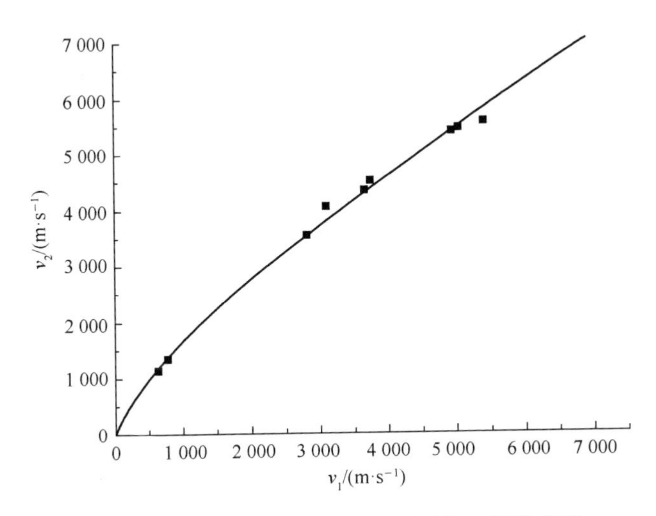

图 3-9　花岗岩饱和波速 v_2 与干波速 v_1 相关曲线

为进一步研究在岩土波速测试中水的影响，以下详细分析了图 3-9 中曲线斜率的变化特征。对 v_2求导得

$$v_2' = 6.458\ 688\ 281 \cdot v_1^{-0.240\ 221\ 095} \tag{3-4}$$

令 $v_2'=1$，可得 $v_1 \approx 2\ 358$ m/s，$v_2 \approx 3\ 130$ m/s。将 $v_1 \approx 2\ 358$ m/s 代入 $v_1 - w$，可得 $w=3.9\% \approx 4\%$。此结果与图 3-8 中的分析吻合。

当图 3-9 中曲线斜率大于 1 时，v_2 比 v_1 增加更快，$\Delta v_2 > \Delta v_1$；当斜率小于 1 时，曲线开始变缓，$\Delta v_2 < \Delta v_1$；至斜率为 0.76 时，$v_1 \approx v_2 \approx 7\ 400$ m/s，此时岩石完整，说明水对完整岩石的波速影响很小。

虽然在斜率大于 1 时(此时 $w > 4\%$)，$\Delta v_2 > \Delta v_1$，但 v_2 和 v_1 均很小，其实际差值 $v_2 - v_1$ 也很小，同样说明了岩石风化至接近砂土时，水对波速的影响不大。

当斜率小于 1 时($w < 4\%$)，岩石性状较好，饱和含水率小，岩石孔隙小，水引起的波速增加量 Δv_2 减小，而干波速由于岩石性状变好，其增加量 Δv_1 相对增大，且 $\Delta v_1 > \Delta v_2$。此时说明，岩体结构对波速的影响大于水的影响。

3.4　小结

本章主要分析了不同含水状态下岩石物理力学特性，具体如下：

(1)通过对不同含水状态下红砂岩试件物理力学性质的研究，可以得出：

①试验所用红砂岩的天然含水率在 0.8%左右，浸泡 1 d 后含水率约达到 3.0%，浸泡 15 d 后趋于稳定值 3.2%。说明红砂岩是一种吸水非常快的岩石，在浸泡 1 d 后含水率急剧上升并基本趋于稳定，浸泡 15 d 后基本饱和，质量稳定，

同时，也说明了红砂岩内部孔隙、裂隙较多，保水性差。

②红砂岩的波速随含水率的提高呈增大的趋势，但是随着浸泡时间的进一步增长，红砂岩内部一些成分溶解于水后导致波速出现降低的趋势，但是波速仍比干燥时的波速大。

③红砂岩的强度和弹性模量随含水率的提高而降低。浸泡 1 d 后降低明显，之后逐渐趋于平缓。

(2)通过对不同风化程度花岗岩的饱和含水率与其饱和波速和干波速关系的分析，研究了水对岩土波速的影响规律，得出：

①岩土体的纵波波速对其含水性较为敏感，当饱和含水率为 4%时，水对岩石波速影响最大；当岩石完整或风化程度很深时，水对波速的影响减弱。

②当 $w<4\%$时，岩体结构对波速的影响大于水对波速的影响。

③从赋存环境角度出发，水对岩土体的弹性波波速影响较大，在实际测试工作和工程岩体质量评价中应予以足够的重视。

第4章 应力状态对岩石物理力学特性影响的研究

4.1 引言

工程岩体的稳定性与岩体所处地应力条件密切相关。岩体开挖后，岩体的应力状态将发生改变，应力重新分布，由于应力集中等现象可能引起岩体发生变形甚至破坏，因此，开展一定围压条件下岩石力学性能试验研究具有重要的实际工程意义。另外，工程岩体开挖后若干年内围岩性状是逐渐变化的，所测工程岩体有关参数也随时间而变，这对岩体的合理评价将产生一定的影响，因此，进行工程岩体开挖后围岩性状随时间变化规律的研究，对于合理评价和应用工程岩体具有重要的意义。本章将对上述内容开展试验研究及分析。

4.2 不同围压下红砂岩的力学特性

4.2.1 天然状态下红砂岩的力学特性

1. 试验结果

试验岩样和试件制作与3.2.1小节相同，共制备4组标准试件，分别进行围压为0 MPa(单轴压缩)、5 MPa、10 MPa、20 MPa的常规三轴压缩试验。图4-1所示为不同围压下天然状态红砂岩试件三轴压缩应力—应变曲线，表4-1所示为相应试件的有关力学参数。

表4-1 不同围压下天然状态红砂岩试件的力学参数

编号	围压/MPa	峰值强度/MPa	弹性模量/GPa
1—1	0	77.68	16.71
2—1	5	110.81	18.34
3—1	10	140.50	20.30
4—1	20	190.04	21.22

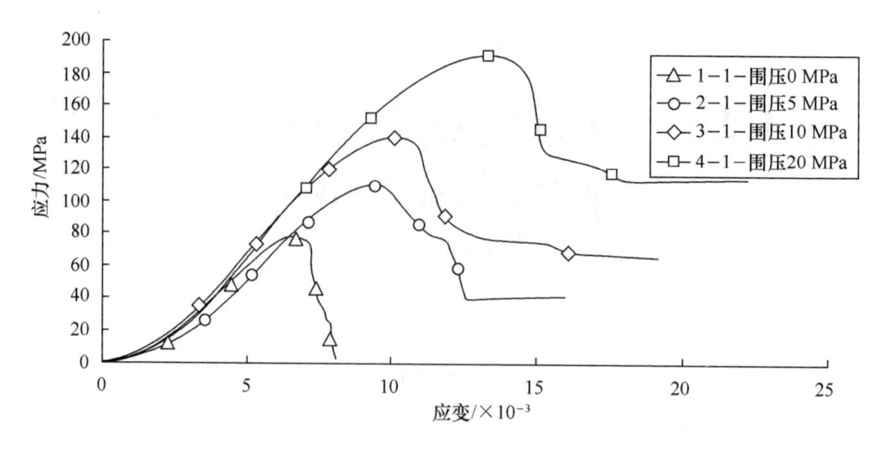

图 4-1　不同围压下天然状态红砂岩试件的应力—应变曲线

2. 试验分析

(1)强度变化分析。从图 4-1 中各试件的应力—应变曲线可以看出，不同围压下的应力—应变曲线形状与单轴压缩类似，同样可以划分为微裂隙压密阶段、弹性变形阶段、微裂隙发生发展贯通阶段、峰值后阶段和残余强度阶段 5 个阶段。

图 4-2 所示为红砂岩试件的峰值强度与围压之间的关系曲线。由图 4-2 和表 4-1 可知，天然状态下红砂岩试件的峰值强度随围压的增加而增加，说明其抗压能力随围压的增加而提高。

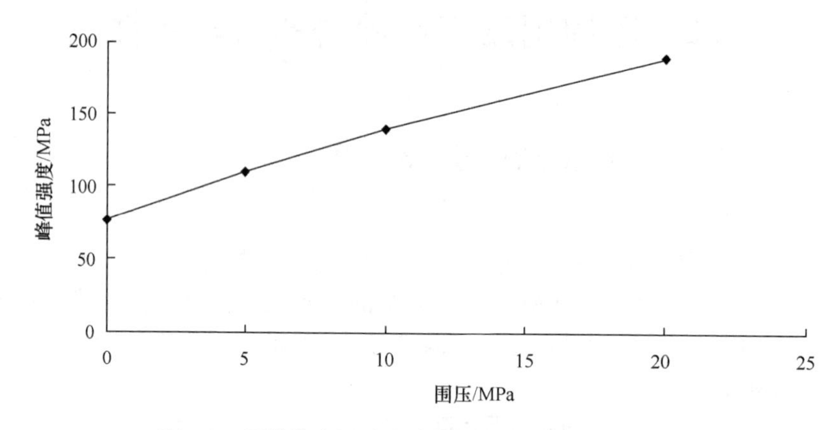

图 4-2　天然状态红砂岩试件的强度与围压关系曲线

(2)弹性模量变化分析。图 4-3 所示为红砂岩试件的弹性模量与围压之间的关系曲线。由图 4-3 和表 4-1 可知，随着围压的增加，试件的弹性模量逐渐增大，说明在围压的作用下，试件抵抗变形的能力会提高；随着围压的进一步增加，弹性模量的增长速率越来越缓慢，说明围压增大到一定程度后，其对弹性模量的影响幅度逐步减小。

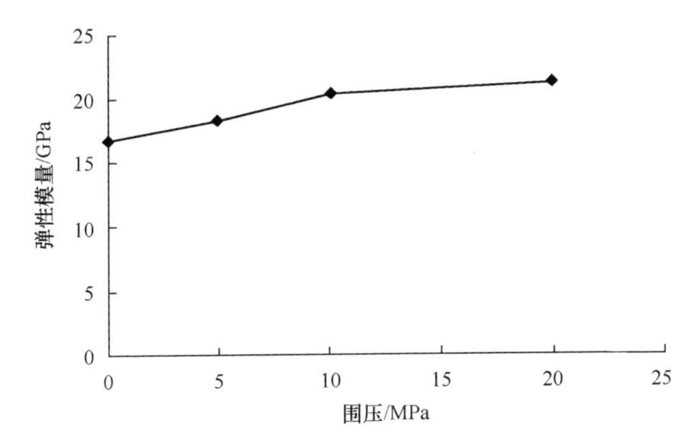

图 4-3　天然状态红砂岩试件的弹性模量与围压关系曲线

4.2.2　饱和状态下红砂岩的力学特性

1. 试验结果

试验岩样和试件制作与 3.2.1 小节相同，共制备 4 组标准试件，然后对试件进行饱水处理，再分别进行围压为 0 MPa(单轴压缩)、5 MPa、10 MPa、20 MPa 的常规三轴压缩试验。图 4-4 所示为饱和状态下红砂岩试件在不同围压下的三轴压缩应力—应变曲线，表 4-2 为相应试件的有关力学参数。

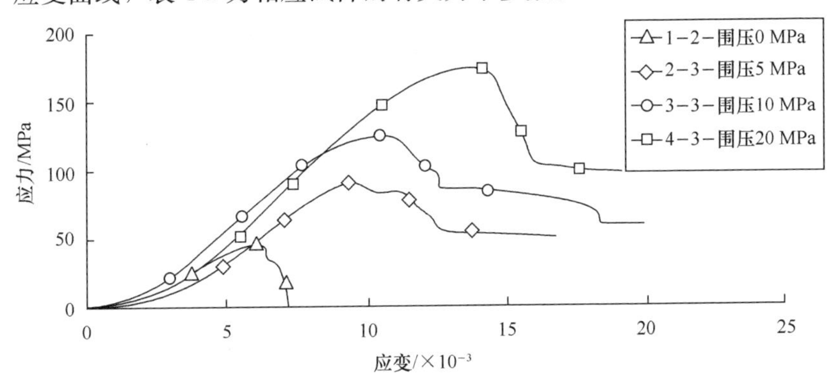

图 4-4　不同围压下饱和状态红砂岩试件的应力—应变曲线

表 4-2　不同围压下饱和状态红砂岩试件的力学参数

编号	围压/MPa	强度/MPa	弹性模量/GPa
1—2	0	45.16	11.25
2—3	5	90.00	15.61
3—3	10	123.91	17.74
4—3	20	171.82	19.44

2. 试验分析

(1)强度变化分析。由图 4-4 和表 4-2 可以看出，随着围压的增加，饱和状态红砂岩的强度增大。图 4-5 所示为饱和状态红砂岩试件的强度与围压之间的关系曲线，由图 4-5 可知，*OA* 段的斜率为 8.97，*AB* 段斜率为 6.78，*BC* 段斜率为 4.79，斜率随着围压的增长逐渐减小，说明随着围压的增加，强度增长速度逐渐下降。

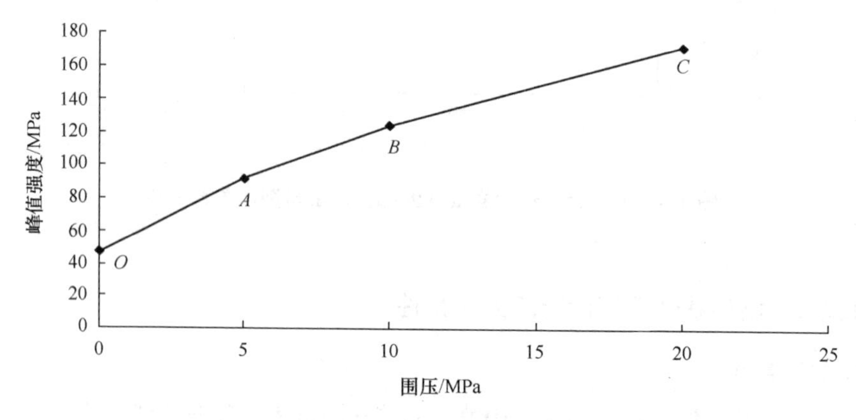

图 4-5　饱和状态红砂岩试件的强度与围压关系曲线

(2)弹性模量变化分析。图 4-6 所示为饱和状态红砂岩试件的弹性模量与围压之间的关系曲线。由图 4-6 和表 4-2 可知，饱和状态红砂岩试件的弹性模量也是随着围压的增加而增加的。与天然状态相似，随着围压的进一步增加，弹性模量的增长速度越来越缓慢。

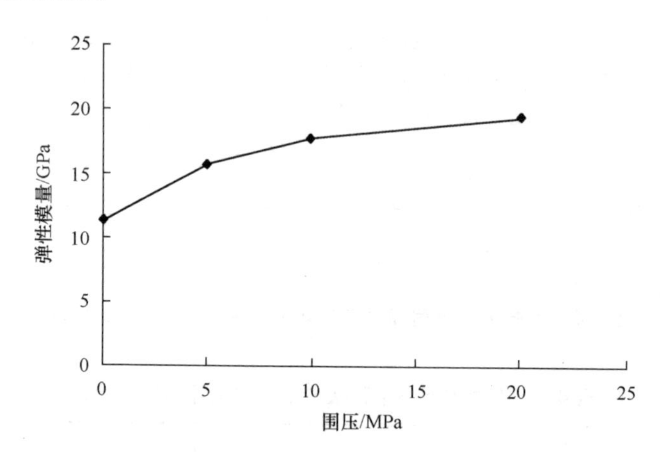

图 4-6　饱和状态红砂岩试件的弹性模量与围压关系曲线

(3)不同围压下饱和状态红砂岩的破坏类型。图 4-7 和图 4-8 所示分别为单轴、三轴压缩试验后饱和状态红砂岩试件的破裂图。由图 4-7 可以看出，当围压为 0 MPa 即单轴压缩时，试件的破坏类型为拉伸破坏。而在不同围压作用下，试件的破坏类型则为单斜面剪切破坏，如图 4-8 所示。

图 4-7　单轴压缩下饱和状态红砂岩破坏类型

图 4-8　三轴压缩下饱和状态红砂岩破坏类型

4.3　应力状态对岩石(体)弹性波波速的影响

4.3.1　理论分析

1. 弹性体的运动微分方程

由理论分析可知，弹性体的运动微分方程(为讨论方便，式中略去体力分量)为

$$\left.\begin{aligned}\frac{\partial^2 u}{\partial t^2}&=\frac{E}{2(1+\mu)\rho}\left(\frac{1}{1-2\mu}\frac{\partial e}{\partial x}+\nabla^2 u\right)\\\frac{\partial^2 v}{\partial t^2}&=\frac{E}{2(1+\mu)\rho}\left(\frac{1}{1-2\mu}\frac{\partial e}{\partial y}+\nabla^2 v\right)\\\frac{\partial^2 w}{\partial t^2}&=\frac{E}{2(1+\mu)\rho}\left(\frac{1}{1-2\mu}\frac{\partial e}{\partial z}+\nabla^2 w\right)\end{aligned}\right\}\tag{4-1}$$

式中，u、v、w 为弹性体中任意一点的位移分量，$\frac{\partial^2 u}{\partial t^2}$、$\frac{\partial^2 v}{\partial t^2}$、$\frac{\partial^2 w}{\partial t^2}$ 为对应该点的加速度分量，E 为弹性模量，$e=\frac{\partial u}{\partial x}+\frac{\partial v}{\partial y}+\frac{\partial w}{\partial z}$，$\nabla^2=\frac{\partial^2}{\partial x^2}+\frac{\partial^2}{\partial y^2}+\frac{\partial^2}{\partial z^2}$，$\rho$ 为弹性体密度。

2. 弹性波的两种基本形式

(1)无旋波。假定弹性体中发生的位移 u、v、w 可以表示为

$$u=\frac{\partial\psi}{\partial x},\quad v=\frac{\partial\psi}{\partial y},\quad w=\frac{\partial\psi}{\partial z}\tag{4-2}$$

其中，$\psi=\psi(x, y, z, t)$是位移的势函数。

在式(4-2)的无旋位移状态下，则有

$$e=\frac{\partial u}{\partial x}+\frac{\partial v}{\partial y}+\frac{\partial w}{\partial z}=\nabla^2\psi$$

从而有

$$\frac{\partial e}{\partial x}=\frac{\partial}{\partial x}\nabla^2\psi=\nabla^2\frac{\partial\psi}{\partial x}=\nabla^2 u,\quad \frac{\partial e}{\partial y}=\nabla^2 v,\quad \frac{\partial e}{\partial z}=\nabla^2 w$$

一并代入运动微分方程式(4-1)，化简后即得无旋波波动方程：

$$\frac{\partial^2 u}{\partial t^2}=v_{\mathrm{P}}^2\nabla^2 u,\quad \frac{\partial^2 v}{\partial t^2}=v_{\mathrm{P}}^2\nabla^2 v,\quad \frac{\partial^2 w}{\partial t^2}=v_{\mathrm{P}}^2\nabla^2 w \tag{4-3}$$

式中，v_{P} 为无旋波的传播速度：

$$v_{\mathrm{P}}=\sqrt{\frac{E}{\rho}\frac{1-\mu}{(1+\mu)(1-2\mu)}} \tag{4-4}$$

(2)等容波。假定弹性体中发生的位移 u、v、w 满足体积应变为零的条件，即

$$e=\frac{\partial u}{\partial x}+\frac{\partial v}{\partial y}+\frac{\partial w}{\partial z}=0 \tag{4-5}$$

将式(4-5)代入运动微分方程式(4-1)，即得等容波的波动方程：

$$\frac{\partial^2 u}{\partial t^2}=v_{\mathrm{S}}^2\nabla^2 u,\quad \frac{\partial^2 v}{\partial t^2}=v_{\mathrm{S}}^2\nabla^2 v,\quad \frac{\partial^2 w}{\partial t^2}=v_{\mathrm{S}}^2\nabla^2 w \tag{4-6}$$

式中，v_{S} 为等容波波速：

$$v_{\mathrm{S}}=\sqrt{\frac{E}{2\rho(1+\mu)}} \tag{4-7}$$

3. 弹性波波速与应力之间关系分析

无旋波(纵波)与等容波(横波)是弹性波的两种基本形式。其波动方程具有相同的形式：

$$\frac{\partial^2\varphi}{\partial t^2}=v^2\nabla^2\varphi \tag{4-8}$$

对于无旋波，式(4-8)中 v 等于 v_{P}，如式(4-4)；对于等容波，式(4-8)中 v 等于 v_{S}，如式(4-7)。

由波动方程的特性可知，弹性波波速与弹性体的结构有关，即与岩石(体)的孔隙、裂隙发育程度、裂隙闭合程度有关，而与应力无直接关系。

4.3.2 不同应力状态下岩石(体)弹性波波速的变化

1. 岩石(体)波速与应力关系讨论

岩石试样的波速与应力关系曲线容易通过室内试验得出。图 4-9 所示为前人研究的典型的不同岩样在三向应力作用下波速 v_{P}与压应力 σ_{P}的关系曲线，可以看出：

(1)在应力较小时(σ_P<100 kg/cm^{-2})，v_P 与 σ_P 基本呈线性关系，波速随应力的增加增长较快。随着应力的增加，波速上升的速率逐渐下降，曲线变缓，待应力达到一定数值后，波速将趋于某一定值，即曲线出现水平渐近线，此时应力的变化对波速再无影响。

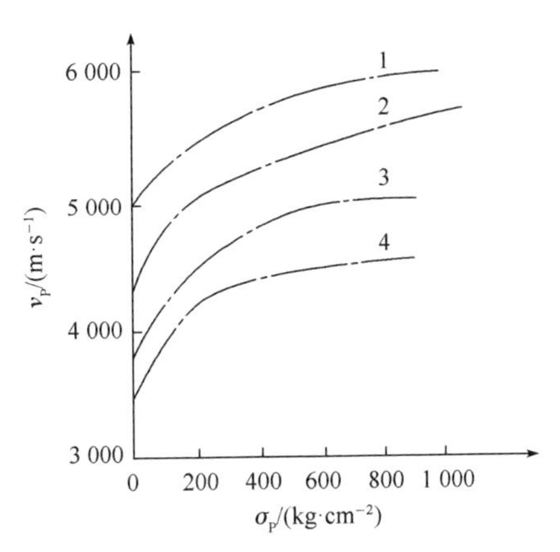

图 4-9　岩石波速与应力关系曲线

1—石英岩；2—石英砂岩；
3—带状石英砂岩；4—泥岩、凝灰岩

(2)不同岩性的 v_P—σ_P 曲线，趋于定值时的应力大小不同，说明波速同岩石的结构有关系。

(3)曲线的变化形态类似应力—应变关系曲线。

(4)v_P—σ_P 与山体开挖平洞由浅入深时的 v_P—h 曲线类似。当洞深 h 达到一定值后，波速将趋于一个稳定值，该值与岩体的新鲜程度和裂隙的闭合状态有关。

由以上分析可知，岩体应力会影响岩体裂隙的闭合程度，裂隙的闭合才是影响波速的直接因素。

2. 三轴应力下岩体波速与应力方向的关系

图 4-10 所示为前人研究的三轴应力状态下典型的波速 v_P 与轴向应力 σ_1 关系曲线。由图 4-10 可知：

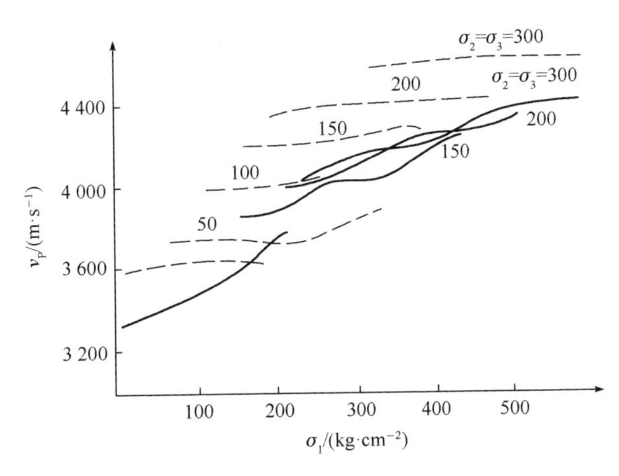

图 4-10　三轴应力下波速与应力关系曲线(φ=57.5 mm)

(1)平行于 σ_1 方向的波速随 σ_1 的增加而增加，且逐步趋于渐近值。原因是在 σ_1 作用下，裂隙闭合成为“完整”体。

(2)在 σ_1 相同的情况下，围压(σ_2、σ_3)越大，波速越高，这同样是由裂隙在高围压下闭合紧密所致。

(3)垂直于 σ_1 的波速与 σ_1 的大小无关，但随围压的增加而增加。其原因是应力的变化会引起岩体孔隙、裂隙闭合程度的变化，进而影响波速。

(4)根据 A. U·萨维奇的研究，对于未承压时波速在 5 000 m/s 以上的岩石，当其承压后，应力在 5.0 MPa 内时，波速增加率不超过 5%。因此，可以认为高波速岩石(完整或在压应力下岩石裂隙闭合后)应力对波速无影响。该结论同样说明了应力不是波速的直接影响因素。

3. 岩石(体)零应力与 $\Delta v_P/v_0$ 关系研究

根据 A. U·萨维奇的研究，岩石(体)纵波速度 v_P 的增加量 Δv_P 与岩石(体)零应力时的纵波速度 v_0 有某种关系，如图 4-11 所示。

由图 4-11 可知，对于同一应力水平(某 σ 值时)的曲线，随着零应力波速的增加，$\Delta v_P/v_0$ 越来越小，最后(当 $v_0>6\ 000$ m/s 时)曲线趋于零，即波速不再增加。

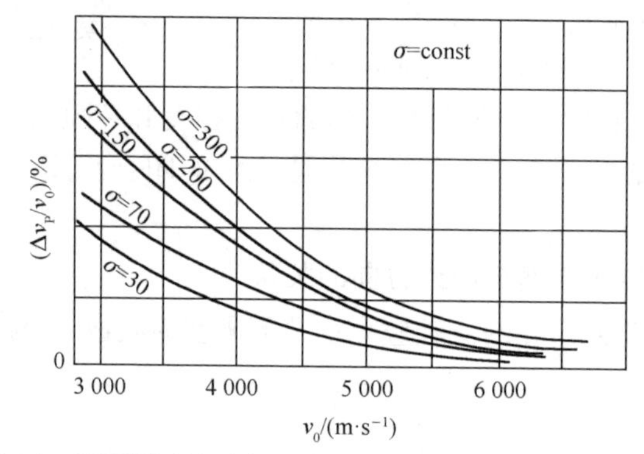

图 4-11　岩石(体)波速与压应力关系曲线(据 A. U·萨维奇)

零应力时波速 v_0 越小，岩体质量越差，应力的增加将引起裂隙的闭合导致波速明显增加；零应力时波速 v_0 越大，岩石(体)完整性越好，本无裂隙的岩石(体)在应力增加时不存在裂隙闭合的问题，因此波速不会发生变化，进一步说明了应力直接影响的是裂隙的闭合程度，而裂隙大小与闭合程度的变化将引起岩石(体)波速的变化，因此，应力只是波速的间接影响因素，并非直接因素。

4. 松动岩体的现场测试结果分析

根据姚增等(1995)“岩体地震破坏后波动力学参数特征研究”，黄河黑山峡大柳树地区岩体为地震破坏后的松动岩体，地表临空面以上，水平延伸 270 m 多，上覆厚 200 m 的岩体仍见有拉张裂缝。其高程 h 与波速 v_P 变化曲线和同峡谷小观音地区岩体高程—波速变化曲线分别如图 4-12(a)和图 4-12(b)所示。

理论分析认为，正常岩体(如小观音地区岩体)，高程—波速基本呈线性关系，如图 4-12(b)所示。而图 4-12(a)中地表临空面以上岩体在高程下降时(自重应力增加)，波速却无明显增大，说明在拉张裂缝存在的情况下，即使应力增加，波速也无明显上升，因此，岩体波速的直接控制因素是结构状态。

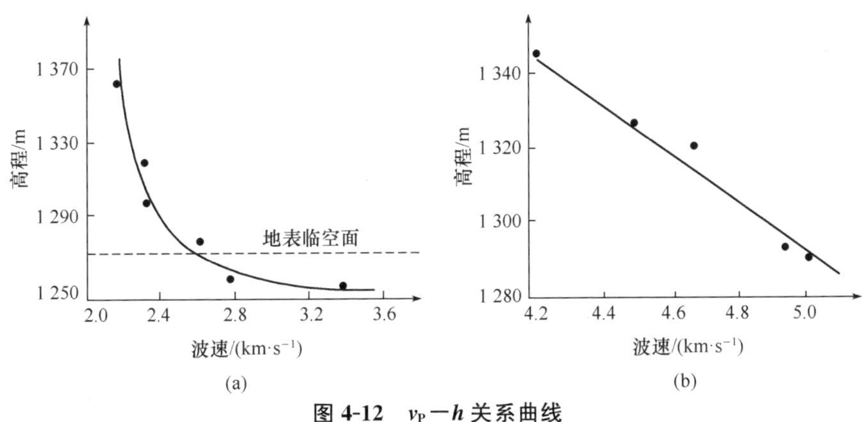

图 4-12　v_P—h 关系曲线

(a)大柳树地区岩体；(b)小观音地区岩体

4.3.3　岩体开挖后围岩变异的时空效应

1. 开挖后围岩弹性波波速测试结果的统计与分析

(1)围岩波速测试结果统计。表 4-3 所示为某坝址硐室围岩不同时间间隔波速及波速变异速率统计表，其中包含了相隔不同年限的弹性波波速。表 4-3 中波速变异速率是指弹性波波速在不同的时间间隔内的年变化速率。

表 4-3　某坝址硐室围岩不同时间间隔波速及波速变异速率统计表

洞号	成洞时间	测点深/m	地震波整体穿透波速/(km·s⁻¹)	1985 年波速/(km·s⁻¹)	时间间隔/年	波速变异速率/%	1989 年波速/(km·s⁻¹)	时间间隔/年	波速变异速率/%
45	1984	36—44	5.00	4.50	1	10.00	4.30	5	2.80
45	1984	68—76	5.20	4.90	1	5.77	4.80	5	1.54
44	1985	18	5.50	4.70	0.5	29.09	4.30 (1993)	8	2.73
44	1985	45	5.00	4.30	0.5	28.00	3.98 (1993)	8	2.55
32	1976	27—37	5.90	5.40	9	0.94	5.10	13	1.04
32	1976	57—67	5.40	4.40	9	2.06	4.30	13	1.57
31	1975	27—45	4.80	4.00	10	1.67	3.90	14	1.34
31	1975	55—65	4.60	4.10	10	1.52	4.00	14	0.93
23	1974	39—49	5.40	4.60	11	1.35	4.40	15	1.23
23	1974	39—49	5.40	4.85 (1977)	3	3.40			

(2)围岩波速测试结果分析。由表 4-3 可知，1985 年开挖的 44 号洞，在测点 18 m 和 45 m 处相隔 0.5 年的波速变异速率分别为 29.09%、28.00%，两者均约为 30%，而 1984 年开挖的 45 号洞，在测段 36—44 m 和 68—76 m 处相隔 1 年的波速变异速率分别为 10.00%、5.77%，测段 36—44 m 处波速变异速率为 68—76 m 处的 2 倍。1974 年开挖的 23 号洞，测段 39—49 m 处，间隔 3 年时，波速从 5.40 km/s 降至 4.85 km/s，波速变异速率为 3.40%，间隔 11 年时，波速从 5.40 km/s 降至 4.60 km/s，波速变异速率为 1.35%，间隔 15 年时，波速从 5.40 km/s 降至 4.40 km/s，波速变异速率为 1.23%。

对上述结果进行分析，可得如下规律：

①在成洞时间相同的同一硐室的不同测段测得的波速不全相等，有的甚至相差很多，而且在相同年份间隔里波速变异速率也不同，有的波速变异速率接近，有的则差异很大，主要是因为不同测段岩体受开挖卸荷影响的程度不同。

②同一硐室同一测段内测得的波速随时间的推移逐渐减小，相隔的时间越久，测得的波速越小，且波速变异速率也在不断减小，最后趋于稳定。

③硐室围岩测试的波速最大变异速率为 30%左右，为成洞半年内的观测数据，此时围岩受开挖卸荷作用最为显著，而波速最小变异率为 1%左右，为成洞后 15 年左右的变异速率，说明此时围岩处于基本稳定的状态。

2. 开挖后围岩弹性波波速平均变异速率统计与分析

(1)围岩波速平均变异速率的统计。根据表 4-3 中的实测数据可以计算出不同时间间隔的围岩波速平均变异速率，结果列于表 4-4 中。从表 4-4 可以看出，当间隔年份从 0.5 年增大到 15 年时，波速变异速率从 28.55%降至 1.23%，其中间隔 0.5 年的波速变异率最大，间隔 15 年的波速变异速率最小，两者相差 20 倍左右。由此可见，围岩波速变异速率随开挖卸荷时间的延续在不断减小，而且在开挖初期围岩波速变异速率减小得最明显，至开挖 15 年时波速变异速率基本稳定，说明开挖卸荷作用下围岩变异具有时间效应。因此，在开挖卸荷初期，应对硐室围岩做好支护工作，以防围岩灾变造成硐室失稳破坏。

表 4-4　围岩波速平均变异速率与时间间隔统计表

时间间隔/年	0.5	1	3	5	8	9	10	11	13	14	15
波速平均变异速率/%	28.55	7.89	3.40	2.17	2.64	1.50	1.60	1.35	1.30	1.14	1.23

(2)围岩波速平均变异速率的分析。根据表 4-4 中的数据，拟合得到围岩波速平均变异速率 N 与时间间隔 d 的关系如下：

$$N = 10.806d^{-0.8473}, \quad R = 0.9732 \tag{4-9}$$

图 4-13 所示为围岩波速平均变异速率与时间间隔关系曲线。由图 4-13 和式(4-

9)可知，围岩波速平均变异速率与时间间隔呈幂函数关系，围岩性状变异过程有很好的规律性，这有助于进一步认识开挖卸荷后岩体的物理力学性状的变化。

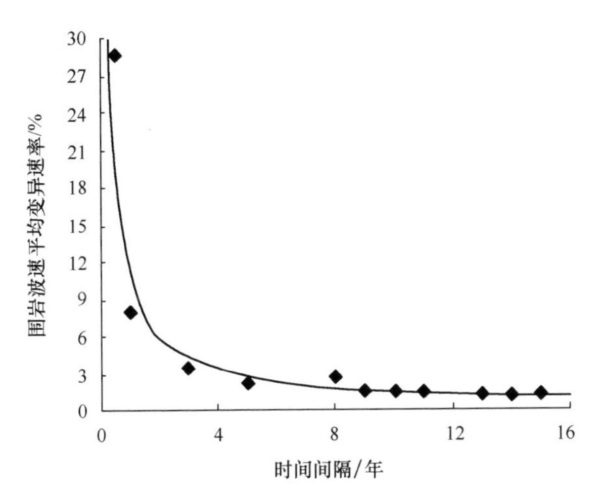

图 4-13　围岩波速平均变异速率与时间间隔的关系曲线

分析图 4-13 可以看出：

(1)从整体上看，曲线斜率绝对值逐渐减小至 0。研究区内岩体开挖后围岩性状变异(波速平均变异速率)的最大值约为 30%，最小值约为 1.0%，变异速率随时间逐渐下降，最后趋于稳定。

(2)从曲线的形态上看，在最初的 0～3 年内曲线近似为直线，并且在该阶段内围岩性状变异速率很大，在开挖初期，年变异速率最大值为 30%左右，这是因为岩体开挖的起始阶段是应力释放最快的时期。开挖 3 年以后，围岩性状变异速率逐渐趋于平稳，这是因为岩体的回弹、卸荷作用使应力释放逐渐减弱；开挖 9 年以后，围岩性状年变异率为 1.5%左右；开挖 15 年后，曲线基本为一条直线，斜率近似为 0，此时年变异速率只有 1.0%左右，围岩基本稳定，在新的应力条件下重新处于平衡状态，此时岩体表面已完全松弛，其性状基本不再变化。

综上所述，通过分析波速变异速率的变化规律，可知岩体开挖后若干年内围岩性状是逐渐变化的，故所测参数也是随时间变化的，这将对岩体的合理评价产生一定的不利影响。因此，只有正确运用岩体开挖后性状的变异规律，消除其不利影响，才能合理地评价岩体质量。

3. 围岩弹性波波速的反算及检验

(1)围岩弹性波波速的反算。为了取得合理的岩体波速参数，需要在现场测试的基础上对所测数据进行时间效应的校正与反算，根据式(4-9)可得

$$N=\frac{v_{\mathrm{P}}^{1}-v_{\mathrm{P}}}{\mathrm{d}v_{\mathrm{P}}^{1}}\times 100\% \tag{4-10}$$

$$v_P^1 = \frac{v_P}{1 - Nd} \tag{4-11}$$

式中，v_P^1 为反算的硐室开挖年代洞壁波速；v_P 为任意年代所测洞壁波速；d 为从开挖至测试年代的时间间隔。

由式(4-11)反算出各硐室开挖年代洞壁波速值，结果列于表 4-5 中。

表 4-5　某坝址部分硐室洞壁波速反算值

洞号	成洞时间	测点深/m	地震波整体穿透波速/(km·s^{-1})	1985 年波速/(km·s^{-1})	时间间隔/年	波速平均变异速率/%	反算波速/(km·s^{-1})
45	1984	36—44	5.00	4.50	1	7.89	4.88
45	1984	68—76	5.20	4.90	1		5.42
44	1985	18	5.50	4.70	0.5	28.55	5.46
44	1985	45	5.00	4.30	0.5		5.02
32	1976	27—37	5.90	5.40	9	1.50	6.24
32	1976	57—67	5.40	4.40	9		5.09
31	1975	27—45	4.80	4.00	10	1.60	4.76
31	1975	55—65	4.60	4.10	10		4.88
23	1974	39—49	5.40	4.60	11	1.35	5.42

(2)围岩弹性波波速反算效果的检验。选取未开挖时的岩体状态即原始赋存状态，来检验硐室围岩弹性波波速反算的效果。因为地震波整体穿透测试能较真实地反映岩体原始赋存状态，所以将地震波整体穿透(同点位)波速平均值作为参照进行分析。

表 4-6 所示为坝址部分硐室洞壁波速平均值 v_P、根据时间效应原理反算的硐室开挖年代洞壁波速值平均值 v_P^1 和地震波整体穿透(同点位)波速平均值 v_P^2。分析表 4-6 中的数据可以得出，v_P^2 和 v_P 的相对误差范围为 7%～15%，平均相对误差约为 13%，说明 v_P^2 和 v_P 的相对误差较大；而 v_P^2 和 v_P^1 的相对误差都在 1%左右，平均相对误差约为 0.8%，说明 v_P^2 和 v_P^1 的相对误差较小；v_P^2 和 v_P^1 的绝对误差基本都小于 0.1%。由上述结果可以看出，反算的硐室开挖年代洞壁波速非常接近地震波整体穿透(同点位)波速，两者相差很小，验证了岩体开挖后性状变异的时间效应的合理性。

表 4-6　某坝址部分硐室洞壁波速平均值的比较

洞号(测段)/m	v_P /(km·s^{-1})	v_P^1 /(km·s^{-1})	v_P^2 /(km·s^{-1})	$\lvert v_P^2-v_P^1\rvert$ /(km·s^{-1})	$\left\lvert\frac{v_P^2-v_P}{v_P^2}\right\rvert$/%	$\left\lvert\frac{v_P^2-v_P^1}{v_P^2}\right\rvert$/%
45(36—76)	4.70	5.15	5.10	0.05	7.84	0.98
44(18—45)	4.50	5.24	5.25	0.01	14.28	0.19
32(27—67)	4.90	5.67	5.65	0.02	13.27	0.35
31(27—65)	4.05	4.82	4.70	0.12	13.83	2.55
23(39—49)	4.60	5.42	5.40	0.02	14.81	0.37
平均	4.55	5.26	5.22	0.04	12.84	0.77

4.4　小结

本章围绕应力状态对岩石物理力学特性的影响进行了研究，具体如下：

(1)对天然状态和饱和状态红砂岩分别进行了单轴、三轴压缩试验，可以得出：

①无论是天然状态还是饱和状态，随着围压的增加，红砂岩的强度和弹性模量均增大，说明在围压的作用下，试件的抗压能力和抵抗变形的能力均将提高；当围压增加至一定值时，增长速度逐渐下降。

②单轴压缩时试件的破坏类型为拉伸破坏，而三轴压缩时试件的破坏类型为单斜面剪切破坏。

(2)通常情况下，岩石(体)波速随应力的增加而增加，理论分析表明，岩体波速与应力并无直接关系，应力的变化仅影响岩体裂隙的闭合，而裂隙(实际是结构状态)才是影响岩石(体)波速的直接因素，因此，在研究岩体赋存环境对波速的影响时，起主导作用的是其裂隙发育程度与闭合情况。

(3)通过对岩体开挖后围岩弹性波波速时空效应的研究分析，可以得出：

①开挖卸荷作用下硐室围岩性状(波速)变异随时间的推移呈现一定的规律。在开挖的最初 3 年硐室围岩性状(波速)变异速率很大，这是因为岩体开挖起始阶段是应力释放最快的时期。3 年以后硐室围岩性状变异速率逐渐减小，这是因为岩体的回弹、卸荷作用使应力释放逐渐减弱。15 年后硐室围岩性状(波速)变异速率已非常小，硐室围岩性状基本稳定。上述结果表明在开挖卸荷作用下，硐室围岩性状(波速)变异具有时间效应。由于岩体开挖后若干年内围岩性状是逐渐变化的，故所测参数也是随时间变化的，这将对岩体的合理评价产生一定的不利影响。因

此，需要分析岩体开挖后性状的变异规律，通过波速的反算来合理地评价岩体质量。

②在成洞时间相同的同一硐室的不同测段测得的波速不全相等，有的甚至相差很多，而且在相同年份间隔里波速变异速率也不同，有的则差异很大，这是因为不同测段的岩体受开挖卸荷的影响程度不同，上述结果表明，在开挖卸荷作用下硐室围岩性状(波速)变异具有空间效应。

第5章　结构特征对岩石物理力学特性影响的研究

5.1　引言

节理裂隙是岩体经过长期、多次的地质改造后留下的“印迹”，另外，人类的工程活动如开挖、爆破等，均可以改变岩体自然赋存环境，进而引起节理裂隙状态的改变，从而引起岩体结构特征的变化。对于节理岩体物理力学特性的研究，与传统方法相比，岩体弹性波测试法测试范围大，并且能较真实地反映岩体结构特征和岩体的实际性状，因此，本章通过弹性波测试的方法，根据现场岩体波速及室内岩石波速测试结果，综合理论分析，研究节理岩体开挖后硐室围岩的物理力学参数特性，给出岩体卸荷松弛评价参数。另外，岩石超声波衰减测量法可通过测定超声波在岩石中传播时的能量耗散，来判断岩石的内部结构及力学特性，由于声波能量衰减的变化量比波速的变化量大，所以声波衰减的变化能更加敏感地反映出岩体结构和质量等工程特性。因此，本章通过对波速资料、波能量衰减与岩体(围岩)结构特征之间关系的分析，研究声波能量衰减与岩体质量之间的变化关系，并尝试建立相应的分级评价标准。研究结果对岩体开挖支护等水利水电工程、隧道工程具有重大的意义。

5.2　节理岩体开挖后硐室围岩的物理力学特性

5.2.1　节理岩体开挖后硐室围岩的物理特性

1. 弹性波波速变化规律分析

(1)测试结果统计。考虑到不同级别岩体所处应力条件的不同，在某坝址选择了不同岩级的50组岩体作为研究对象对其进行弹性波波速测试，并对测试结果进行归类整理，得到结构面发育情况各异的不同岩级岩体开挖后围岩波速实测结果的平均值，见表5-1。将未开挖的岩体作为原始赋存状态，由于地震波整体穿透测试结果能较真实地反映岩体原始赋存状态性质，而洞壁波速测试结果主要反映开挖后浅部岩体的宏观特征，以下以地震波整体穿透测试结果代表天然赋存环境下的岩体性质，在某种程度上，这两种方法测得的波速分别代表了硐室开挖前后的波速值。

表 5-1 某坝址开挖后围岩弹性波波速测试结果统计

岩级	Ⅰ	Ⅱ	Ⅲ	Ⅳ	Ⅴ
地震波整体穿透波速/(km·s^{-1})	5.76	5.10	4.71	4.50	3.25
洞顶围岩波速/(km·s^{-1})	5.02	4.47	4.13	3.43	2.44
波速变异速率/%	12.8	12.4	12.3	27.0	25.0
结构面间距/m	>1.0	0.5~1.0	0.5~1.0	0.2~0.5	<0.2
结构面开度/mm	紧闭	闭合	0.2~0.5	0.5~1.0	>1.0

(2)测试结果分析。由表 5-1 可知，岩体开挖成洞前，各岩级岩体中波速最大的是Ⅰ类岩体，波速为 5.76 km/s，最小的是Ⅴ类岩体，波速为 3.25 km/s。这是因为岩级低的岩体结构面发育，块体间黏结性较差；而岩级高的岩体结构面不发育，块体间黏结性较好。

岩体开挖成洞后，洞顶围岩波速均小于相应岩级的岩体地震波整体穿透波速。这是因为岩体开挖后，岩体内部结构整体上由致密逐渐变得疏松。由表 5-1 可知，不同岩级岩体洞顶围岩波速最大的仍为Ⅰ类岩体，波速为 5.02 km/s，最小的仍为Ⅴ类岩体，波速为 2.44 km/s。对于Ⅰ、Ⅱ、Ⅲ类岩体，波速变异速率为 12.3%~12.8%；对于Ⅳ、Ⅴ类岩体，波速变异速率明显偏高，为 25.0%~27.0%，是岩级高的岩体的 2 倍。这主要是因为岩体开挖后岩级低的岩体结构面继续发育，块体间黏结性进一步减弱。

2. 裂隙率变化规律分析

(1)裂隙率的计算原理及计算结果。硐室围岩裂隙率原始的统计方法是在岩壁上进行的，即测得单位面积上裂隙、节理面发育的条数，但这一方法仅限于围岩表面，其内部的发育情况很难求得。以下通过弹性波运动学的基本原理推导的裂隙率计算方法，可以更全面、客观地反映岩体的内部结构特征。

岩体由岩体骨架和结构面间的充填物组成。设纵波穿过岩体骨架所用时间为 t_1，穿过结构面充填物所用时间为 t_2，根据弹性波传播遵循的费马原理，纵波在岩体内传播的总时间 t 为

$$t = t_1 + t_2 \tag{5-1}$$

由式(5-1)可得

$$\frac{1}{v_{cP}} = \frac{1-n}{v_m} + \frac{n}{v_f} \tag{5-2}$$

式中，v_{cP}是围岩的平均波速值，该值是由骨架及其裂隙面共同作用引起的；v_m是围岩骨架波速值，取值时可以通过室内完整岩块来确定或采用本地区的最高波速

值；v_f是节理、裂隙中充填物的波速值，在空气中可取 0.34 km/s；n 是裂隙率。

对式(5-2)整理后可得出围岩裂隙率 n 的计算公式如下：

$$n = \frac{v_f(v_m - v_{cP})}{v_{cP}(v_m - v_f)} \tag{5-3}$$

在由式(5-3)计算裂隙率时，围岩骨架波速值 v_m 取该坝址区岩体波速最大值 5.76 km/s，结构面中充填物波速值 v_f 取 0.34 km/s，计算结果见表 5-2。

表 5-2　不同岩级岩体围岩裂隙率统计

岩级	Ⅰ	Ⅱ	Ⅲ	Ⅳ	Ⅴ
地震波整体穿透波速/(km·s^{-1})	5.76	5.10	4.71	4.50	3.25
洞顶围岩波速/(km·s^{-1})	5.02	4.47	4.13	3.43	2.44
围岩裂隙率/%	0.92	1.81	2.48	4.26	8.54

由表 5-2 中数据可以看出，在Ⅰ～Ⅴ类硐室围岩中，Ⅰ类围岩的裂隙率是最小的，仅有 0.92%，Ⅴ类围岩的裂隙率最大，可达 8.54%，Ⅱ、Ⅲ、Ⅳ类围岩的裂隙率为 1.81%～4.26%，其中Ⅴ类围岩裂隙率约是Ⅰ类围岩裂隙率的 9 倍。同时，在Ⅰ～Ⅴ类硐室围岩中，随着岩体裂隙率从 0.92%增大至 8.54%，洞顶围岩纵波速度与相应级别岩体的地震波整体穿透波速相比降低更大，其中Ⅳ、Ⅴ类岩体纵波速度降低较明显。

通过上述分析可以看出，无论岩体级别如何，岩体受开挖作用的影响，其纵波速度都在减小，并且岩级低的岩体的裂隙率受开挖卸荷作用影响比岩级高的显著。

(2)围岩纵波波速与围岩裂隙率的相关性研究。根据表 5-2 中的结果，可得到不同岩级洞顶围岩纵波波速 v_P 与裂隙率 n 的关系：

$$v_P = -1.1849\ln(n) + 5.0763 \quad R = 0.9909 \tag{5-4}$$

通过式(5-4)可以看出，不同岩级岩体洞顶围岩的纵波波速与围岩的裂隙率呈对数函数的关系，其相关系数 R 近似等于 1，说明两者相关性非常好，如图 5-1 所示。

由图 5-1 可以看出，当围岩裂隙率接近 0 时，洞顶纵波波速接近 6.00 km/s；当裂隙率从 1.0%增大至 4.5%时，波速从 5.00 km/s 降至 3.00 km/s，降低了 40%；当裂隙率从 4.5%增大至 8.5%时，波速从 3.00 km/s 降至 2.50 km/s，降低了 15%。可见裂隙率为 1.0%～4.5%时，洞顶波速降低幅度是裂隙率为 4.5%～8.5%时的 3 倍左右。通过上述分析可知，随着围岩裂隙率的增大，各岩级的岩体波速均逐渐降低，同时，波速降低的速率也在逐渐下降，最后趋于稳定。说明随着开挖卸荷作用的加剧，结构面张开度不断加大，裂隙率也不断增大。

另外，根据图 5-1 可知，当围岩纵波波速小于 3.50 km/s 时，可判定为岩体质量较差的Ⅳ、Ⅴ类围岩，此时节理裂隙率将大于 5%，岩体卸荷松弛严重，是易发

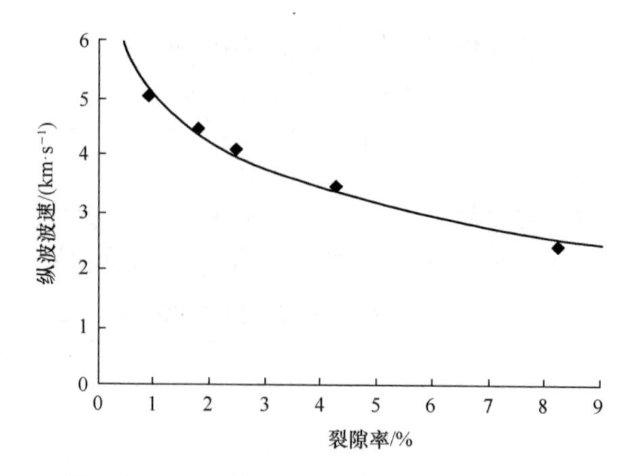

图 5-1　洞顶围岩纵波波速与裂隙率的关系曲线

生灾变的范围。因此，在岩体工程特性的研究中，可通过弹性波测试的方法，判断与分析围岩岩级及围岩灾变的范围。

3. 密度变化规律分析

(1)密度的计算原理及计算结果。密度是表征岩体工程性质的重要物理量，但是室内试验获得的块体密度，无法反映岩体所处的实际应力状态。为避免这一缺陷，以下在式(5-3)的基础上，进一步推导利用现场弹性波波速测试结果进行岩体密度的计算公式。

密度 ρ_n 的计算公式为

$$\rho_n = \rho_0 (1 - n) \tag{5-5}$$

将式(5-3)代入式(5-5)，可得

$$\rho_n = \rho_0 \frac{v_m (v_{cP} - v_f)}{v_{cP} (v_m - v_f)} \tag{5-6}$$

式中，ρ_n 为岩体密度；ρ_0 为岩体骨架密度，其值取岩体所在地区完整岩块的密度。

研究区完整岩块密度为 2.65 g/cm^3，由式(5-6)计算该区内不同岩级的围岩密度值，计算结果见表 5-3。

表 5-3　不同岩级岩体围岩密度统计

岩级	Ⅰ	Ⅱ	Ⅲ	Ⅳ	Ⅴ
地震波整体穿透波速/(km·s^{-1})	5.76	5.10	4.71	4.50	3.25
洞顶围岩波速/(km·s^{-1})	5.02	4.47	4.13	3.43	2.44
围岩密度/(g·cm^{-3})	2.62	2.60	2.58	2.53	2.42

分析表 5-3 可以看出，在Ⅰ～Ⅴ类围岩中，密度值最大的是Ⅰ类围岩，其值为 2.62 g/cm^3，密度值最小的是Ⅴ类围岩，其值为 2.42 g/cm^3。Ⅴ类围岩密度值约

为Ⅰ类围岩密度值的 90%，Ⅱ类、Ⅲ类、Ⅳ类围岩的密度值分别为 2.60 g/cm³、2.58 g/cm³ 和 2.53 g/cm³。由此表明，在围岩稳定后，随着岩级的降低，其对应的密度值在不断减小，从Ⅰ类到Ⅴ类围岩，其密度值减小约为 10%。

(2)围岩纵波波速与围岩密度的相关性研究。根据表 5-3 中的结果，可得到不同岩级岩体洞顶围岩的纵波波速 v_P 与围岩密度 ρ_n 的关系：

$$v_P = 0.0005e^{3.5057\rho_n},\quad R = 0.9955 \tag{5-7}$$

由式(5-7)可知，不同岩级岩体洞顶围岩纵波速度与围岩密度呈指数函数关系，相关系数 R 近似为 1，说明两者相关性好，相关曲线如图 5-2 所示。

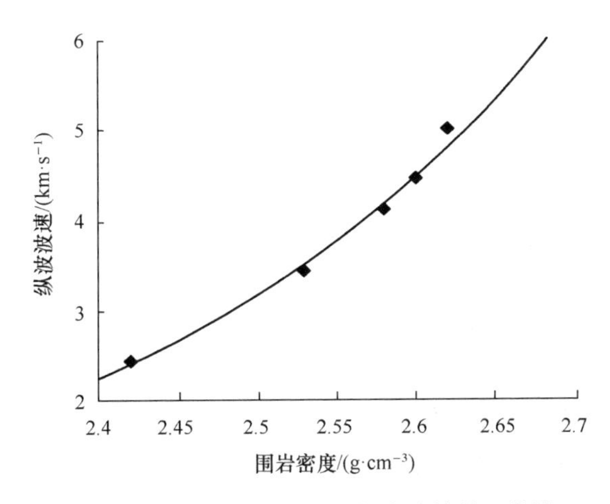

图 5-2　洞顶围岩纵波波速与密度的关系曲线

由图 5-2 可以看出，整体上曲线呈单调上升状态，且曲线斜率逐渐增加。在密度从 2.40 g/cm³ 增大至约 2.70 g/cm³ 的过程中，波速从约 2.30 km/s 增大至 6.00 km/s，密度增大约 10%，而波速增大约 160%，是密度增大幅度的 16 倍。通过上述分析可知，随着围岩密度的增大，围岩纵波波速不断增大，且密度增大幅度远小于波速增大幅度。同时，波速随密度增大而增大的程度在逐渐增加。

另外，根据图 5-2 可知，当围岩波速小于 3.50 km/s 时，密度值约小于 2.5 g/cm³，属岩体质量较差的Ⅳ、Ⅴ类围岩，岩体卸荷松弛严重，围岩易发生灾变。因此，在实际工程岩体评价中，易于测量的纵波波速更方便应用。

4. 密度变异速率的时间效应分析

(1)硐室围岩密度变异速率结果统计。岩体开挖后围岩密度存在变异过程，变异过程的快慢与其开挖年限有关，将由式(5-6)计算出的不同岩级岩体密度值与时间间隔的比值称为密度变异速率。计算结果见表 5-4。

表 5-4 不同岩级硐室围岩在不同时间间隔的密度变异速率统计 %

岩级	时间间隔/年							
	0.5	1	3	8	9	13	14	15
Ⅰ	4.3	2.3	1.03	0.32	0.29	0.27	0.15	0.03
Ⅱ	4.3	2.3	1.0	0.31	0.28	0.26	0.16	0.04
Ⅲ	4.2	2.2	0.99	0.31	0.28	0.26	0.15	0.04
Ⅳ	4.2	2.2	0.94	0.3	0.27	0.25	0.15	0.04
Ⅴ	4.0	2.1	0.91	0.29	0.25	0.24	0.15	0.04

由表 5-4 可知，间隔年份从 0.5 年增至 15 年过程中，Ⅰ～Ⅴ类围岩的密度变异速率从 4.3%减小至 0.03%。间隔年份在 3 年以内时，Ⅰ类和Ⅱ类围岩的密度变异速率从 4.3%减小至约 1.0%，Ⅲ类和Ⅳ类围岩的密度变异速率从 4.2%减小至约 1.0%，Ⅴ类围岩的密度变异速率从 4.0%减小至约 0.9%。间隔年份在 3～15 时，Ⅰ～Ⅴ类围岩的密度变异速率均从约 1.0%减小至约 0.04%。另外，在相同间隔年份里，Ⅰ～Ⅱ类围岩的密度变异速率最大，Ⅲ～Ⅳ类围岩的密度变异速率次之，Ⅴ类围岩的密度变异速率最小。

通过上述分析可知，无论围岩级别如何，相同时间间隔对应的围岩密度变异速率相差不大。在开挖初始阶段各级围岩的密度均有较高的变异速率，达 4%以上，随着时间的推移，围岩的密度变异速率逐渐降低，3 年以后围岩的密度变异速率约为 1.0%，至 15 年时仅为 0.04%，说明此时围岩密度变化已趋于稳定。

(2)硐室围岩密度变异速率的分析。由表 5-4 可得到，Ⅰ～Ⅴ类围岩的密度变异速率 ρ_v 与时间间隔 d 的关系：

$$\rho_{v\mathrm{I}} = 2.4872d^{-1.1165}, \quad R_{\mathrm{I}} = 0.9192 \tag{5-8}$$

$$\rho_{v\mathrm{II}} = 2.4455d^{-1.0082}, \quad R_{\mathrm{II}} = 0.9386 \tag{5-9}$$

$$\rho_{v\mathrm{III}} = 2.3835d^{-1.0852}, \quad R_{\mathrm{III}} = 0.9382 \tag{5-10}$$

$$\rho_{v\mathrm{IV}} = 2.3528d^{-1.0877}, \quad R_{\mathrm{IV}} = 0.9419 \tag{5-11}$$

$$\rho_{v\mathrm{V}} = 2.2440d^{-1.0789}, \quad R_{\mathrm{V}} = 0.9436 \tag{5-12}$$

由式(5-8)～式(5-12)可知，Ⅰ～Ⅴ类围岩 ρ_v 与 d 均呈幂函数关系，如图 5-3 所示。

由图 5-3 可以看出，Ⅰ～Ⅴ类围岩密度变异速率与时间间隔的关系曲线形状相似。在间隔年份接近 0 时，即接近硐室围岩最初的开挖年代时，曲线形状都近似一条垂线，间隔年份稍微增大时，曲线呈一小段弧线，之后间隔年份继续增大时，曲线形状又近似一条水平线，此过程中曲线斜率的绝对值逐渐减小到 0。另外，相同岩级围岩的密度变异速率在开始的 3 年里迅速减小，该段曲线坡度很陡，这是因为最初 3 年里岩体开挖卸荷松弛效应较为明显，3 年以后，这种变化趋势逐渐减

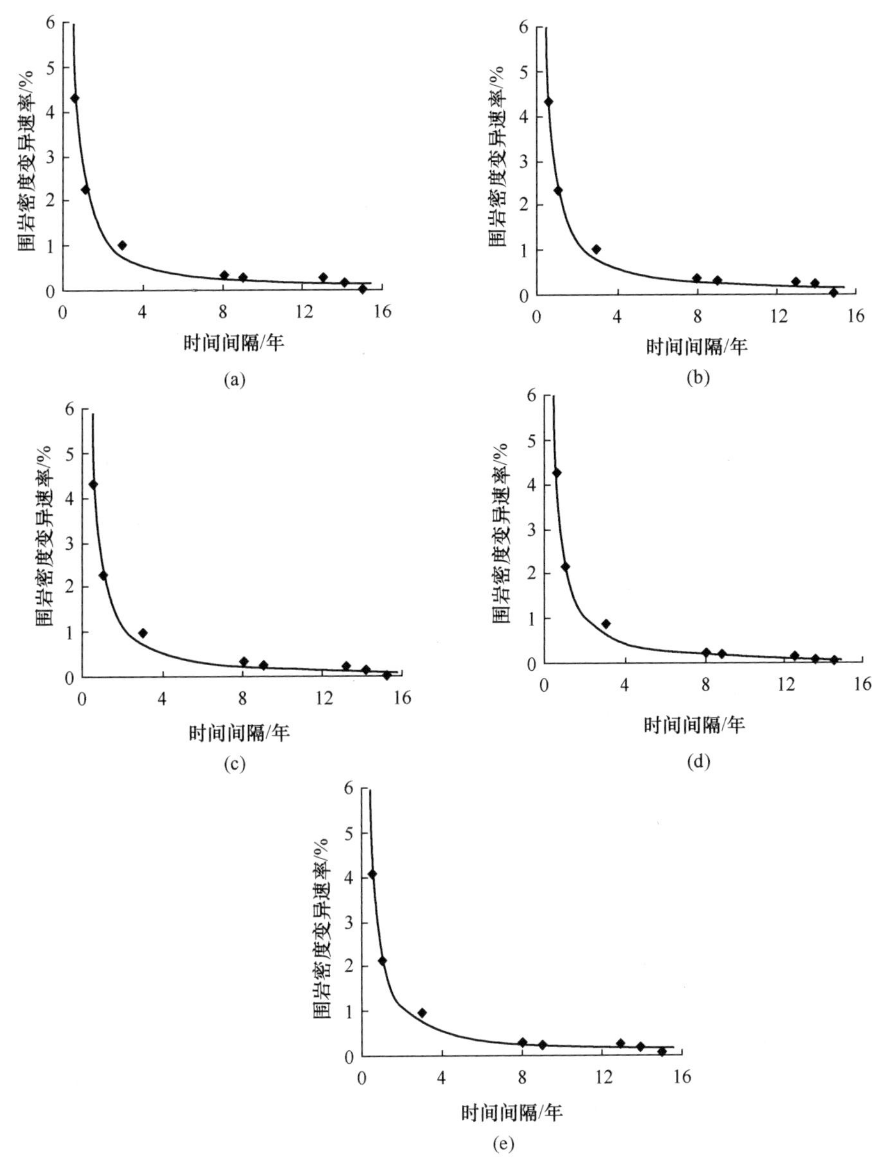

图 5-3　Ⅰ～Ⅴ类围岩的密度变异速率与时间间隔关系曲线

(a)Ⅰ类围岩；(b)Ⅱ类围岩；(c)Ⅲ类围岩；(d)Ⅳ类围岩；(e)Ⅴ类围岩

小，至 15 年时围岩的密度变异速率接近于 0，其密度基本不变。同时，在相同的间隔年份，Ⅰ～Ⅴ类围岩的密度变异速率的减小幅度大致相等。

通过上述分析可知：

①不同岩级围岩的密度变异速率与时间间隔均呈幂函数变化，曲线形态相似。

②相同岩级围岩的密度变异速率在不同的时间间隔里变化不同，但总体是随着时间间隔的增加逐渐变小，直至最后趋于稳定。这是因为岩体的开挖卸荷作用

具有明显的时间效应，即随着时间的推移，卸荷作用会不断减弱，直至消失。

③不同岩级的围岩在相同时间间隔里密度变异速率大致相同，岩级高的围岩密度变异速率稍大于岩级低的。这是因为岩级高的岩体本来结构面不发育或较发育，完整性好，开挖卸荷作用使得结构面迅速张开，故密度变异速率较大。

上述变化规律说明，开挖卸荷对硐室围岩的密度变异速率有显著影响，而且开挖卸荷松弛具有明显的时间效应。

5. 弹性波波速与其他物理参数的对比分析

(1)结果统计。根据上述计算结果，表 5-5 中列出了不同岩级岩体开挖后围岩的弹性波波速、波速变异速率、裂隙率和密度值。

表 5-5　不同岩级岩体硐室围岩有关物理参数统计

岩级	Ⅰ	Ⅱ	Ⅲ	Ⅳ	Ⅴ
地震波整体穿透波速/($km \cdot s^{-1}$)	5.76	5.10	4.71	4.50	3.25
洞顶围岩波速/($km \cdot s^{-1}$)	5.02	4.47	4.13	3.43	2.44
波速变异速率/%	12.8	12.4	12.3	27.0	25.0
围岩裂隙率/%	0.92	1.81	2.48	4.26	8.54
围岩密度/($g \cdot cm^{-3}$)	2.62	2.60	2.58	2.53	2.42

(2)结果分析。由表 5-5 可知，在Ⅰ～Ⅲ类围岩中，洞顶围岩波速约为地震波整体穿透波速的 90%，对应的波速变异速率均为 12%左右，在Ⅳ～Ⅴ类围岩中，洞顶围岩波速约为地震波整体穿透波速的 80%，对应的波速变异速率均为 25%左右。另外，在Ⅰ～Ⅴ类围岩中，裂隙率从 0.92%增大至 8.54%，增大约 8 倍，密度从 2.62 g/cm^3减小至 2.42 g/cm^3，减小约 8%，裂隙率增大幅度约为密度减小幅度的 100 倍。

通过上述分析可得如下规律：

①岩体开挖卸荷前后，弹性波波速有很大的变异率，各岩级岩体波速变异率均超过 10%，其中Ⅳ～Ⅴ类岩体波速变异率约为Ⅰ～Ⅲ类岩体的 2 倍。这是因为岩级低的岩体结构面较发育，块体间黏结性较差，开挖后进一步松弛。

②岩体开挖卸荷后，随着不同岩级岩体裂隙率的增大，洞顶围岩弹性波波速不断减小，各岩级岩体的波速变异率却逐渐增大；而随着岩体密度的增大，波速增大，各岩级岩体波速变异率却逐渐减小，这一变化规律与前述分析的结果一致。相比之下，围岩裂隙率对波速的影响比岩体密度更加显著。

综上所述，岩体开挖前后，其弹性波波速、波速变异速率、裂隙率和密度有很好的对应关系，在实际工程中可以利用该规律简单地判断开挖前后岩体工程特性的变化特征。

(3)节理岩体卸荷松弛评价参数。通过对节理岩体开挖后硐室围岩弹性波波速与其物理参数相关关系的分析，针对本次研究区内的岩体，可给出如下卸荷松弛评价参数：

①当弹性波波速小于 3.50 km/s，裂隙率大于 5%，密度值小于 2.5 g/cm³时，属弱质、抗剪强度差的Ⅳ类、Ⅴ类岩体，该处岩体受开挖卸荷作用影响显著，岩体卸荷松弛严重，在该范围内围岩易失稳发生灾变。

②当弹性波波速大于 3.50 km/s，裂隙率小于 5%，密度值大于 2.5 g/cm³时，属质量较好的Ⅰ类、Ⅱ类岩体，该处岩体受开挖卸荷作用影响不大，岩体卸荷松弛不严重，在该范围内围岩自稳能力较好不易发生灾变。

5.2.2　节理岩体开挖后硐室围岩的力学特性

1. 测试结果统计

表 5-6 所示为不同岩级岩体开挖后，硐室围岩的弹性波波速、变形模量、抗剪强度(摩擦系数)及饱和抗压强度的平均值。

表 5-6　不同岩级岩体硐室围岩的主要力学参数统计

岩级	地震波整体穿透波速/(km·s⁻¹)	洞顶围岩波速/(km·s⁻¹)	变形模量/GPa	抗剪强度(摩擦系数)	饱和抗压强度/MPa
Ⅰ	5.76	5.02	17.5	1.5	85
Ⅱ	5.10	4.47	11.5	1.3	70
Ⅲ	4.71	4.13	6.0	1.1	45
Ⅳ	4.50	3.43	2.8	0.8	23
Ⅴ	3.25	2.44	0.9	0.4	6

2. 测试结果分析

根据表 5-6 可得到不同岩级岩体围岩的纵波波速 v_P 与其变形模量 E_0、摩擦系数 f、饱和抗压强度 R_b 的关系：

$$v_P = 2.5937E_0^{0.2560},\quad R_{E_0} = 0.9906 \tag{5-13}$$

$$v_P = 3.9559f^{0.5421},\quad R_f = 0.9961 \tag{5-14}$$

$$v_P = 1.5184R_b^{0.2620},\quad R_{Rb} = 0.9965 \tag{5-15}$$

由式(5-13)～式(5-15)可知，硐室围岩的 v_P 与 E_0、f、R_b 均呈幂函数关系，相关曲线如图 5-4～图 5-6 所示。

由图 5-4 可以看出，当变形模量从约 1 GPa 增加至近 20 GPa 时，其值增加了约 20 倍，对应的围岩纵波波速约从 2.50 km/s 增大至 5.00 km/s，其值仅增大了 2 倍，说明随着波速的增大，变形模量有非常显著的变化。当变形模量从约 1 GPa 增加至

6 GPa左右时，波速约从2.50 km/s增大至4.10 km/s，增大了64%，该段曲线坡度较陡，斜率较大；当变形模量从约6 GPa增加至20 GPa时，波速从约4.50 km/s增大至5.00 km/s，仅增大了约10%，该段曲线坡度较缓，斜率较小。

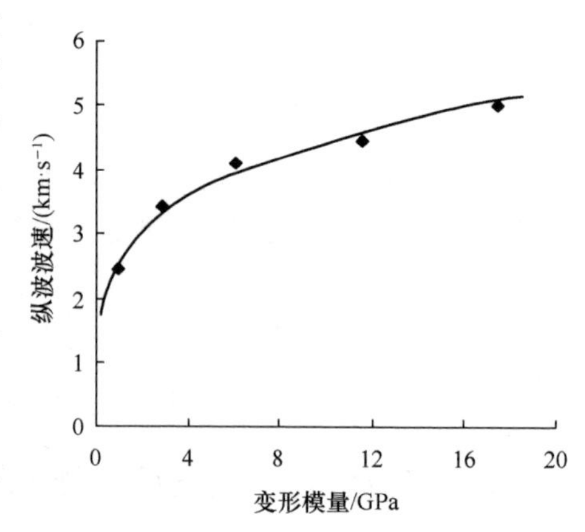

图 5-4 纵波波速与变形模量的关系曲线

通过上述分析可知，变形模量随围岩纵波波速的增大有显著的增加，这是因为岩级低的岩体本来结构面较发育，块体间黏结性较低，受开挖卸荷作用的影响其结构面间距和开度增大，结构面进一步发育，块体间黏结性进一步降低，导致岩体质量变得更差，而岩级高的岩体，开挖卸荷作用对其结构面发育的影响不明显，岩体质量变化也不显著。另外，当波速小于约4.10 km/s，变形模量小于6 GPa时，波速变化速率很大，岩体受开挖卸荷作用显著，此时岩体变形较大，岩体质量相对较差；而当波速大于4.10 km/s，变形模量大于6 GPa时，波速变化速率相对较小，岩体受开挖卸荷作用不显著，此时岩体变形较小，岩体质量相对较好。

由图5-5可以看出，当摩擦系数小于0.4时，围岩纵波波速小于2.50 km/s；当摩擦系数从0.4增加至1.1时，波速从约2.50 km/s增大至4.10 km/s，该段曲线斜率较大；当摩擦系数从1.1增加至1.5时，波速从约4.50 km/s增大至5.00 km/s，该段曲线斜率较小。

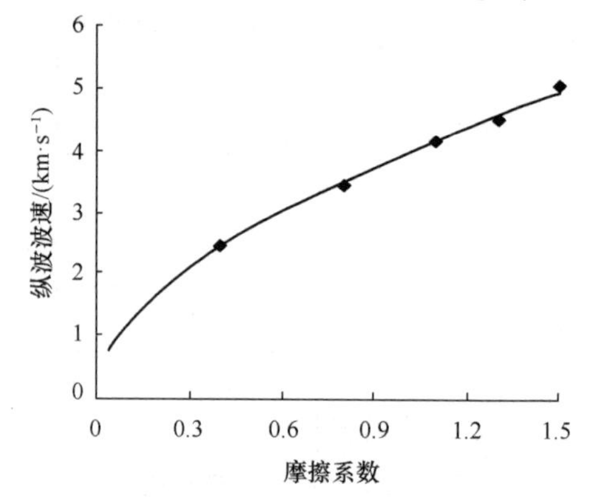

图 5-5 纵波波速与摩擦系数的关系曲线

通过上述分析可知，当围岩纵波波速小于4.10 km/s、摩擦系数小于1.1时，波速变化速率很大，岩体受开挖卸荷作用影响显著，此时岩体质量相对较差。而当围岩纵波波速大于4.10 km/s、摩擦系数大于1.1时，波速变化速率相对较小，岩体受开挖卸荷作用影响不显著，此时岩体质量相对较好。

同理，通过分析图5-6可知，当围岩纵波波速小于4.10 km/s、饱和抗压强度小于45 MPa时，波速变化速率很大，岩体受开挖卸荷作用影响显著，此时岩体承载能力明显降低，岩体质量相对较差。而当围岩纵波波速大于4.10 km/s、饱和抗压强度大于45 MPa时，波速变化速率相对较小，岩体受开挖卸荷作用影响不显著，此时岩体承载能力降低不明显，岩体质量相对较好。

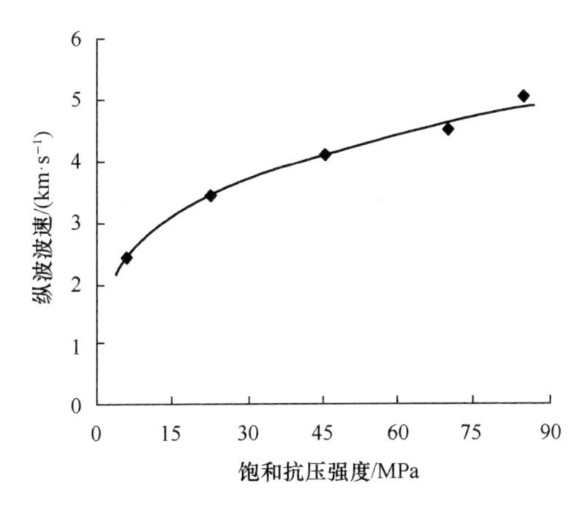

图 5-6　纵波波速与饱和抗压强度的关系曲线

5.3　节理岩体动力学特性

5.3.1　岩体横波频率与振幅衰减特性

1. 岩体横波传播特征

众所周知，横波中质点的振动方向与波的传播方向相垂直。横波传递时的振幅大于纵波，即质点的位移要大于纵波，能耗相对较大，因此，其动力学特征要比纵波更敏感，这也是本节以横波的传递来研究其动力学特征的主要原因。弹性波在同岩性、风化程度不同的工程岩体中能量消耗是不同的，以下将系统地对不同风化程度的岩体进行波的动力学分析。

2. 实测结果及数据分析

选取黄河上游 3 个坝址，即李家峡坝址、黑山峡的小观音和大柳树坝址为研究对象。其中，李家峡坝基岩体、小观音坝基岩体均属正常状态，可以通过岩体风化程度对其波的动力学特征的影响予以研究；而大柳树坝基岩体不同，它是受地震破坏的变异性岩体，其波的动力学特征与前面两者有差异。将 3 坝址岩体放在一起进行研究的原因是，3 坝址岩性均为变质岩，有可比性，其中大柳树坝址、小观音坝址虽同处在黑山峡峡谷区，但两者所处环境不同，岩体工程特性差别很大，因此，可以研究岩体工程特性对波的动力学特征的影响。

在 3 个坝址上均采取地震法洞壁测试，共 28 个测段，结果见表 5-7。为使测试结果有量度的标准，表 5-8 和表 5-9 给出通常划分岩体风化程度时的纵横波速值，以作参考。

由表 5-7 可知，大柳树坝基岩体大部分测段纵波波速小于 3 000 m/s，仅个别测段大于 3 000 m/s，且无大于 4 000 m/s 的测段。因它的成因不完全属于风化，仅以结构特征划分，应属于碎裂结构，相当于强风化岩体，仅少部分为弱风化岩体，无微风化岩体。李家峡、小观音两坝基岩体按纵横波速划分风化程度，两坝址风化程度发育正常，少量为强、弱风化岩体，大多为微风化或新鲜岩体。

表 5-7　黄河上游三个坝址岩体弹性波试验结果

坝址	测段/m		v_P/(m·s^{-1})	v_S/(m·s^{-1})	f_S/Hz	a_0/m^{-1}
大柳树	D319	40—50	2 900	1 450	190	0.10
大柳树	D319	70—73	3 300	1 740	200	0.10
大柳树	D321	60—65	1 500	800	170	0.11
大柳树	D324	31.5—35	1 860	920	190	0.10
大柳树	D324	35—37.5	2 000	1 100	200	0.10
大柳树	D324	58—63	2 200	1 100	200	0.10
大柳树	D308	93—100	1 730	800	180	0.11
大柳树	D308	131—135	2 250	1 100	200	0.10
大柳树	D332	53—61	2 700	1 300	220	0.09
大柳树	D332	44—53	3 000	1 500	250	0.08
大柳树	D332	63—70	2 100	1 100	190	0.10
大柳树	D332	70—79.5	3 650	2 000	300	0.05
大柳树	D332	100—104	3 560	2 000	380	0.05
小观音	D23	39—49	4 400	2 500	600	0.02
小观音	D32	27—37	5 100	3 000	900	0.01
小观音	D32	57—67	4 300	2 460	600	0.02
小观音	D31	27—45	3 900	2 200	500	0.04
小观音	D31	45—55	4 400	2 600	700	0.02
小观音	D31	55—65	4 000	2 300	600	0.022
小观音	D45	4—8	2 400	1 200	200	0.09
小观音	D45	36—44	4 300	2 460	300	0.018
小观音	D45	60—68	3 500	1 900	200	0.09
小观音	D45	68—76	4 800	2 800	800	0.01
李家峡	D11	0—10	3 600	2 000	300	0.05
李家峡	D11	10—15	4 200	2 400	600	0.03
李家峡	D11	15—30	4 600	2 700	800	0.02
李家峡	D11	30—50	4 900	2 900	900	0.01
李家峡	D11	50—80	5 000	2 940	900	0.01

表 5-8　研究区岩体纵波波速 v_P 与岩体风化程度关系

风化程度	纵波波速/(m·s^{-1})
新鲜岩体	>4 500
微风化	4 000～4 500
弱风化	3 200～4 000
强风化	<3 200

表 5-9　研究区岩体横波波速 v_S 与岩体风化程度关系

风化程度	横波波速/(m·s^{-1})
微风化或新鲜岩体	>2 500
弱风化	2 000～2 500
强风化	<2 000

3. 横波频率与横波速度关系

横波频率 f_S 是指主振频率。震源的激振会产生频率不等的多种振动，在频谱曲线上能量最高的谱线即为该介质的主振频率。它与震源起震方式、震源环境无关，只取决于介质自身的特性。震源激震之后，多种频率在振动图的起始端表现出来，可大体上分为高、中、低等多种频率，所以，振动图起始段，波形较乱而不规整，如图 5-7 所示。待波运行一段时间后，根据岩体的高频滤波、低频通过的原理，振动图变得规整，仅有主振频率。

图 5-7(a)～(c)为李家峡坝基岩体振动图，分别为强风化、弱风化及新鲜岩体不同部位的测试结果，位置于 11 号平洞；图 5-7(d)、(e)为黄河黑山峡大柳树坝址 308 洞岩体振动图，相当于强风化和弱风化岩体；图 5-7(f)、(g)为黄河上游小观音坝址 32 号洞振动图，分别为微风化、新鲜岩体的测试结果。此处仅给出 7 条振动图，以便对计算衰减系数时取值方法进行示意说明。

表 5-7 中的横波频率取值有两种方法。可以由频率谱线读出，或者在振动图上取主振周期由式(5-16)进行计算：

$$f_S=1/T \tag{5-16}$$

根据表 5-7 中的数据可得出 v_S-f_S 关系图，如图 5-8 所示。图中的数据包括了三个坝址的测试结果，可以看出，虽不在同一地区，但总体上数据点的规律性很好，说明横波频率主要与岩体结构关系密切。

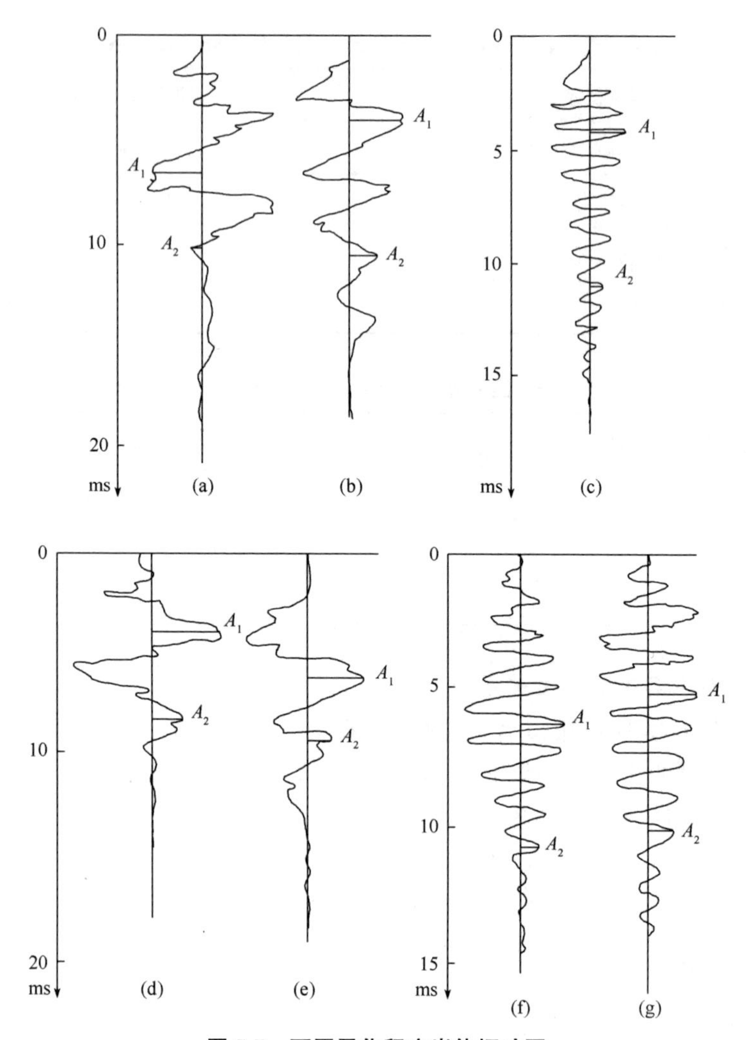

图 5-7　不同风化程度岩体振动图

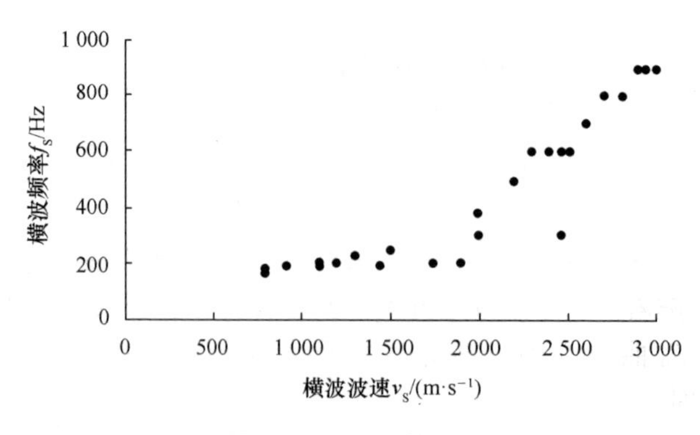

图 5-8　v_S-f_S 关系图

由表5-7和图5-8可以看出，研究区内未风化的岩体 v_S 最大值约为3 000 m/s，对应的横波频率约为1 000 Hz。而对于强风化岩体即 v_S<2 000 m/s时，f_S 值基本不随 v_S 变化，稳定在200 Hz左右，散点图呈水平状。上述两种情况下波速相差1.5倍，频率却相差5倍，说明在研究岩体风化程度时波的 f_S 的变化相比于波速的变化更为明显，更具实用性。当岩体为弱风化或微风化乃至新鲜岩体时，频率对波速的反应非常敏感，波速上升频率增加，两者近似呈线性关系。据表5-7中的试验结果可知，小观音、李家峡坝址新鲜岩体的 f_S 为900 Hz。

4. 岩体横波振幅衰减规律

介质弹性波振幅衰减表征了弹性振动能量的消耗，主要控制因素是介质的密度。就岩体而言，岩性、结构与其密度相关，所以，在不同风化程度时弹性波的振幅衰减是不同的。波幅衰减系数 a_0 可按式(5-17)进行计算，计算结果见表5-7。

$$a_0 = \frac{1}{\Delta x}\ln\frac{A_1}{A_2} \tag{5-17}$$

根据表5-7中的数据可得 v_S-a_0 关系图，如图5-9所示。因为 v_S 与岩体结构有关，a_0 同样反映了岩体的结构状态。

由表5-7和图5-9可知，当岩体横波速度 v_S<2 000 m/s时，a_0 值大，说明波幅衰减快、波能量消耗大。大柳树坝基岩体的 v_S 值均小于2 000 m/s，a_0 值基本为0.1左右。因此 a_0=0.1时，对应的风化程度应属于强风化。

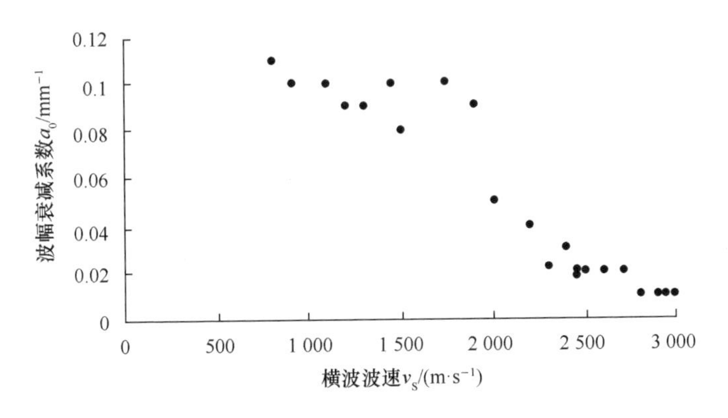

图5-9　v_S-a_0 关系图

当2 000 m/s≤v_S≤2 500 m/s时，对应弱风化岩体，a_0 值有所衰减，与前者相差一个数量级，李家峡、小观音坝址部分测段岩体属此例。v_S>2 500 m/s时，对应微风化和新鲜岩体，a_0 值更小，约为0.01，相当于强风化岩体 a_0 值的1/10。图5-9中的 v_S-a_0 曲线中以 v_S=2 000 m/s为界，两侧散点图形态明显不同，当 v_S<2 000 m/s时，a_0 值随 v_S 增加而减小，而当 v_S≥2 000 m/s时，a_0 值基本稳定为0.01。

以上讨论的是以岩体横波计算出的 a_0 值，表5-10中给出了以纵波计算出的 a_0

值。通过表 5-7 中大柳树坝基岩体横波的部分 a_0 值与表 5-10 中大柳树坝基岩体纵波 a_0 值作对比，可以发现，前者 a_0 值高于后者 0.05 左右，规律性尚好。两者 a_0 值差异的主要原因为纵横波运行机制中振动幅值的不同。横波也称为剪切波，传播中介质要产生剪切振荡，质点振动方向与波传播方向垂直，与纵波相比其振幅更大，意味着质点的位移更大，消耗的能量也更多，因此其振幅衰减更快，相应的，衰减系数也更高。

表 5-10　大柳树岩体纵波衰减系数表

点号	波走时/ms	v_P/(m·s^{-1})	Δx/m	A_1/mm	A_2/mm	a_0/m^{-1}
1	21	2 200	46	7	1	0.042
2	15	2 000	32	6	1	0.056
3	17.6	2 100	37	6	1	0.048
4	56.5	3 500	197.6	6	1	0.009
5	61.8	4 000	247.0	7	1	0.008

5.3.2　岩体弹性波振幅衰减规律

进行岩体振幅衰减规律研究，最基本的参数仍是波速。以洛阳龙门石窟围岩为例，表 5-11、表 5-12 中列出了现场测试的 20 组共 40 个波速值，分别为纵波顺层波速 $v_{P//}$ 与纵波切层波速 $v_{P\perp}$，和横波顺层波速 $v_{S//}$ 与横波切层波速 $v_{S\perp}$，其中的波幅衰减系数仍由式(5-17)计算而得。图 5-10 所示为弹性波波速与衰减系数的关系曲线。

表 5-11　龙门石窟围岩群风化层纵波测试成果表

$v_{P//}$/(m·s^{-1})	$a_{0//}$/m^{-1}	$v_{P\perp}$/(m·s^{-1})	$a_{0\perp}$/m^{-1}
4 100	0.009	3 400	0.010
4 200	0.008	3 230	0.012
4 260	0.008	3 280	0.012
4 400	0.007	3 600	0.009
4 600	0.005	3 230	0.012
4 700	0.005	3 600	0.009
4 720	0.005	4 290	0.008
4 800	0.004	3 800	0.009
4 900	0.004	4 260	0.008
5 000	0.003	3 800	0.009
6 000	0.002	5 600	0.005

表 5-12　龙门石窟围岩群风化层横波测试成果表

$v_{S//}$/(m·s^{-1})	$a_{0//}$/m^{-1}	$v_{S\perp}$/(m·s^{-1})	$a_{0\perp}$/m^{-1}
2 460	0.020	1 970	0.056
2 470	0.018	2 060	0.040
2 400	0.020	2 000	0.050
2 600	0.015	2 000	0.050
3 660	0.008	2 910	0.013
2 510	0.017	1 950	0.055
2 770	0.014	2 450	0.019
2 880	0.013	2 500	0.019
2 900	0.011	2 520	0.018

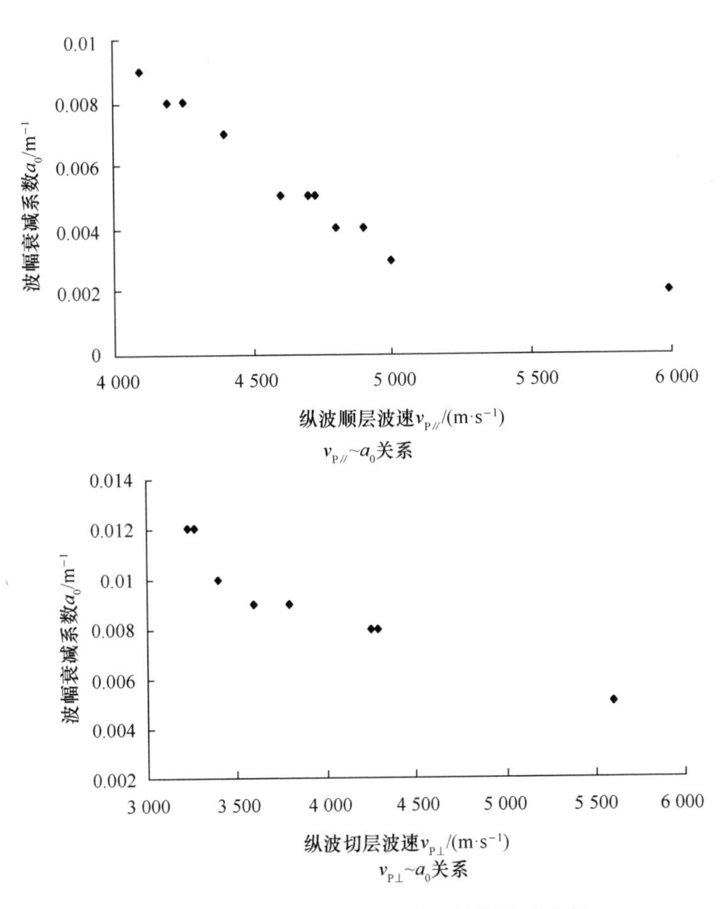

图 5-10　弹性波波速与衰减系数的关系曲线

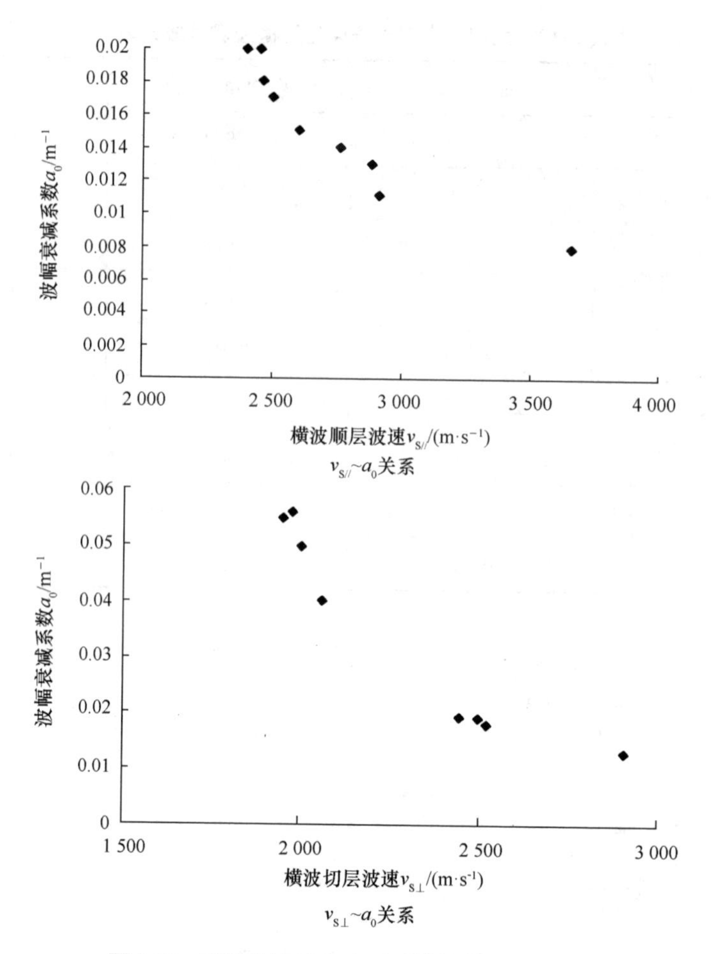

图 5-10　弹性波波速与衰减系数的关系曲线(续)

由表 5-11、表 5-12 和图 5-10 可知：

(1)无论是纵波还是横波，切层测试的衰减系数均高于顺层的。这是因为波沿切层传播时要克服结构面的阻力而消耗更多的能量。

(2)相同波速下，横波衰减系数要高于纵波衰减系数，这是因为横波传播时会产生剪切振荡且振幅大于纵波，介质质点位移较大、耗能较高。

(3)随着风化程度的加深，岩体质量及工程特性变差，衰减系数 a_0 增大，a_0 与波速基本呈线性关系。对于微风化或新鲜岩体，波的衰减系数随波速的变化不大，基本为稳定值。

5.3.3　岩体质量分级评价探讨

为使研究工作的成果具代表性、普遍性，本节选择了不同坝址、不同岩性、不同工程特性的几个工程岩体进行了研究。研究表明，岩体强风化或强震破坏，其横波频率很低，一般小于 400 Hz，大多为 200 Hz 或更小；衰减系数大，纵波衰减系数 $>0.012\ m^{-1}$，横波衰减系数 $>0.05\ m^{-1}$。弱、微风化阶段，随着波速的增加，频率突然增加，衰减系数突然下降。纵波衰减系数降至 $0.008\ m^{-1}$，横波衰减系数降至 $0.02\ m^{-1}$，频率增至 600 Hz。

在岩级划分和岩体质量评价中尚无依据波的动力学特征进行评价的标准，根据对黄河上游李家峡、小观音和大柳树坝址岩体及洛阳龙门石窟群围岩弹性波的动力学特性的研究，以下尝试给出进行岩体质量或级别划分的标准。由于研究范围有限，给出的量值仅供参考，具体见表 5-13。

表 5-13　岩体质量分级(评价)建议值

岩体类别		好	较好	差
衰减系数	纵波/m^{-1}	<0.008	0.008～0.012	>0.012
	横波/m^{-1}	<0.02	0.02～0.05	>0.05
横波频率/Hz		>600	600～400	<400
岩体特征		完整、坚硬	层、块状，裂隙稍发育，微风化	碎裂状，裂隙发育，弱、强风化

5.4　小结

本章围绕结构特征对岩石物理力学特性的影响进行了研究，具体如下：

(1)研究了节理岩体开挖后硐室围岩的物理力学特性，结论如下：

①给出了利用波速定量计算岩体裂隙率和岩体密度的方法，并利用波速计算得到岩体裂隙率和岩体密度，分析了两者与弹性波波速的关系。

②对岩体开挖后围岩密度变异速率的时间效应进行了探讨，对不同岩级硐室围岩开挖后的弹性波波速、波速变异率、裂隙率和密度进行了对比分析，给出了岩体卸荷松弛评价参数。

③分析了节理岩体开挖后围岩弹性波波速与其变形模量、抗剪强度(摩擦系数)及饱和抗压强度的关系，研究了各参数之间的变化规律及与岩体质量的关系。

(2)对黄河上游 3 个坝址内岩体的横波频率与振幅衰减特性进行了研究，结论如下：

①岩体横波频率、振幅衰减系数对不同风化程度、结构状态的岩体有极好的响应，呈有规律的变化。

②强风化碎裂型结构岩体，横波频率很低，大约为 200 Hz 甚至更低，且受波速影响不明显，散点图排列成水平直线，到弱风化岩体时 f_S 突然增大，呈现跃变。

③岩体强风化时，横波振幅迅速衰减，衰减系数 a_0 约为 0.1，而弱风化时 a_0

突然变小，微风化或新鲜岩体 a_0 值为强风化岩体的 1/10 左右。

④根据对黄河上游 3 个坝址岩体及洛阳龙门石窟群围岩弹性波的动力学特性的研究，尝试给出了依据波的动力学特征进行岩体质量分级评价的标准，由于研究范围有限，给出的量值仅供参考。

(3)对洛阳龙门石窟围岩弹性波振幅衰减规律进行了研究，结论如下：

①无论纵波还是横波，切层测试的衰减系数均高于顺层测试的衰减系数。这是因为波向为切层传播时要克服结构面的阻力而消耗更多的能量。

②相同波速下，横波衰减系数要高于纵波衰减系数，这是因为横波传播时会产生剪切振荡且振幅大于纵波，介质质点位移较大、耗能较高。

③随着风化程度的加深，岩体质量及工程特性变差，衰减系数 a_0 增大，a_0 与波速基本呈线性关系。对于微风化或新鲜岩体，波的衰减系数随波速的变化不大，基本为稳定值。

第 6 章　水化学溶液作用下岩石物理力学特性及侵蚀损伤模型研究

6.1　引言

岩石是矿物的天然集合体，由不同的矿物颗粒胶结而成，因此，岩石内部特别是颗粒之间均不可避免地存在大量的微裂隙和缺陷。岩石周围的水溶液渗入岩石后会与矿物颗粒之间的胶结物及岩石颗粒本身发生化学反应，进而引起岩石物理力学性质的改变，对岩体工程的长期稳定性产生不利影响。本章在前述各章对岩石含水率、应力状态和结构特征研究的基础上，以洛阳龙门石窟风化和新鲜灰岩为研究对象，综合考虑各影响因素，进行不同水化学溶液作用下岩石物理力学特性试验研究，分析水化学溶液侵蚀前后灰岩的质量，以及水化学溶液成分、浓度、pH 值等物理和化学性能指标的变化规律；通过力学试验获得不同水化学溶液侵蚀下灰岩的强度指标和应力(M)—水化学溶液(C)耦合作用下的力学特征，建立灰岩 MC 耦合侵蚀下的强度损伤方程和动力学方程，研究灰岩类岩石的侵蚀损伤机理。

6.2　水化学溶液作用下风化灰岩的物理力学特性

6.2.1　试验材料与方法

1. 试件制备

试验所用岩样为龙门石窟风化灰岩，如图 6-1 所示，取自龙门石窟所在区域的东山，矿物成分主要为方解石和少量白云石。将岩样加工成 ϕ50 mm×100 mm 的圆柱形标准试件，为保证试件的统一性和试验数据的可比性，所有试件均取自同一大岩块，并对所有试件进行纵波波速测试，挑选波速相近的试件进行试验，如图 6-2 所示。

图 6-1 风化灰岩岩样

图 6-2 风化灰岩试件

2. 水溶液环境

近年来，随着工业的迅速发展，龙门石窟周围的工矿企业排放的废气、废水、废液等使得伊河水及泉水中 Cl^- 和 SO_4^{2-} 含量有增高的趋向，大气中 CO_2 和 H_2S 的含量较高，龙门石窟区的雨水偏酸性，雨水中 Cl^- 和 SO_4^{2-} 含量较高(方云等，2003)。据洛阳市大气降水监测资料显示，该地区经常出现酸雨，雨水 pH 值为 4.38～7.80，酸雨入渗的水流具有较高的溶蚀能力(王现国等，2006)。另外，山上树木的落叶等在微生物作用下腐化也释放出大量 CO_2，增强了渗水的溶蚀能力。这些使得龙门石窟的石刻文物在雨季来临时，更容易遭受雨水的侵蚀。

对龙门石窟区泉水、石窟渗水和雨水的化学成分进行测试，结果见表 6-1。根据表 6-1 并结合石窟围岩所处环境，考虑不同水化学溶液离子成分的侵蚀性，选择配制试验所用的水化学溶液见表 6-2。由于实际工程中化学作用是一个漫长的过程，为了加快水化学溶液的作用，缩短研究时间，试验中加大了水化学溶液的浓度。同时，还选择了蒸馏水和龙门石窟泉水(即表 6-2 中的龙门水)作为试验用溶液，便于和不同水化学溶液作用下的试验结果进行对比研究。

表 6-1 石窟区水质测试结果

化学成分及 pH 值	含量/(mmol・L^{-1})		
	泉水	渗水	雨水
Ca^{2+}	1.884 8	4.542 3	0.237 8
Mg^{2+}	1.462 6	1.881 6	0.057 4
Na^+	0.414 6	0.414 6	0.021 2
SO_4^{2-}	5.527 2	3.839 1	<0.01
Cl^-	0.536 3	0.352 2	0.534 4

表 6-2　水化学溶液

名称	浓度/(mol·L^{-1})	pH 值	
蒸馏水	—	6.60	
龙门水	—	7.85	
Na_2SO_4溶液	0.01	4	6
Na_2CO_3溶液	0.01	4	6
$CaCl_2$溶液	0.01	4	6
NaCl 溶液	0.01	4	6
	1.0	6	
	3.0	6	

3. 试验方法

首先将试件放入烘箱，在 105 ℃条件下烘干 48 h 至恒重。然后将试件浸泡于表 6-2 的溶液中，试验中浸泡试件所用的溶液体积均为 500 mL，如图 6-3 所示。试件浸泡时间分别设定为 90 d、150 d 和 210 d，试验温度为常温。随着试件浸泡时间的推移，定期对试件的质量、波速、矿物成分、单轴压缩强度、水溶液 pH 值及水化学溶液浓度等进行测定，进而分析不同水化学溶液侵蚀下龙门石窟灰岩的物理力学性质随侵蚀时间的变化规律。单轴压缩试验完成后，对浸泡岩石试件的水化学溶液，测定其中溶解的钙离子及镁离子浓度；并对相应的岩石试件进行 X 射线衍射分析和 X 射线荧光光谱分析，研究岩石试件在不同水化学溶液中的溶解行为。

图 6-3　试件浸泡

6.2.2　水化学溶液作用下风化灰岩的物理特性

1. 质量随时间的变化规律

在试件浸泡过程中，每隔 30 d 对试件的质量进行一次测量。为减少外界环境对试验结果的影响，应尽可能减少和缩短打开容器的次数和时间，避免外界气体进入容器后影响溶液的酸碱度等性质。图 6-4 所示为龙门石窟风化灰岩在不同水化学溶液中浸泡不同时间后的质量变化曲线。

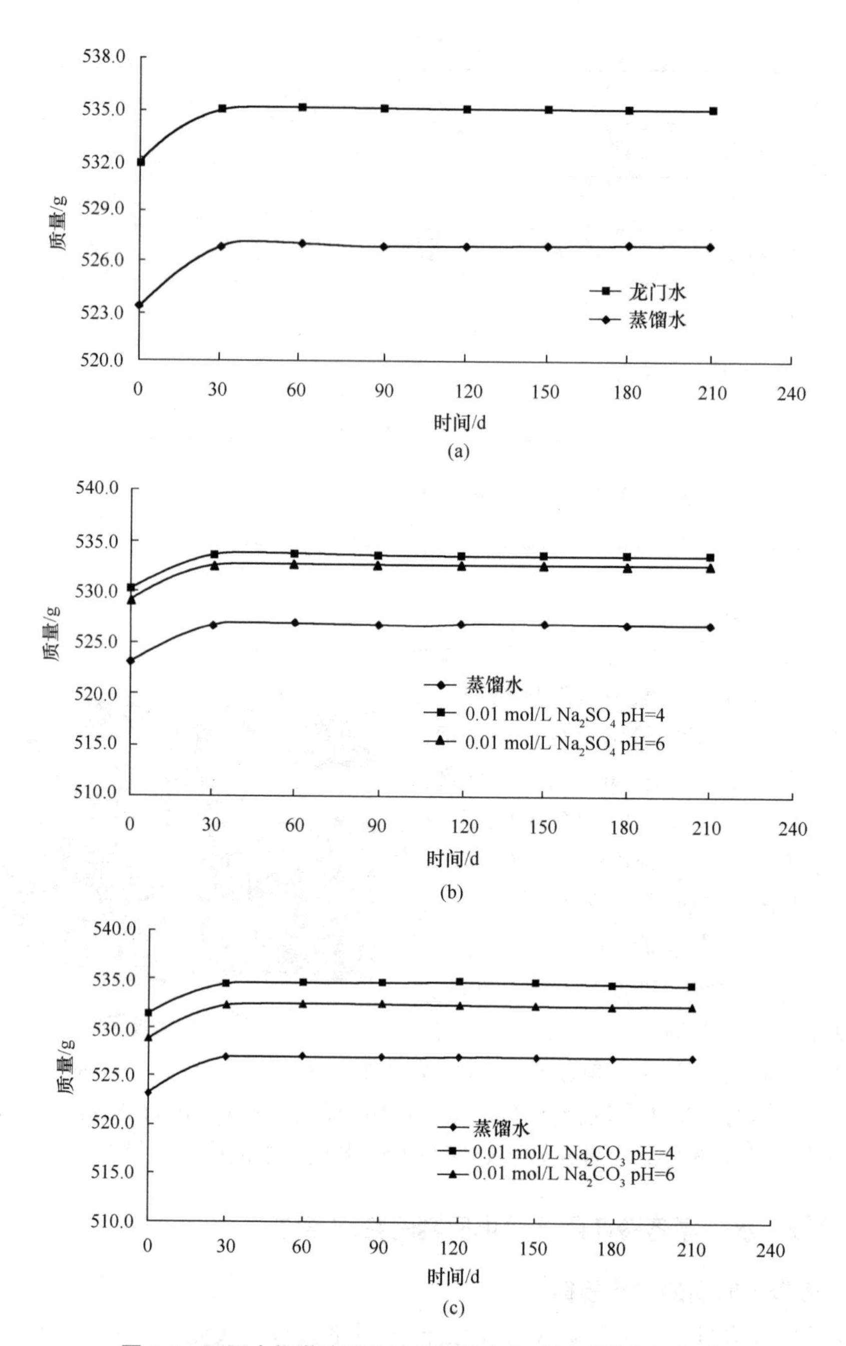

图 6-4　不同水化学溶液作用下风化灰岩试件质量变化曲线

(a)蒸馏水、龙门水；(b)0.01 mol/L，pH 值分别为 4 和 6 的 Na_2SO_4溶液；
(c)0.01 mol/L，pH 值分别为 4 和 6 的 Na_2CO_3溶液

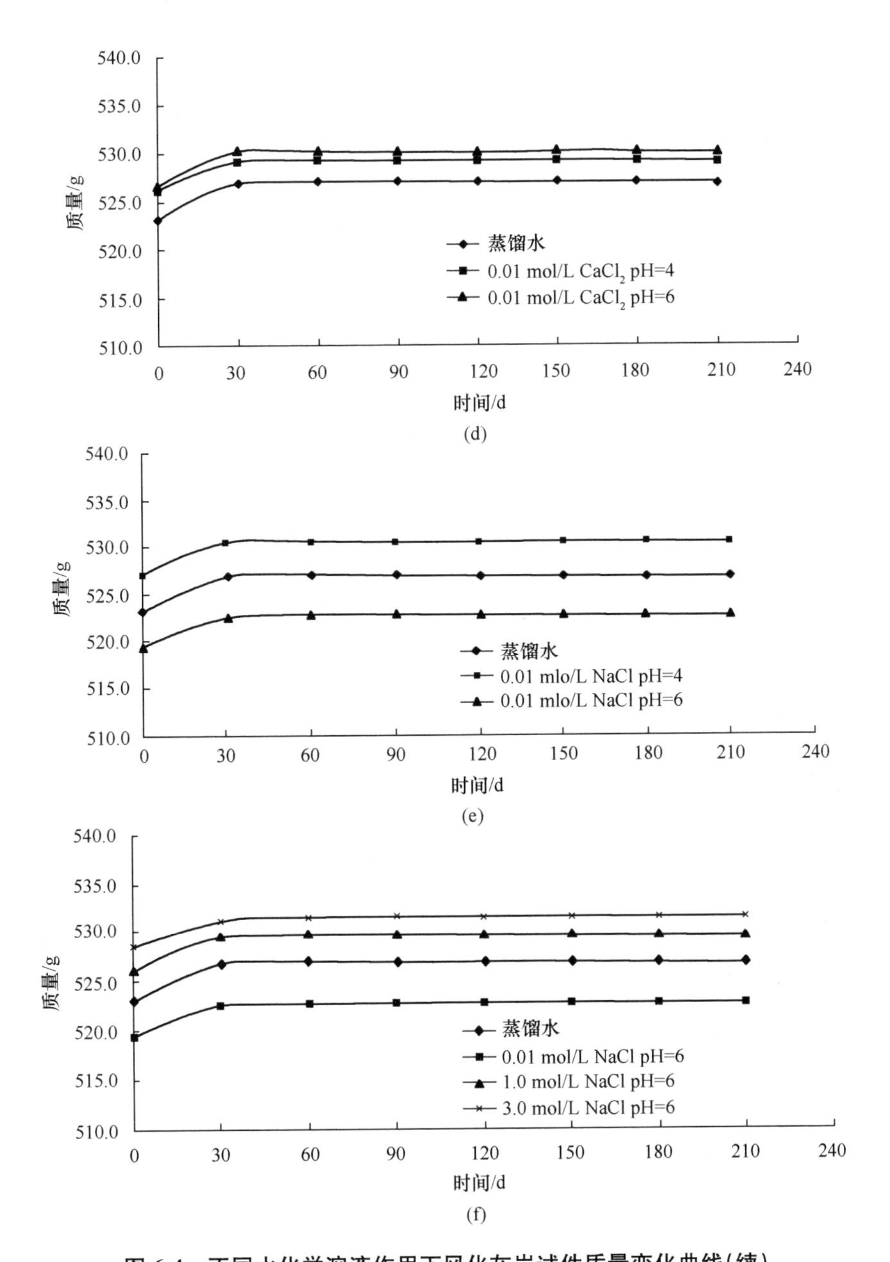

图 6-4　不同水化学溶液作用下风化灰岩试件质量变化曲线(续)

(d)0.01 mol/L，pH 值分别为 4 和 6 的 $CaCl_2$溶液；(e)0.01 mol/L，pH 值分别为 4 和 6 的 NaCl 溶液；(f)pH＝6，0.01、1.0、3.0(mol/L)的 NaCl 溶液；

图 6-4 反映了不同水化学溶液中龙门石窟风化灰岩试件的质量随时间的变化规律，可以看出在长期作用后，不同水化学溶液对灰岩质量的影响基本稳定，质量变化均小于 0.5 g。进一步缩短质量测试间隔，发现试件的质量在两天内就能基本达到稳定，之后数个月内质量只有少量增加，剔除极少数较为分散的数据点外，

试件质量增加均为2.8～3.3 g，这主要是由试件对水分的吸收引起的，试件吸水饱和后其质量基本趋于稳定。在对龙门石窟红砂岩在不同水化学溶液的侵蚀效应试验研究中也发现，当$t>6$ h后，试件质量就基本趋于稳定，之后数千小时内质量只有少量增加(丁梧秀，2005)。

2. 水溶液pH值随时间的变化规律

对浸泡试件的水溶液pH值进行测试，由于刚开始pH值变化比较快，第一天每隔1 h测一次，第二天每隔2 h测一次，待pH值逐渐稳定后，每隔10 d测一次。图6-5给出了风化灰岩试件在不同水化学溶液作用下水溶液pH值随时间的变化曲线。

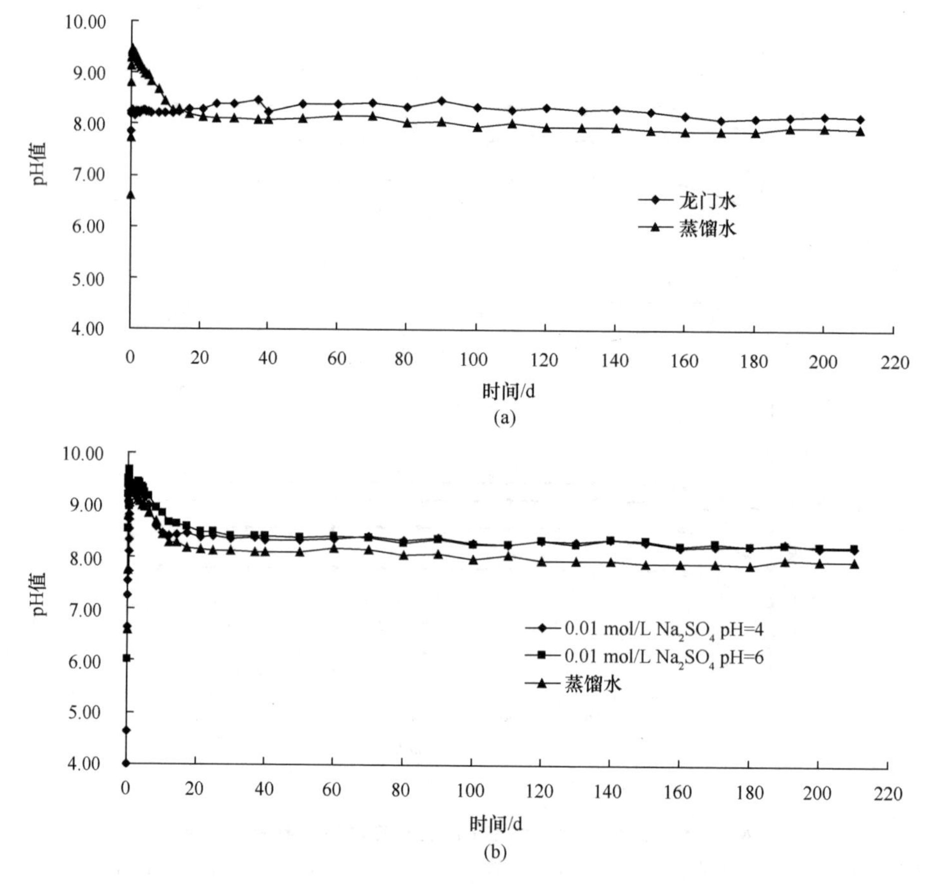

图6-5 风化灰岩试件在不同水化学溶液作用下水溶液pH值变化曲线

(a)蒸馏水、龙门水；(b)0.01 mol/L，pH值分别为4和6的Na_2SO_4溶液

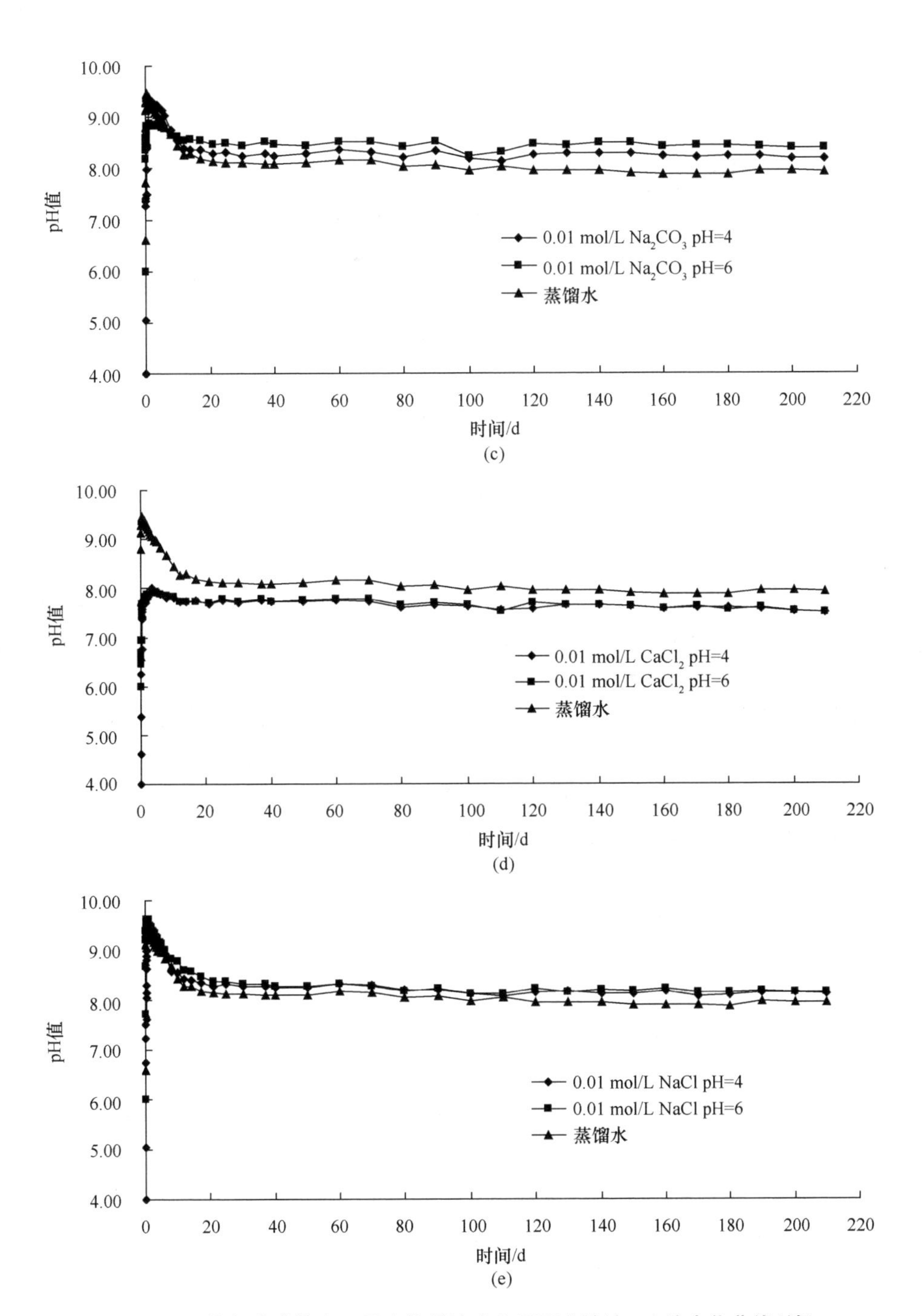

图 6-5　风化灰岩试件在不同水化学溶液作用下水溶液 pH 值变化曲线(续)

(c)0.01 mol/L，pH 值分别为 4 和 6 的 Na_2CO_3溶液；

(d)0.01 mol/L，pH 值分别为 4 和 6 的 $CaCl_2$溶液；

(e)0.01 mol/L，pH 值分别为 4 和 6 的 NaCl 溶液

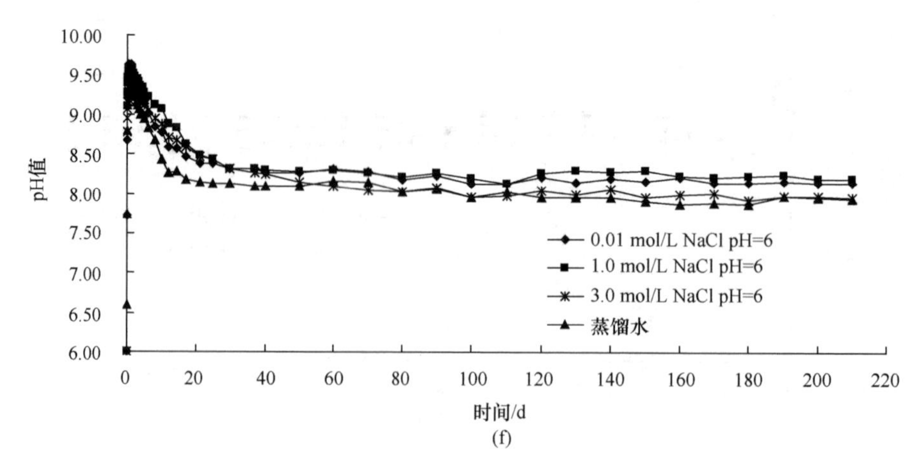

图 6-5　风化灰岩试件在不同水化学溶液作用下水溶液 pH 值变化曲线(续)

(f)pH=6，0.01、1.0、3.0(mol/L)的 NaCl 溶液

宏观的物理力学特性与水化学溶液的微观作用机制密不可分，水溶液 pH 值随时间的变化间接反映了灰岩试件中某些矿物成分在水溶液作用下发生了改变，最终将导致灰岩的物理力学性质产生变化。

由图 6-5 中各曲线可以看出，不同水溶液的 pH 值随时间的推移有着相同的变化规律，均是先增大后减小，最后趋于稳定。水溶液的 pH 值增大归因于灰岩中的方解石($CaCO_3$)、白云石[$CaMg(CO_3)_2$]等直接与水电离出的 H^+ 或酸性溶液中本身存在的 H^+ 发生反应。蒸馏水和龙门水的 pH 值增大的主要原因是灰岩中的 $CaCO_3$ 溶解后，与水电离出的 H^+ 发生反应，反应方程式见式(6-1)和式(6-2)：

$$CaCO_3(\text{方解石}) \rightarrow Ca^{2+} + CO_3^{2-} \tag{6-1}$$

$$CO_3^{2-} + H_2O \rightarrow HCO_3^- + OH^- \tag{6-2}$$

其他酸性水溶液则是由于岩石中的 $CaCO_3$、$CaMg(CO_3)_2$ 直接与溶液中的 H^+ 发生反应，反应方程式见式(6-3)和式(6-4)：

$$CaCO_3(\text{方解石}) + 2H^+ \rightarrow Ca^{2+} + H_2O + CO_2\uparrow \tag{6-3}$$

$$CaMg(CO_3)_2(\text{白云石}) + 4H^+ \rightarrow Ca^{2+} + Mg^{2+} + 2H_2O + 2CO_2\uparrow \tag{6-4}$$

由图 6-5 还可以看出，试件受不同水化学溶液作用后，无论各水化学溶液的初始 pH 值如何，最终都逐渐向弱碱性转化，并且 pH 值基本稳定在 8 左右，这是由灰岩的偏碱性特征所决定的。需要指出的是，pH＝4 和 pH＝6 的 $CaCl_2$ 溶液由于含有大量 Ca^{2+}，同离子效应较强，抑制了反应式(6-1)向正方向的进行，导致溶液 pH 值在整个过程中相对较低，最大值没有超过 8，且最终稳定在 7.5 附近，该现象说明水化学溶液的成分对 pH 值的最终稳定值有所影响。

对图 6-5(f)进行分析可知，试件在初始 pH 值均为 6，浓度分别为 0.01、1.0、3.0(mol/L)的 NaCl 溶液作用下溶液的最终 pH 值达到稳定的时间基本相同，但是

1.0 mol/L 的 NaCl 溶液的 pH 值整体上略高于 0.01 mol/L 的 NaCl 溶液，而 3.0 mol/L 的 NaCl 溶液的 pH 值又整体上比前两者低，最终按照浓度从小到大，三者的 pH 值依次是 8.15、8.20 和 7.96，该现象说明水溶液的浓度对 pH 值的最终稳定值也有所影响。

对于不同的水化学溶液，其 pH 值达到稳定的时间不同。由试验结果可知，龙门水溶液的 pH 值稳定最快，在 t=2 h 时就基本趋于稳定(从 2 h 到试验结束，pH 值变化范围在 0.3 以内)；其次是 Na_2CO_3 溶液和 $CaCl_2$ 溶液，两者的 pH 值均在 t=12 d 左右趋于稳定；再次是蒸馏水，其 pH 值在 t=17 d 左右趋于稳定；最慢的是 Na_2SO_4 溶液和 NaCl 溶液，两者的 pH 值均在 t=20 d 左右趋于稳定。龙门水溶液的 pH 值稳定得最快，原因在于龙门水本身就已溶解有石窟岩石的各种矿物，初始 pH 值为 7.85，呈弱碱性，其与石窟灰岩的反应已经基本处于平衡状态，因此最先达到平衡。对于 $CaCl_2$ 溶液和 Na_2CO_3 溶液，其中 $CaCl_2$ 溶液中含有较多的 Ca^{2+}，其产生的同离子效应会阻止方解石($CaCO_3$)、白云石[$CaMg(CO_3)_2$]的溶解，而 Na_2CO_3 溶液中含有大量的 ${CO_3}^{2-}$，极易与水溶液中的 H^+ 发生反应生成 ${HCO_3}^-$，使溶液向弱碱性转化，因此，这两种溶液的 pH 值也很快达到平衡。对于 Na_2SO_4 和 NaCl 溶液，由于 Na_2SO_4 和 NaCl 均为强电解质，且与岩石矿物成分所含离子不同，两者产生的盐效应使难溶电解质 $CaCO_3$、$CaMg(CO_3)_2$ 的溶解度增大，从而延迟溶液达到平衡的时间。由此可见，水溶液成分对其 pH 值达到稳定的时间存在一定影响。

上述现象表明，在较为封闭的有限的化学环境中，不同水化学溶液对灰岩作用一定时间后其 pH 值会达到平衡。pH 达到稳定值的时间与水溶液的化学成分和初始 pH 值大小有关，水溶液的浓度及容器的密封状况也对其有所影响，最终 pH 达到稳定值的时间主要由岩石的岩性决定。需要指出的是，由于龙门石窟岩体所处的水环境是开放的，其与外界存在着一定的水力联系，长期受到外界(雨水、生物活动等)干扰，因此，石窟中的水环境难以长期保持一定的相对平衡状态，这将不利于石窟灰岩的稳定。

3. 弹性波波速随时间的变化规律

在试验过程中，每隔 30 d 对不同水化学溶液作用下的试件进行弹性纵波波速测试，图 6-6 所示为风化灰岩受不同水化学溶液侵蚀不同时间后试件的纵波波速变化曲线。

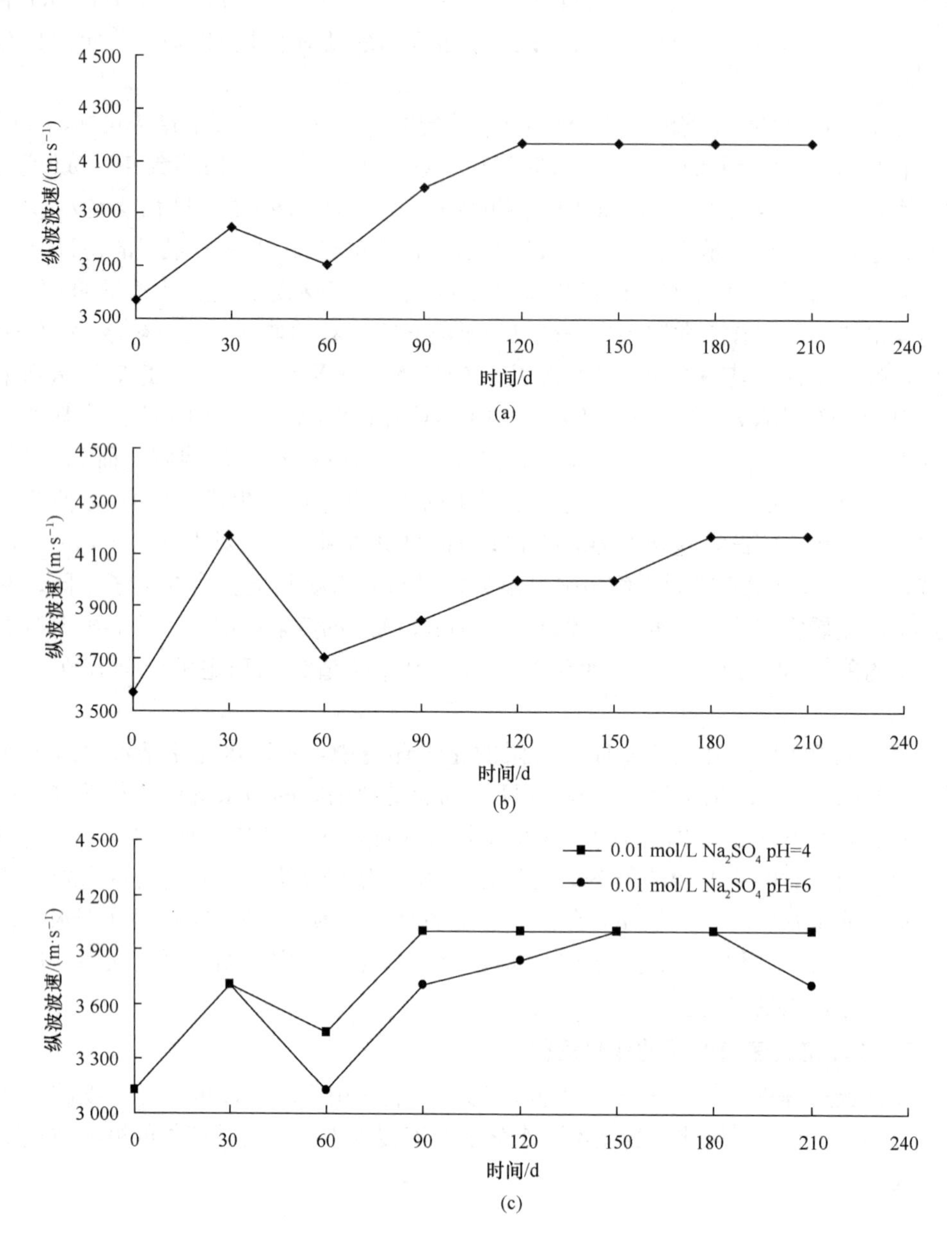

图 6-6 不同水化学溶液作用下风化灰岩的纵波波速变化曲线

(a)蒸馏水；(b)龙门水；(c)0.01 mol/L，pH=4 和 6 的 Na_2SO_4溶液

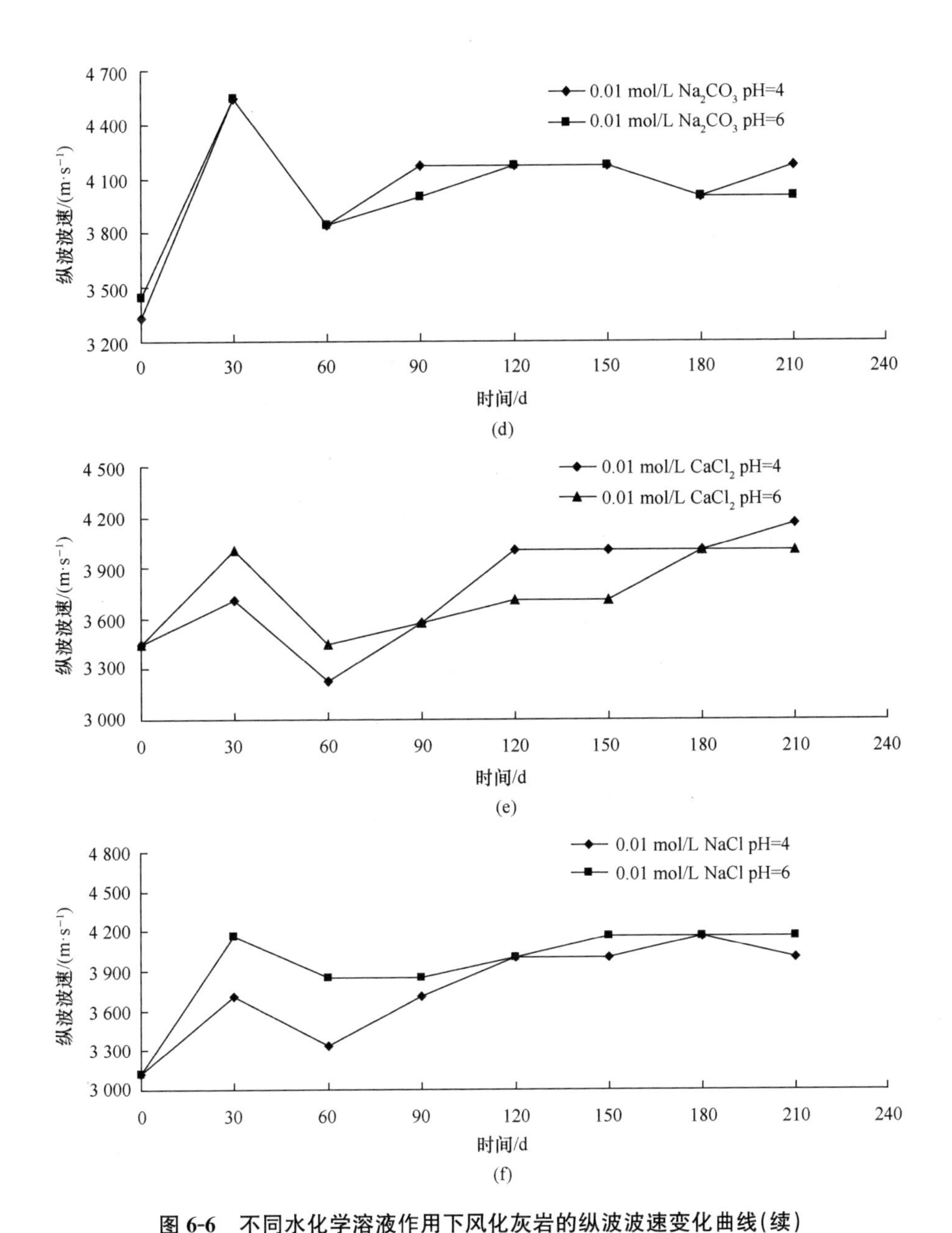

图 6-6　不同水化学溶液作用下风化灰岩的纵波波速变化曲线(续)

(d)0.01 mol/L，pH=4 和 6 的 Na_2CO_3溶液；(e)0.01 mol/L，pH=4 和 6 的 $CaCl_2$溶液；(f)0.01 mol/L，pH=4 和 6 的 NaCl 溶液

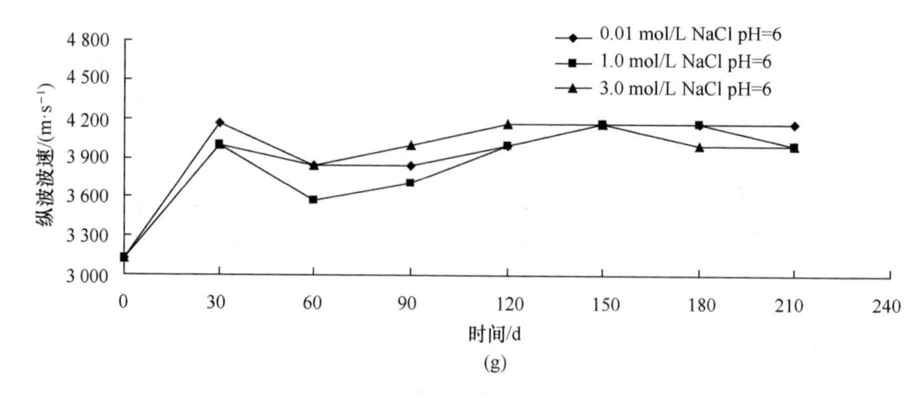

图 6-6　不同水化学溶液作用下风化灰岩的纵波波速变化曲线(续)

(g)pH=6，0.01、1.0、3.0(mol/L)的 NaCl 溶液

从图 6-6 可以看出，在不同水化学溶液作用下，风化灰岩试件的波速随时间的变化趋势大致相同，均是先增大再减小，最后趋于稳定，仅在小范围内波动。浸泡时间 $t=30$ d 时，试件波速有所增加，这主要是由水溶液逐渐充填试件的孔隙和裂隙后与试件产生的耦合作用所致。在 $t=60$ d 时，波速降至最低，一方面是由于水溶液对试件的软化作用使得试件中的可溶矿物软化或膨胀，导致岩石试件波速降低；另一方面是由于水溶液的化学侵蚀作用，试件中的可溶矿物溶解于溶液中，试件的节理、裂隙逐渐扩大，导致波速降低。随着时间的推移，试件的弹性纵波波速又缓慢回升，并在 $t=120$ d 时基本达到稳定，之后波速仅在小范围内波动，这是由岩样中的可溶性矿物进入水溶液后整个试件的均匀度提高引起的。在对龙门石窟红砂岩的水化学溶液侵蚀效应研究时也发现了类似现象，砂岩在水化学溶液的作用下，波速呈波动变化，随着时间的推移，某些矿物溶解于水溶液使得整个试件的均匀度提高，而波速在相对均匀的载体中比较高，因此，波速又开始增加(丁梧秀，2005)。

4. XRD 和 XRF 分析

对不同水化学溶液侵蚀前后的试件进行 X 射线衍射分析(XRD)和 X 射线荧光光谱分析(XRF)，并对侵蚀前后的水溶液中溶解的钙离子及镁离子浓度进行测定，研究水化学溶液对灰岩的侵蚀机理。

岩石的 X 射线衍射分析(XRD)使用德国布鲁克公司生产的 B8-Focus 型 X 衍射仪(XRD)，工作电压为 40 kV，电流为 30 mA，辐射源为 Cu 靶 Kα，$\lambda=0.15\ 418$ nm，扫描范围为 10°～70°，扫描速度为 2°/min(2θ)，步宽为 0.005°。岩石的 X 射线荧光光谱分析(XRF)使用德国 SPECTRO 公司生产的 X 射线荧光光谱分析仪(XRF)。岩石的烧失量按照《水泥化学分析方法》(GB/T 176—2017)中硅酸盐水泥的相关规定测定。

图 6-7 和表 6-3 分别为原岩、蒸馏水、0.01 mol/L 及 1.0 mol/L pH＝6 的

NaCl 溶液侵蚀 210 d 后灰岩的 XRD 和 XRF 试验结果，表 6-4 所示为上述溶液中 Ca^{2+}、Mg^{2+} 浓度的测试结果。

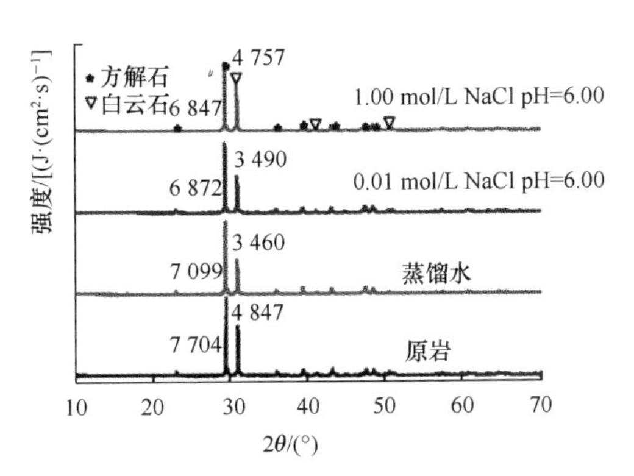

图 6-7　原岩及不同水化学溶液浸泡 210 d 后灰岩的 X 射线衍射图

表 6-3　原岩及不同水化学溶液浸泡 210 d 后灰岩的 XRF 测试结果

试验环境	CaO/%	MgO/%	CO_2/%	其他/%
原岩	49.98	3.612	44.49	4.288
蒸馏水	49.94	2.401	44.28	3.149
0.01 mol/L NaCl pH=6	48.86	2.891	44.50	3.749
1.00 mol/L NaCl pH=6	48.16	3.278	44.53	4.032

表 6-4　试件在不同水化学溶液中浸泡 210 d 后溶液中 Ca^{2+}、Mg^{2+} 浓度

水溶液环境	Ca^{2+}/(mol·L^{-1})	$Ca^{2+}+Mg^{2+}$/(mol·L^{-1})	Mg^{2+}/(mol·L^{-1})
蒸馏水	0.000 384	0.000 855	0.000 470
0.01 mol/L NaCl pH=6	0.000 797	0.001 404	0.000 607
1.00 mol/L NaCl pH=6	0.001 475	0.001 224	0.000 455

由图 6-7 和表 6-3 可知，与原岩相比，岩石试件经蒸馏水和 NaCl 溶液侵蚀 210 d 后成分均未发生变化，仍为方解石($CaCO_3$)和白云石[$CaMg(CO_3)_2$]混合物，但含量均低于原岩。对于蒸馏水，主要是由于水溶液的溶解作用导致方解石和白云石含量降低；对于 pH=6 的 NaCl 溶液，因为加入不含相同离子的强电解质 NaCl，使 $CaCO_3$ 分子和 $MgCO_3$ 分子碰撞形成沉淀的次数减小，使沉淀过程速度变慢，平衡向沉淀溶解的方向移动，故难溶物质(方解石和白云石)溶解度增加，导致含量减少。当 NaCl 溶液浓度由 0.01 mol/L 增至 1.0 mol/L 时，由图 6-7 和表 6-3 可知方解石含量下降而白云石含量升高，说明盐浓度的提高不利于白云石的溶解。具体分析如下：

根据 Debye-Huckel 公式，当 NaCl=0.01 mol/L 时：

$$I=\frac{1}{2}(m_1Z_1^2+m_2Z_2^2+\cdots)=\frac{1}{2}\times(0.01\cdot1^2+0.01\cdot1^2+\cdots)=0.01$$

离子半径 $Ca^{2+}=1.00\text{Å}$

$$\lg\gamma\pm(CaCO_3)=\frac{0.511\,5\mid Z^+Z^-\mid\sqrt{I}}{1+0.329a\sqrt{I}}$$

$$=-\frac{0.511\,5\times\mid2\times2\mid\times\sqrt{0.01}}{1+0.329\times1.00\sqrt{0.01}}$$

$$=0.198\,1$$

离子半径 $Mg^{2+}=0.72\text{Å}$

$$\lg\gamma\pm(MgCO_3)=-\frac{0.511\,5\mid Z^+Z^-\mid\sqrt{I}}{1+0.329a\sqrt{I}}$$

$$=-\frac{0.511\,5\times\mid2\times2\mid\times\sqrt{0.01}}{1+0.329\times0.72\sqrt{0.01}}$$

$$=0.199\,9$$

可见 $\lg\gamma\pm(CaCO_3)<\lg\gamma\pm(MgCO_3)$，而物质的溶解度 $S=\sqrt{K_{SP}^0/\gamma}$，即盐效应对方解石的影响大于白云石。所以，溶液中溶解更多的方解石，产生较大量的 Ca^{2+} 与 CO_3^{2-}，又由于 CO_3^{2-} 的同离子效应，反而导致白云石的溶解度下降。

由表 6-4 蒸馏水中 Ca^{2+}、Mg^{2+} 浓度的测试结果可知，方解石在水中的溶解度小于白云石，因为碳酸钙和碳酸镁在水中的溶度积常数分别为 8.7×10^{-9} 和 2.6×10^{-5}。但在 0.01 mol/L pH=6 的 NaCl 溶液中，碳酸钙溶解度大于碳酸镁，原因在于盐效应对碳酸钙的影响大于碳酸镁，且随着盐效应(NaCl 浓度)增大，盐效应对碳酸钙的影响趋于增强。溶液中 Ca^{2+}、Mg^{2+} 浓度分析结论与前面 XRD 和 XRF 分析结论一致。

6.2.3 MC 耦合作用下风化灰岩的力学特性

1. 试验结果及分析

对浸泡 90 d、150 d 和 210 d 的龙门石窟风化灰岩试件进行单轴压缩试验，加载方式为位移控制，速率为 0.12 mm/s。图 6-8 给出了自然状态下风化灰岩试件的单轴压缩应力—应变曲线，由图 6-8 可知，自然状态下灰岩的单轴压缩峰值强度为 121.69 MPa。

表 6-5 给出了不同水化学溶液侵蚀不同时间下灰岩的单轴压缩峰值强度。由表 6-5 可以看出，与自然状态下岩石试件的单轴压缩峰值强度 121.69 MPa 相比，经不同水化学溶液浸泡后的岩石试件峰值强度均有所下降，并且随着浸泡时间的增长，强度下降增大。其中，在 pH=4 的 0.01 mol/L NaCl 溶液作用下的岩石试件

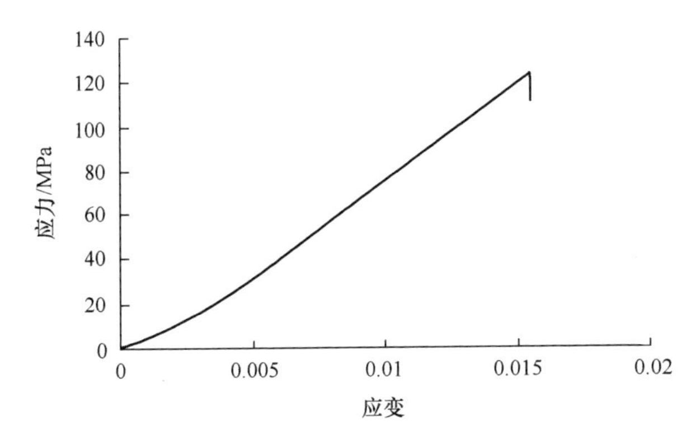

图 6-8　自然状态下风化灰岩试件单轴压缩应力—应变曲线

强度下降幅度最大，在 90 d、150 d 和 210 d 时分别降低了 28.72%、38.31%和 42.45%；在 pH=6 的 0.01 mol/L $CaCl_2$溶液中的岩石试件强度下降幅度最小，在 90 d、150 d 和 210 d 时分别降低了 18.63%、25.59%和 29.33%。其他水溶液的侵蚀作用下，岩石试件的峰值强度降低程度介于上述两者之间。上述现象主要是由于水溶液渗入岩石后，侵蚀破坏了岩石颗粒之间的连接，产生了新的微裂隙并加剧了原有裂隙的发展，导致岩石矿物颗粒之间的黏聚力 c 和内摩擦角 φ 降低，从而降低了岩石的强度，侵蚀时间越长，造成的损伤就越大，岩石强度降低的幅度也就越大。

表 6-5　不同水化学溶液侵蚀不同时间下风化灰岩试件的单轴压缩峰值强度

水溶液	pH 值	浓度 /(mol·L^{-1})	峰值强度/MPa		
			90 d	150 d	210 d
蒸馏水	6.60	—	95.43	85.45	79.90
龙门水	7.85	—	93.85	82.19	78.02
Na_2SO_4	4	0.01	88.92	76.05	72.40
	6	0.01	94.46	83.96	79.01
Na_2CO_3	4	0.01	91.31	79.59	74.78
	6	0.01	97.20	87.16	83.61
$CaCl_2$	4	0.01	93.29	81.70	76.55
	6	0.01	99.02	90.55	86.00
NaCl	4	0.01	86.74	75.07	70.03
	6	0.01	91.91	81.72	76.86
	6	1.0	89.27	78.84	73.13
	6	3.0	87.79	77.04	71.86

从表 6-5 中还可以看出，在不同水化学溶液的侵蚀作用下，随着侵蚀时间的增长，岩石强度下降的幅度在逐渐减小。例如，pH=6 的 0.01 mol/L $CaCl_2$溶液中的试件，在 t=0 至 t=90 d 内，每 30 d 其强度下降的幅度为 6.21%；在 t=90 d 至 t=150 d 内，下降的幅度为 3.49%；在 t=150 d 至 t=210 d 内，则为 1.87%，其他水溶液中的试件强度的下降幅度也均有此规律。上述现象是因为试验初期，水溶液大多为酸性，能够与偏碱性的灰岩发生化学反应，对岩石的侵蚀作用较强，使岩石的强度迅速下降，随着时间推移，封闭环境中的水溶液与岩石之间的反应逐渐趋于平衡，水溶液逐渐转为弱碱性，对岩石的侵蚀速率降低，造成的损伤也随之减小，故而岩石强度降低，幅度也有所减小。

2. 水溶液化学成分对风化灰岩峰值强度的侵蚀效应

图 6-9 给出了不同化学成分下，风化灰岩试件在不同水化学溶液作用下峰值强度随时间的变化曲线。

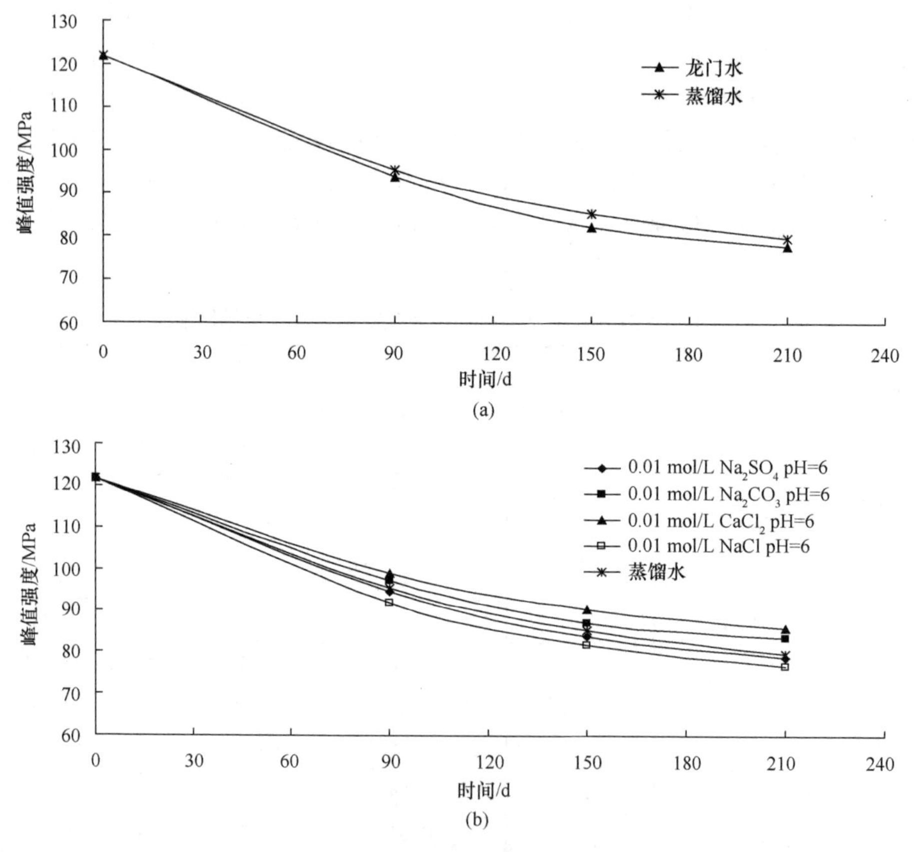

图 6-9　不同化学成分的水溶液作用下风化灰岩试件的峰值强度变化曲线

(a)蒸馏水、龙门水；

(b)pH=6，0.01 mol/L 的 Na_2SO_4、Na_2CO_3、$CaCl_2$、NaCl 溶液

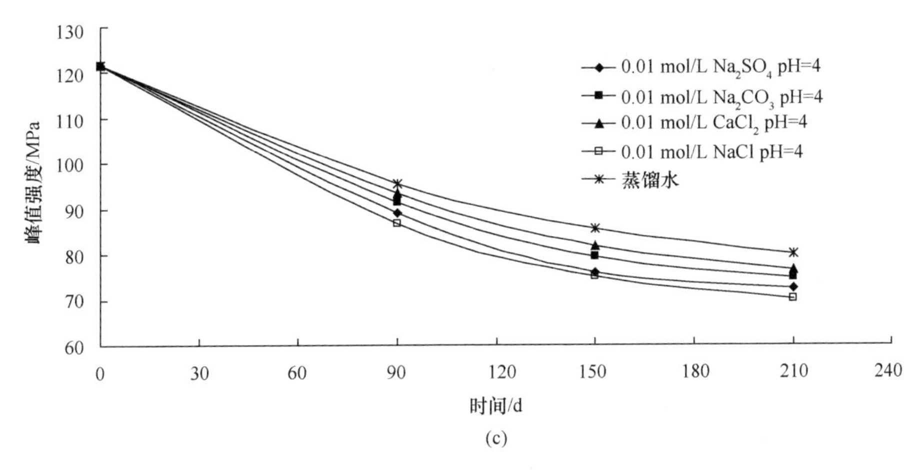

(c)

图 6-9　不同化学成分的水溶液作用下风化灰岩试件的峰值强度变化曲线(续)

(c)pH=4，0.01 mol/L 的 Na_2SO_4、Na_2CO_3、$CaCl_2$、NaCl 溶液

由表 6-5 和图 6-9 可以看出，水溶液的化学成分对灰岩试件的峰值强度影响较为显著。在浓度均为 0.01 mol/L、pH 值均为 6 的 Na_2SO_4、Na_2CO_3、$CaCl_2$ 和 NaCl 溶液作用下，与自然状态下相比，试件峰值强度在 90 d 时分别降低了 22.37%、20.12%、18.63%和 24.47%；在 150 d 时分别降低了 31.00%、28.37%、25.59%和 32.84%；在 210 d 时分别降低了 35.07%、31.30%、29.33%和 36.84%。可以看出，当浓度和 pH 值相同时，在 $CaCl_2$ 溶液和 Na_2CO_3 溶液作用下，岩石峰值强度的降低幅度相对较小，而在 Na_2SO_4 溶液和 NaCl 溶液作用下，岩石峰值强度的降低幅度相对较大，其中，$CaCl_2$ 溶液对岩石峰值强度的影响最小，NaCl 溶液对岩石峰值强度的影响最大。在浓度均为 0.01 mol/L、pH 值均为 4 的 Na_2SO_4、Na_2CO_3、$CaCl_2$、NaCl 溶液的作用下，与自然状态相比，灰岩试件峰值强度在 90 d 时分别降低了 26.92%、24.97%、23.33%和 28.72%；在 150 d 时分别降低了 37.51%、34.60%、32.86%和 38.31%；在 210 d 时分别降低了 40.50%、38.55%、37.09%和 42.45%。上述结果是因为当浓度和 pH 值相同时，$CaCl_2$ 溶液中大量的 Ca^{2+} 会产生同离子效应，抑制方解石和白云石的溶解，Na_2CO_3 溶液中大量的 CO_3^{2-} 极易与水溶液中的 H^+ 发生反应生成 HCO_3，使溶液向弱碱性转化，不利于水溶液对灰岩的侵蚀，所以，这两种溶液对岩石的侵蚀作用较小；而 Na_2SO_4 和 NaCl 都属于强电解质，两者引起的盐效应会使方解石和白云石等难溶物质的溶解度增大，所以，两者的水溶液对岩石的侵蚀程度较大。

在蒸馏水和龙门水作用下，与自然状态相比，试件峰值强度在 90 d 时分别降低了 21.58%和 22.88%；在 150 d 时分别降低了 29.78%和 32.46%；在 210 d 时分别降低了 34.34%和 35.88%。由此得知，龙门水对岩石的侵蚀程度相对较大，这是因为龙门水属于低矿度、弱碱性的重碳酸镁钙型水，含有较多的 Cl^- 和 SO_4^{2-}，有利于岩溶作用。

3. 水化学溶液 pH 值对风化灰岩峰值强度的侵蚀效应

图 6-10 给出了相同浓度下，试件在不同 pH 值的水化学溶液作用下峰值强度随时间的变化曲线。

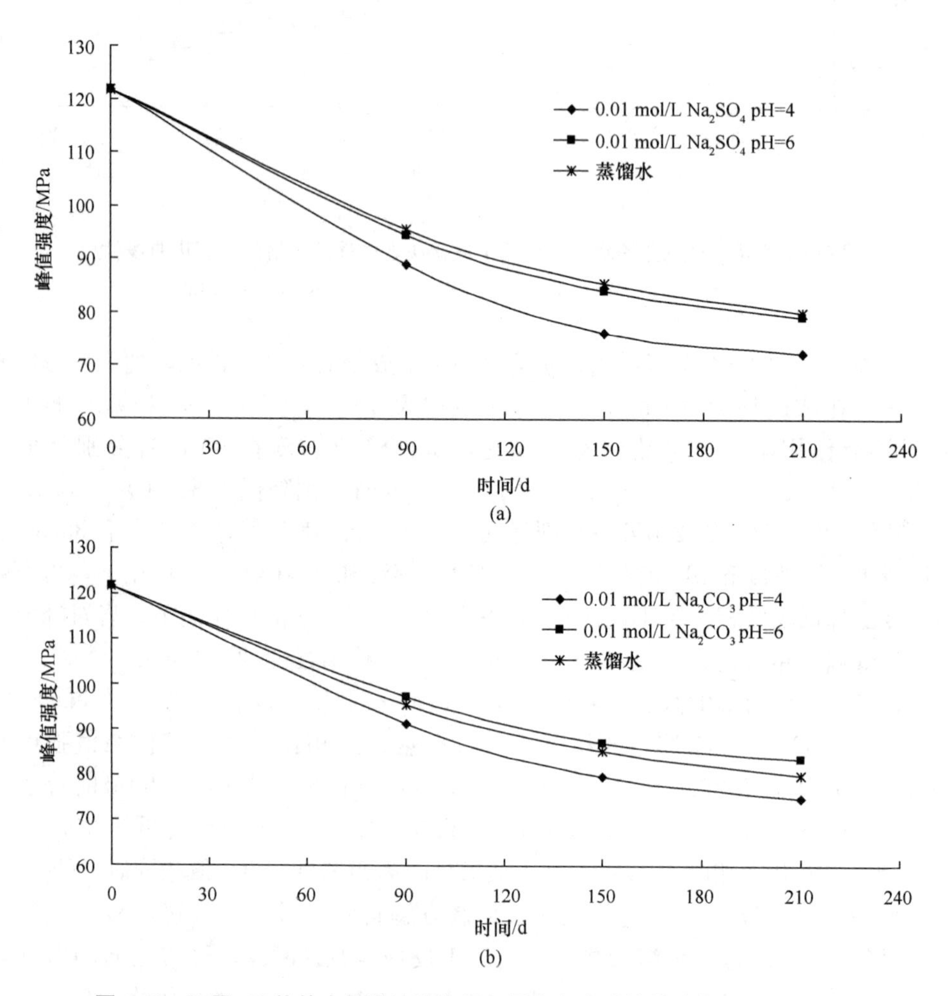

图 6-10 不同 pH 值的水化学溶液作用下风化灰岩试件的峰值强度变化曲线

(a)0.01 mol/L，pH 值分别为 4 和 6 的 Na_2SO_4 溶液；

(b)0.01 mol/L，pH 值分别为 4 和 6 的 Na_2CO_3 溶液

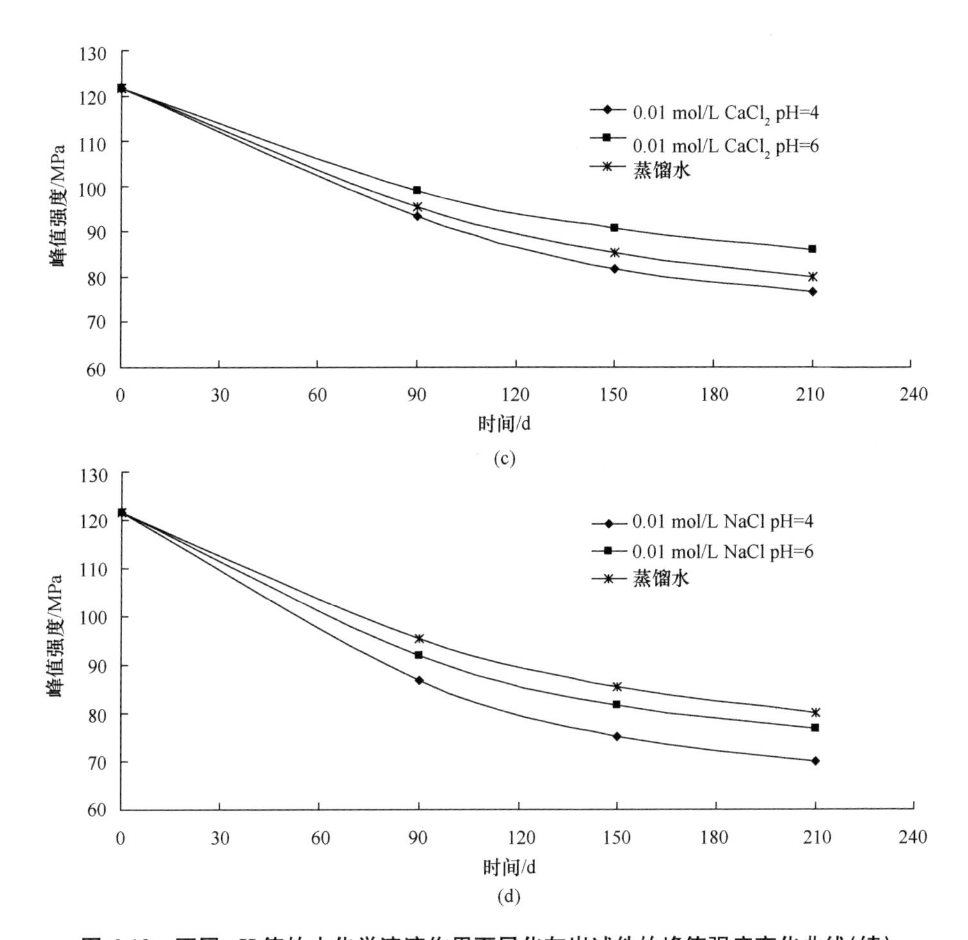

图 6-10　不同 pH 值的水化学溶液作用下风化灰岩试件的峰值强度变化曲线(续)

(c)0.01 mol/L，pH 值分别为 4 和 6 的 $CaCl_2$溶液；(d)0.01 mol/L，pH 值分别为 4 和 6 的 NaCl 溶液

从表 6-5 和图 6-10 可以看出，当水溶液的化学成分和浓度相同时，pH 值对灰岩峰值强度的影响比较明显。在 pH 值分别为 4 和 6 的 0.01 mol/L Na_2SO_4溶液作用下，与自然状态相比，试件峰值强度在 90 d 时分别降低了 26.92%和 22.37%；在 150 d 时分别降低了 37.51%和 31.00%；在 210 d 时分别降低了 40.50%和 35.07%。对于 pH 值为 4 和 6 的 0.01 mol/L Na_2CO_3溶液中的灰岩试件，在 90 d、150 d、210 d 时其峰值强度分别降低了 24.97%和 20.12%、34.60%和 28.37%、38.55%和 31.30%。在 pH 值为 4 和 6 的 0.01 mol/L $CaCl_2$溶液作用下的灰岩试件，在 90 d、150 d、210 d 时其峰值强度分别降低了 23.33%和 18.62%、32.86%和 25.59%、37.09%和 29.33%。对于 pH 值为 4 和 6 的 0.01 mol/L NaCl 溶液中的灰岩试件，在 90 d、150 d、210 d 时其峰值强度分别降低了 28.72%和 24.47%、38.31%和 32.84%、42.45%和 36.84%。可以发现，在研究范围内，当水溶液化学成分和浓度相同时，pH 值越小，岩石峰值强度降低幅度越大。这是因为龙门石

窟灰岩主要成分为 $CaCO_3$ 和 $CaMg(CO_3)_2$，偏碱性，而水化学溶液的 pH 值越小，对岩石的侵蚀速率越大，造成的侵蚀损伤就越强，相应强度的降低幅度就越大。

4. 水化学溶液浓度对风化灰岩峰值强度的侵蚀效应

从表 6-5 和图 6-11 可以看出，当水溶液的化学成分和 pH 值相同时，浓度对灰岩的峰值强度有一定的影响。在 pH 值均为 6 的 0.01、1.0、3.0(mol/L)NaCl 水溶液作用下，与自然状态相比，灰岩试件的峰值强度在 90 d 时分别降低了 24.47%、26.64% 和 27.85%；在 150 d 时分别降低了 32.84%、35.21% 和 36.69%；在 210 d 时分别降低了 36.84%、39.91% 和 40.94%。可以看出，对于 NaCl 溶液，当 pH 值相同时，灰岩峰值强度随着溶液浓度的增加而降低。由于 NaCl 是强电解质，当浓度增大时，盐效应增强，方解石溶解度增大进而加剧侵蚀。同理，与 NaCl 溶液类似的其他与龙门石窟岩石非同离子的强电解质溶液，均对龙门石窟岩石的稳定性不利，其浓度越高，作用时间越长，溶液侵蚀造成的损伤就越大。

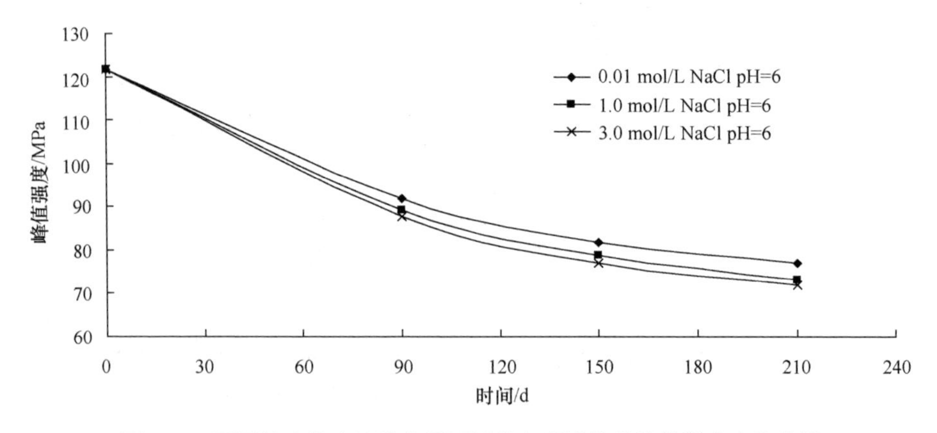

图 6-11　不同浓度的水溶液作用下风化灰岩试件的峰值强度变化曲线

6.3　MC 耦合作用下灰岩的侵蚀损伤模型

6.3.1　MC 耦合作用下风化灰岩的强度损伤方程

根据表 6-5 的试验结果，可以得到不同水化学溶液侵蚀下，灰岩单轴压缩强度随时间的损伤规律较好地符合指数关系：

$$\sigma=\sigma_r+(\sigma_0-\sigma_r)e^{-pt} \tag{6-5}$$

式中，σ 为水化学溶液作用不同时间后的单轴压缩强度(MPa)；σ_0 为岩石自然状态时的强度，121.69 MPa；σ_r 为岩石的残余强度，此处取 7.0 MPa；p 为水化学溶液侵蚀下灰岩的强度损伤参数(d^{-1})；t 为水化学溶液对岩石的侵蚀时间(d)。

在式(6-5)中，灰岩自然状态下的单轴压缩强度 σ_0、残余强度 σ_r 为定值，当水化学溶液的侵蚀时间 t 一定时，不同化学溶液下岩石的强度由强度损伤参数 p 决定。p 值越大，岩石强度损伤越大，相同侵蚀时间条件下岩石的强度下降得越多，说明水化学溶液侵蚀性越强。

根据表 6-5 中的试验结果和式(6-5)可以得到，不同水化学溶液作用下灰岩的强度损伤参数 p 值，从而得到不同水化学溶液侵蚀下龙门石窟灰岩强度与侵蚀时间关系式，结果见表 6-6。

表 6-6　不同水化学溶液作用下风化灰岩的强度损伤参数

水溶液	浓度/($mol \cdot L^{-1}$)	pH 值	p	相关系数
蒸馏水	—	6.60	0.002 5	0.968 4
龙门水	—	7.85	0.002 7	0.958 1
Na_2SO_4	0.01	4	0.003 3	0.947 4
		6	0.002 6	0.962 6
Na_2CO_3	0.01	4	0.003 0	0.959 3
		6	0.002 3	0.952 4
$CaCl_2$	0.01	4	0.002 8	0.966 2
		6	0.002 1	0.961 5
NaCl	0.01	4	0.003 5	0.952 3
		6	0.002 8	0.953 9
	1.0	6	0.003 1	0.957 4
	3.0	6	0.003 3	0.950 9

6.3.2　MC 耦合作用下风化灰岩溶解的动力学方程

试件在不同水化学溶液中浸泡不同时间后，根据浸泡试件溶液中的钙镁(Ca^{2+} 和 Mg^{2+})总量测试结果，可以得到风化灰岩在不同水化学溶液中的侵蚀溶解行为均遵循如下动力学方程：

$$\ln \frac{1}{1-c_t} = k \cdot t + b \tag{6-6}$$

式中，c_t 为 t 时间溶液中钙镁总量(mol/L)；t 为浸泡溶解时间(d)；k 为水化学溶液侵蚀溶解的速率常数(d^{-1})；b 为常数。

表 6-7 所示为灰岩试件在不同水化学溶液中的溶解动力学参数。由表 6-7 可知，$\ln[1/(1-c_t)]$与时间 t 呈线性关系，岩石试件在不同水化学溶液中的侵蚀溶解均较好地符合线性关系。其中，k 值反映了岩石在水化学溶液中的溶解速率，k 值

越大，说明岩石试件在化学溶液中溶解速率大，反之则溶解速率小。

表 6-7　风化灰岩试件在不同水化学溶液中的溶解动力学参数

溶液	浓度/($mol \cdot L^{-1}$)	pH 值	k	b	相关系数
蒸馏水	—	6.60	6.025×10^{-7}	0.001 1	0.994 3
龙门水	—	7.85	14.569×10^{-7}	0.001 5	0.994 2
Na_2SO_4	0.01	4	16.406×10^{-7}	0.001 2	0.997 1
	0.01	6	10.714×10^{-7}	0.001 2	0.998 4
Na_2CO_3	0.01	4	19.085×10^{-7}	0.001 2	0.997 4
	0.01	6	17.738×10^{-7}	0.000 8	0.990 9
$CaCl_2$	0.01	4	5.532×10^{-7}	0.009 6	0.999 8
	0.01	6	2.672×10^{-7}	0.009 0	0.997 8
NaCl	0.01	4	20.588×10^{-7}	0.001 0	0.998 2
	0.01	6	12.719×10^{-7}	0.001 0	0.999 4
	1.0	6	17.421×10^{-7}	0.001 8	0.999 1
	3.0	6	19.096×10^{-7}	0.001 8	0.999 3

由表 6-7 中的 k 值可以看出：

(1)岩石在 Na_2SO_4、Na_2CO_3、NaCl 溶液中的溶解速率均大于其在纯水(蒸馏水)中的溶解速率，说明盐效应对岩石溶解影响明显。

(2)岩石在 $CaCl_2$ 溶液中的溶解速率小于其在纯水(蒸馏水)中的溶解速率，说明同离子效应对岩石溶解影响明显。

(3)在盐的种类和浓度均相同时，溶液的 pH 值对岩石溶解速率影响明显，表现为 pH 值减小，岩石溶解速率常数增大，即酸性越强(pH 值越小)，溶解速率越大。

(4)在盐的种类和 pH 值相同时，盐浓度对岩石溶解速率影响明显，表现为盐浓度升高岩石溶解速率常数升高，即随着盐效应增大，岩石溶解速率常数增大。

6.4　水化学溶液作用下新鲜灰岩的物理力学特性

6.4.1　试验材料与方法

1. 试件制备

试验所用岩样取自龙门山的新鲜灰岩，其主要矿物成分为方解石和少量白云石。试件制备方法同 6.2.1 小节。

2. 水溶液环境

试验使用的水化学溶液与 6.2.1 小节相同，见表 6-2。

3. 试验方法

试验方法与 6.2.1 小节相同。

6.4.2　水化学溶液作用下新鲜灰岩的物理特性

1. 质量随时间的变化规律

测试时间间隔及方法与 6.2.2 小节相同，图 6-12 所示为龙门山新鲜灰岩在不同水化学溶液中浸泡不同时间后的质量变化曲线。

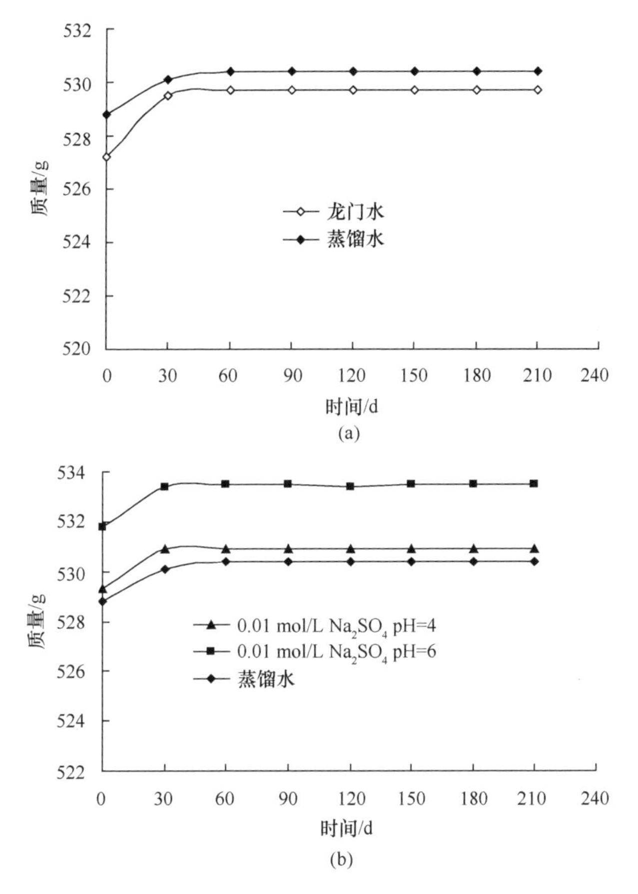

图 6-12　不同水化学溶液作用下新鲜灰岩试件质量变化曲线

(a)蒸馏水、龙门水；

(b)0.01 mol/L，pH 值分别为 4 和 6 的 Na_2SO_4溶液

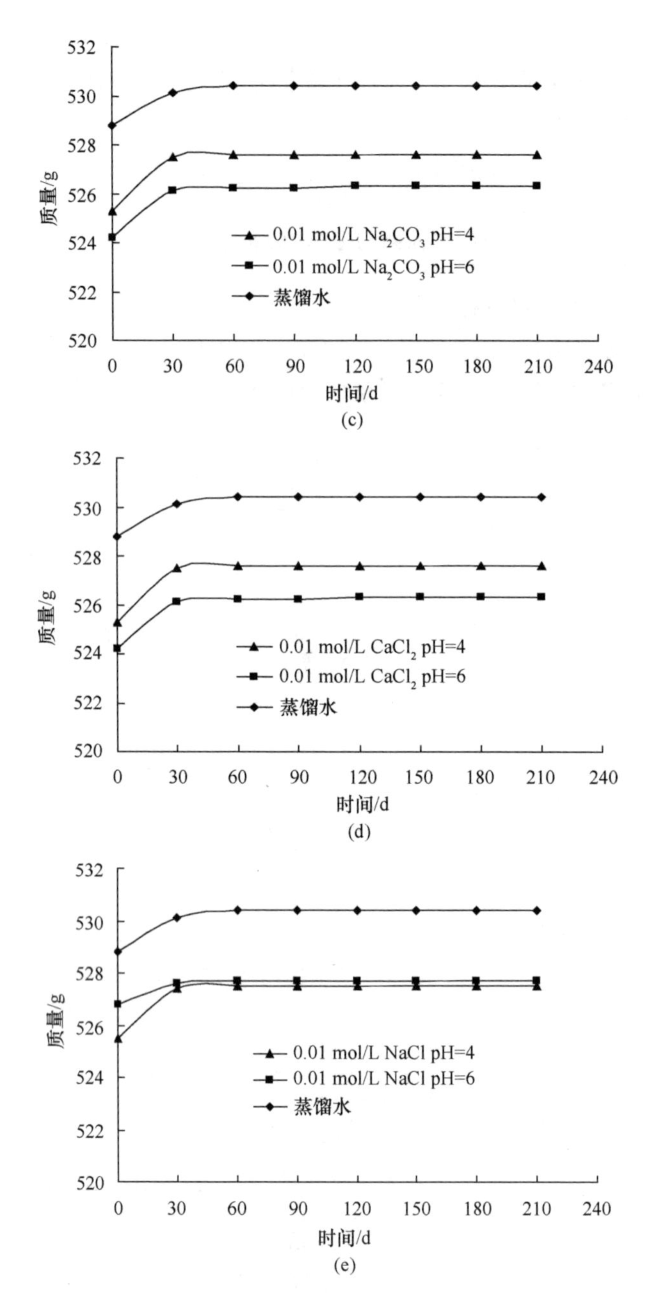

图 6-12　不同水化学溶液作用下新鲜灰岩试件质量变化曲线(续)

(c)0.01 mol/L，pH 值分别为 4 和 6 的 Na_2CO_3溶液；

(d)0.01 mol/L，pH 值分别为 4 和 6 的 $CaCl_2$溶液；

(e)0.01 mol/L，pH 值分别为 4 和 6 的 NaCl 溶液

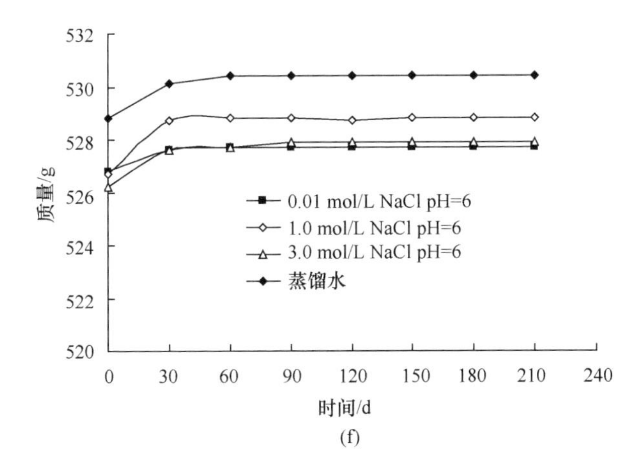

图 6-12　不同水化学溶液作用下新鲜灰岩试件质量变化曲线(续)

(f)pH=6，0.01、1.0、3.0(mol/L)的 NaCl 溶液

对比图 6-4 风化灰岩和图 6-12 新鲜灰岩在不同水化学溶液中浸泡不同时间后的质量变化曲线可知；两者的变化规律和变化趋势相似。试验结果表明，新鲜灰岩的质量在短时间内也能达到稳定，其增加值为 0.22%～0.49%范围，之后质量基本趋于稳定，质量变化均小于 0.2 g。质量的增加同样是由于水分的吸收所引起，受水化学溶液性质的影响不大。

2. 水溶液 pH 值随时间的变化规律

测试时间间隔及方法与 6.2.2 小节相同，试验结果如图 6-13 所示。

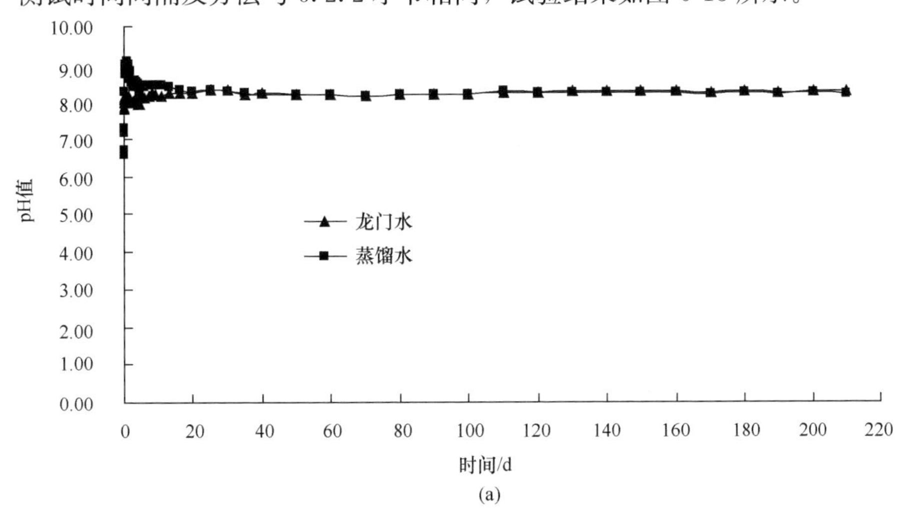

图 6-13　新鲜灰岩试件在不同水化学溶液作用下水溶液 pH 值变化曲线

(a)蒸馏水、龙门水

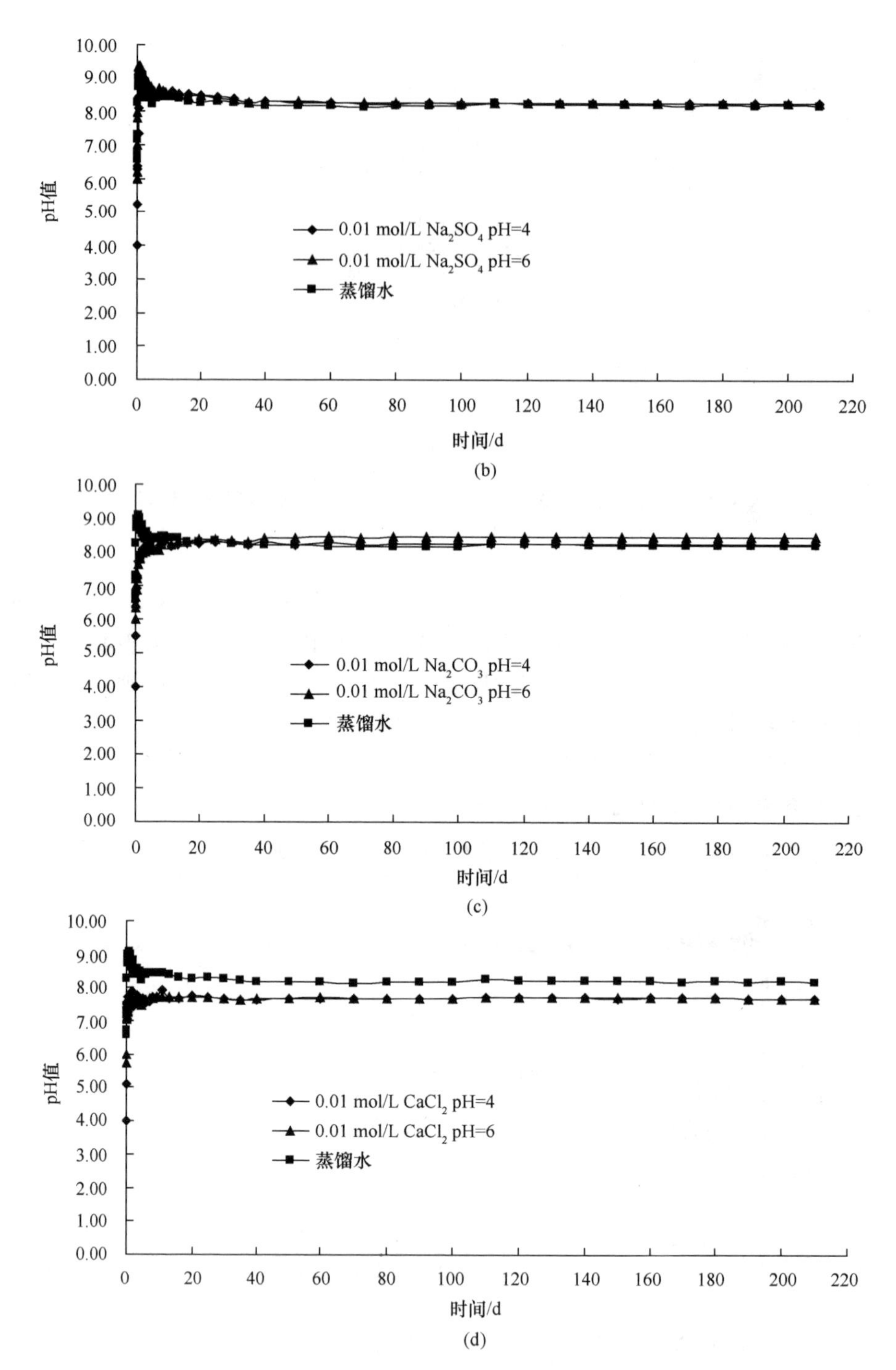

图 6-13 新鲜灰岩试件在不同水化学溶液作用下水溶液 pH 值变化曲线(续)

(b)0.01 mol/L，pH 值分别为 4 和 6 的 Na_2SO_4溶液；(c)0.01 mol/L，pH 值分别为 4 和 6 的 Na_2CO_3溶液；(d)0.01 mol/L，pH 值分别为 4 和 6 的 $CaCl_2$溶液

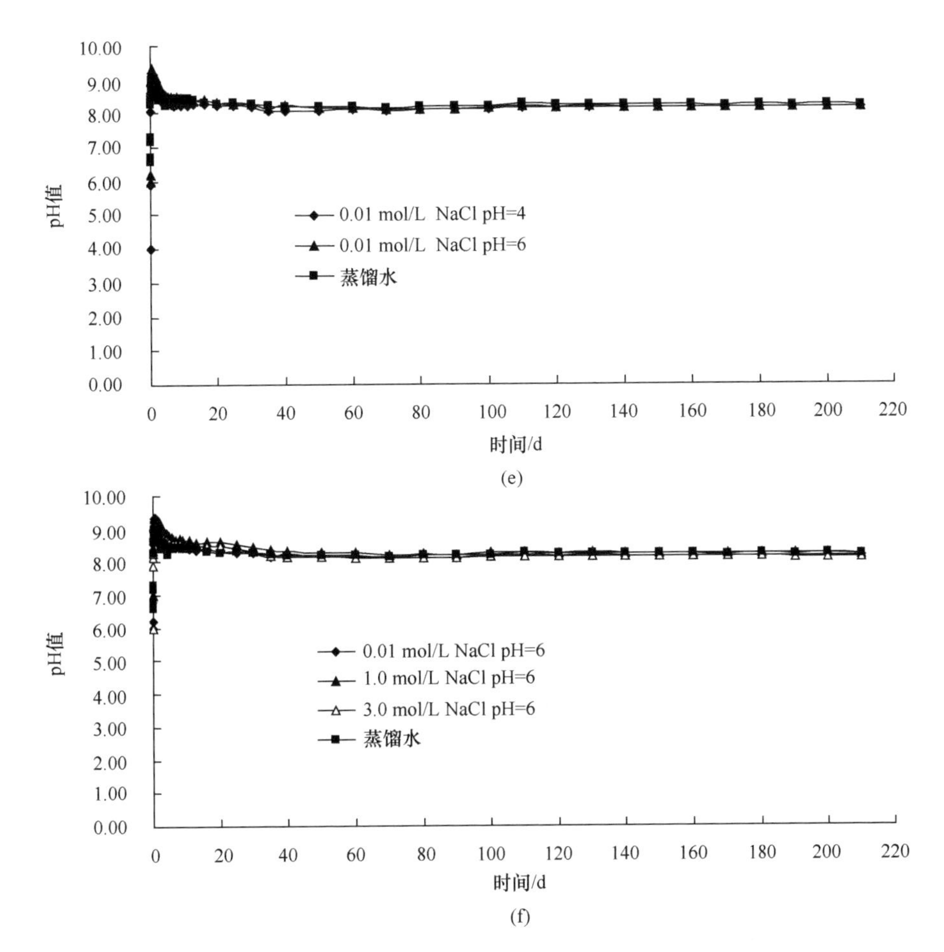

图 6-13　新鲜灰岩试件在不同水化学溶液作用下水溶液 pH 值变化曲线(续)

(e)0.01 mol/L，pH 值分别为 4 和 6 的 NaCl 溶液；(f)pH=6，0.01、1.0、3.0(mol/L)的 NaCl 溶液

与 6.2.2 小节中风化灰岩侵蚀试验的结果相比，在新鲜灰岩侵蚀试验中，不同水化学溶液的 pH 值也有相同的变化趋势，均为先增大后减小，最后趋于稳定。水溶液 pH 值升高与降低的主要原因在 6.2.2 小节中已说明，此处不再赘述。

对于 pH=6.6 的蒸馏水和 pH=7.85 的龙门水，最终稳定时的 pH 值分别为 8.20 和 8.25，略有升高；对于 pH=4 和 pH=6 的 $CaCl_2$溶液，由于同离子效应抑制了试件的水解反应，导致水溶液 pH 值相对较低，并最终稳定在 7.7；对于 pH=4 和 pH=6 的 Na_2CO_3溶液，pH 值最终稳定在 8.25；对于 pH=4 和 pH=6 的 NaCl 溶液和 Na_2SO_4溶液，最终稳定 pH 值分别为 8.15 和 8.25。从上述试验结果可以看出，新鲜灰岩在不同水化学溶液的侵蚀作用下，水溶液的 pH 值达到稳定的时间不同，由快到慢依次为龙门水、蒸馏水、$CaCl_2$溶液、Na_2CO_3溶液、NaCl 溶液、Na_2SO_4溶液。龙门水溶液的 pH 值稳定最快，在 t=10 h 时就已基本稳定

(从 10 h 到试验结束，pH 值变化范围在 0.2 以内)；其次是蒸馏水，其 pH 值在 $t=72$ h 时就基本稳定；再者是 $CaCl_2$溶液，pH 值在 $t=8$ d 左右开始基本稳定；接下来是 Na_2CO_3溶液，pH 值在 $t=13$ d 左右趋于稳定；随后是 NaCl 溶液，pH 值在 $t=30$ d 左右趋于稳定；最后是 Na_2SO_4溶液，pH 值在 $t=35$ d 左右趋于稳定。

对于初始 pH 值均为 6 但浓度不同的 0.01、1.0、3.0(mol/L)的 NaCl 溶液，由图 6-13(f)可见，在整个试验过程中，pH 值达到稳定的时间按照溶液浓度从小到大依次为 30 d、50 d 和 25 d，其中 1.0 mol/L NaCl 溶液的 pH 值整体上高于 0.01 mol/L 的 NaCl 溶液，3.0 mol/L NaCl 溶液的 pH 值又整体上比前两者低，三者最终的 pH 值按照浓度从小到大依次是 8.15、8.20 和 8.11，说明浓度对最终 pH 稳定值存在一定的影响。

3. 弹性波波速随时间的变化规律

测试时间间隔及方法与 6.2.2 小节相同，试验结果如图 6-14 所示。

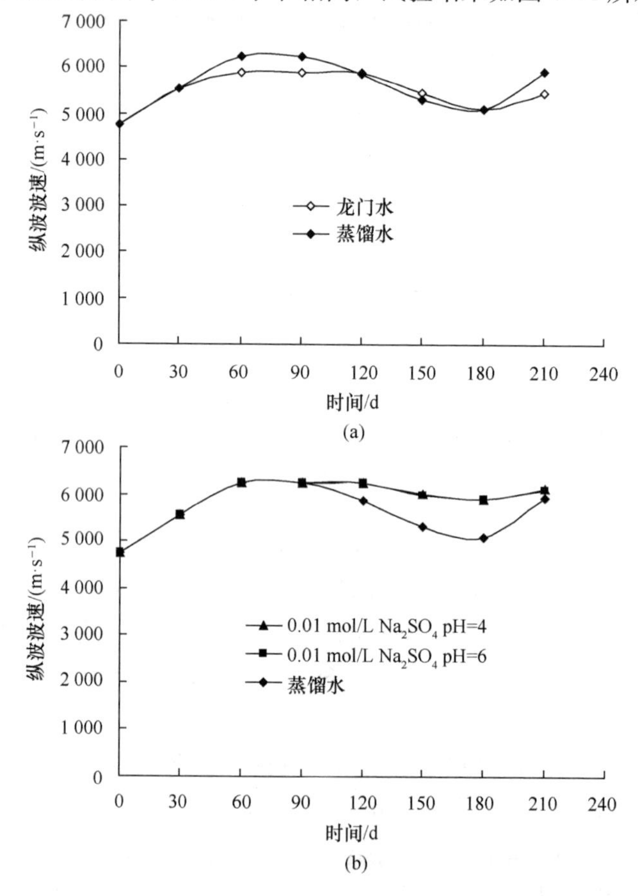

图 6-14 不同水化学溶液作用下新鲜灰岩纵波波速变化曲线

(a)蒸馏水、龙门水；(b)0.01 mol/L，pH 值分别为 4 和 6 的 Na_2SO_4溶液

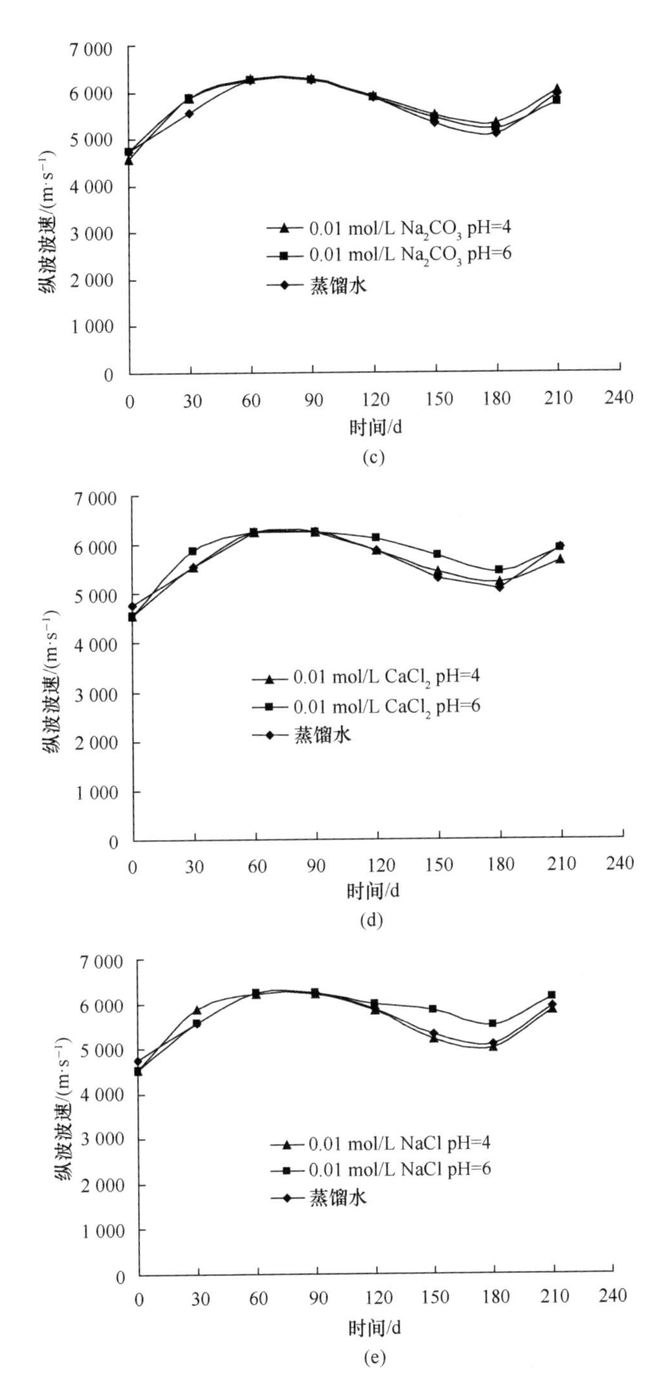

图 6-14　不同水化学溶液作用下新鲜灰岩纵波波速变化曲线(续)

(c)0.01 mol/L，pH 值分别为 4 和 6 的 Na_2CO_3溶液；(d)0.01 mol/L，pH 值分别为 4 和 6 的 $CaCl_2$溶液；(e)0.01 mol/L，pH 值分别为 4 和 6 的 NaCl 溶液

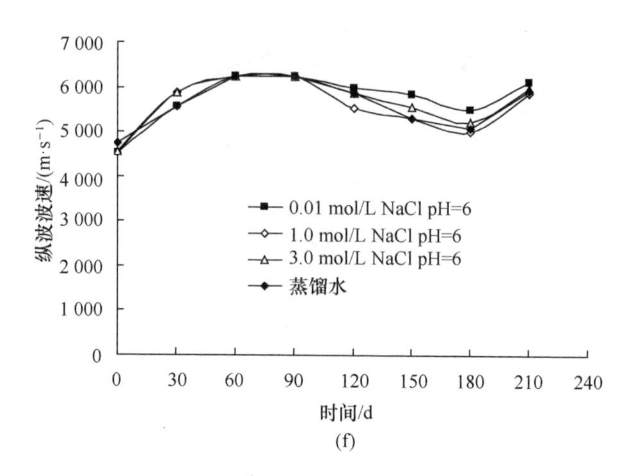

图 6-14 不同水化学溶液作用下新鲜灰岩纵波波速变化曲线(续)

(f)pH＝6，0.01、1.0、3.0(mol/L)的 NaCl 溶液

由图 6-14 新鲜灰岩波速随时间的变化曲线可知，在不同水化学溶液作用下，新鲜灰岩的波速随时间的变化趋势大致相同，浸泡 30 d 时试件的波速较未浸泡时的波速随水化学溶液的不同而有不同程度的增加，其原因与 6.2.2 小节中风化灰岩的类似。浸泡 60 d 时，由 6.2.2 小节可知，风化灰岩波速降至最低，而新鲜灰岩试件的波速较浸泡 30 d 时的波速有所增加并达到最大值，该过程中波速逐渐增大是由试件的吸水作用逐渐向内延伸所致。浸泡 90 d 时试件的波速较浸泡 60 d 时的波速有所降低，浸泡 90～180 d 试件的波速逐渐降低，且浸泡 180 d 时的波速最低，其主要原因与 6.2.2 小节中风化灰岩类似。浸泡 180～210 d 后，随着时间的推移，试件的波速又缓慢回升，这是由于岩样中的可溶性矿物进入水溶液，整个试件的均匀度有所提高。

6.4.3 MC 耦合作用下新鲜灰岩的力学特性

1. 试验结果及分析

对浸泡 90 d、150 d 和 210 d 的龙门山新鲜灰岩试件进行单轴压缩试验，加载方式与 6.2.3 小节相同。图 6-15 给出了自然状态和浸泡 210 d 后不同水化学溶液作用下新鲜灰岩试件的单轴压缩应力—应变曲线，表 6-8 给出了不同水化学溶液作用下新鲜灰岩试件的单轴压缩峰值强度。由图 6-15 可知，自然状态下新鲜灰岩的单轴压缩峰值强度为 160.91 MPa。

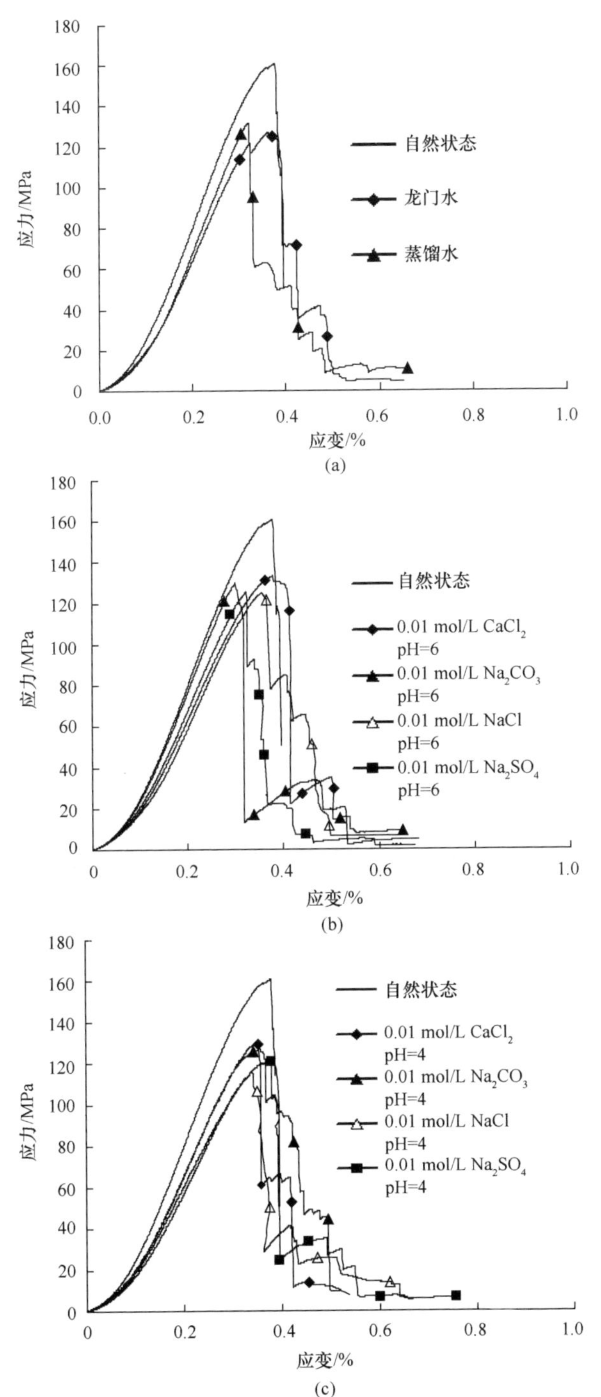

图 6-15　自然状态和浸泡 210 d 后不同水化学溶液作用下新鲜灰岩试件的单轴压缩应力—应变曲线

(a)自然状态、蒸馏水和龙门水；(b)0.01 mol/L，pH=6 的 $CaCl_2$、Na_2CO_3、NaCl 和 Na_2SO_4溶液；(c)0.01 mol/L，pH=4 的 $CaCl_2$、Na_2CO_3、NaCl 和 Na_2SO_4溶液

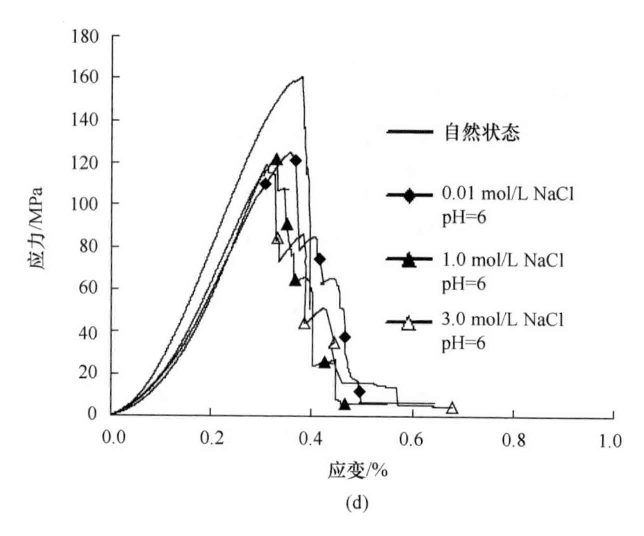

(d)

图 6-15 自然状态和浸泡 210 d 后不同水化学溶液作用下新鲜灰岩试件的单轴压缩应力—应变曲线(续)

(d) pH=6，0.01、1.0、3.0(mol/L)的 NaCl 溶液

表 6-8 不同水化学溶液侵蚀不同时间下新鲜灰岩试件的单轴压缩峰值强度

水溶液	峰值强度/MPa			$\frac{\sigma_{c自然}-\sigma_c}{\sigma_{c自然}}$/%		
	90 d	150 d	210 d	90 d	150 d	210 d
0.01 mol/L NaCl pH=4	133.68	123.01	116.23	16.92	23.55	27.77
0.01 mol/L NaCl pH=6	139.07	132.84	125.02	13.57	17.44	22.30
1.0 mol/L NaCl pH=6	137.48	129.62	122.15	14.56	19.45	24.09
3.0 mol/L NaCl pH=6	135.48	127.76	119.54	15.80	20.60	25.71
0.01 mol/L $CaCl_2$ pH=4	145.51	137.89	130.05	9.57	14.31	19.18
0.01 mol/L $CaCl_2$ pH=6	147.54	139.51	133.48	8.31	13.30	17.05
0.01 mol/L Na_2CO_3 pH=4	142.36	134.18	126.78	11.53	16.61	21.21
0.01 mol/L Na_2CO_3 pH=6	144.44	137.38	129.85	10.23	14.62	19.30
0.01 mol/L Na_2SO_4 pH=4	136.46	127.69	121.58	15.19	20.65	24.44
0.01 mol/L Na_2SO_4 pH=6	141.56	133.17	125.69	12.02	17.24	21.89
蒸馏水 pH=6.6	148.62	137.09	131.64	7.64	14.80	18.19
龙门水 pH=7.85	146.53	134.53	127.06	8.94	16.39	21.04

由表 6-8 和图 6-15 可知，与风化灰岩类似，水化学溶液作用对新鲜灰岩的性质也有很大影响。不同水化学溶液浸泡后的新鲜灰岩的峰值强度较自然状态下的峰值强度均有所下降，且浸泡时间越长，强度下降越大。

2. 水溶液化学成分对新鲜灰岩峰值强度的侵蚀效应

新鲜灰岩试件在不同化学成分水溶液作用下，浸泡不同时间后的峰值强度变化曲线如图 6-16 所示。

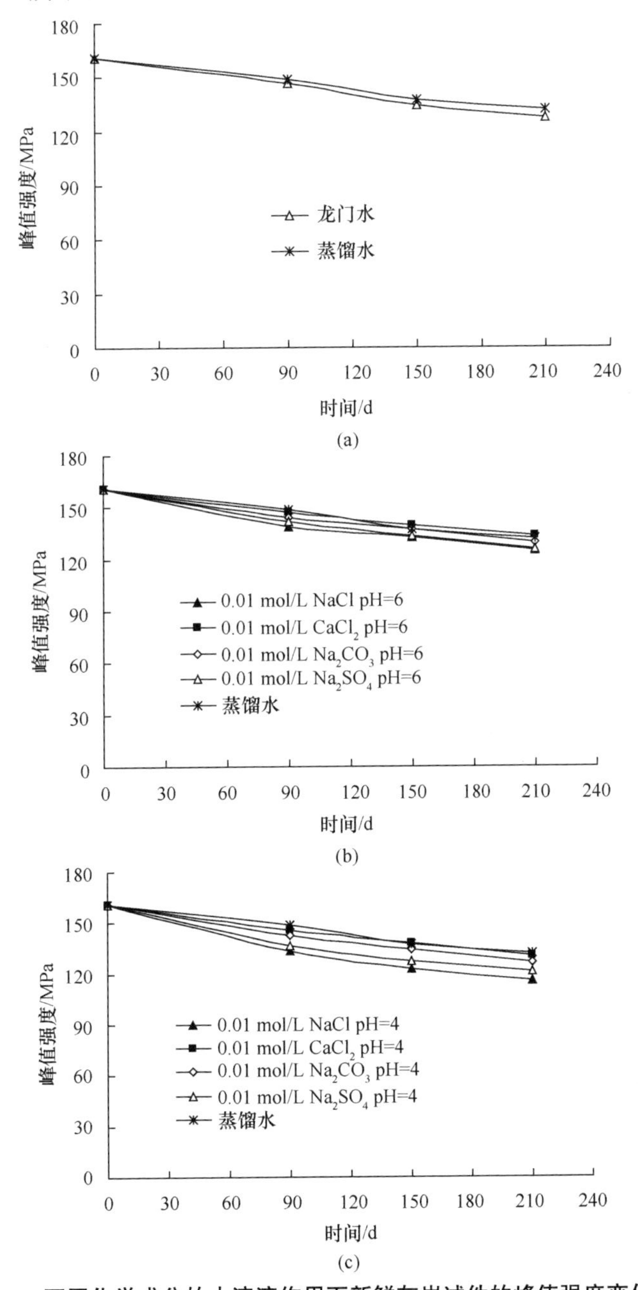

图 6-16　不同化学成分的水溶液作用下新鲜灰岩试件的峰值强度变化曲线

(a)蒸馏水、龙门水；(b)pH=6，0.01 mol/L 的 $NaCl$、$CaCl_2$、Na_2CO_3、Na_2SO_4 溶液；(c)pH=4，0.01 mol/L 的 $NaCl$、$CaCl_2$、Na_2CO_3、Na_2SO_4 溶液

由表 6-8 和图 6-16 可以看出，与风化灰岩类似，水溶液化学成分对新鲜灰岩试件的峰值强度影响也较为显著。在浓度均为 0.01 mol/L、pH 值均为 6 的 NaCl、$CaCl_2$、Na_2CO_3和 Na_2SO_4溶液作用下，与自然状态相比，灰岩试件峰值强度在 90 d 时分别降低了 13.57%、8.31%、10.23%和 12.02%；在 150 d 时分别降低了 17.44%、13.30%、14.62%和 17.24%；在 210 d 时分别降低了 22.30%、17.05%、19.30%和 21.89%。在浓度均为 0.01 mol/L、pH 值均为 4 的 NaCl、$CaCl_2$、Na_2CO_3 和 Na_2SO_4溶液作用下，与自然状态相比，灰岩试件峰值强度在 90 d 时分别降低了 16.92%、9.57%、11.53% 和 15.19%；在 150 d 时分别降低了 23.55%、14.31%、16.61%和 20.65%；在 210 d 时分别降低了 27.77%、19.18%、21.21%和 24.44%。上述结果表明，当浓度和 pH 值相同时，在 $CaCl_2$溶液和 Na_2CO_3溶液作用下，岩石的峰值强度降低幅度相对较小，而在 Na_2SO_4 溶液和 NaCl 溶液作用下，岩石的峰值强度降低幅度相对较大，其中在 $CaCl_2$溶液作用下的岩石峰值强度降低幅度最小，在 NaCl 溶液作用下的岩石峰值强度降低幅度最大，且作用时间越长，强度降低幅度越大，其原因与 6.2.3 小节中风化灰岩的类似，这里不再赘述。对于蒸馏水和龙门水，与自然状态相比，灰岩试件峰值强度在 90 d 时分别降低了 7.64%和 8.94%；在 150 d 时分别降低了 14.80%和 16.39%；在 210 d 时分别降低了 18.19%和 21.04%，表明龙门水比蒸馏水对灰岩的侵蚀作用更强。

3. 水化学溶液 pH 值对新鲜灰岩峰值强度的侵蚀效应

新鲜灰岩试件在不同 pH 值、相同浓度的不同水化学溶液作用下的峰值强度随时间的变化曲线如图 6-17 所示。

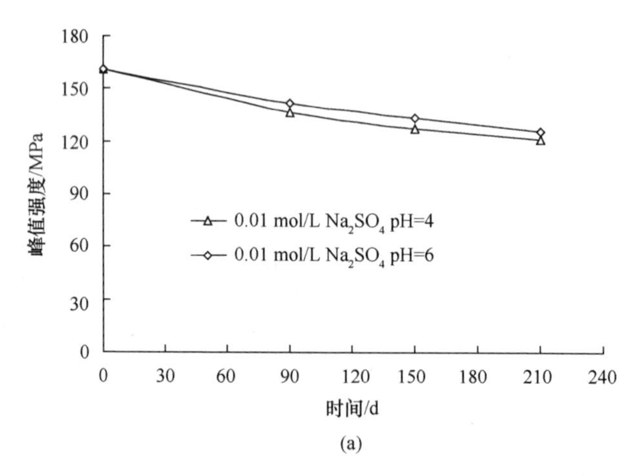

(a)

图 6-17　不同 pH 值的水化学溶液作用下新鲜灰岩试件的峰值强度变化曲线

(a)0.01 mol/L，pH 值分别为 4 和 6 的 Na_2SO_4溶液

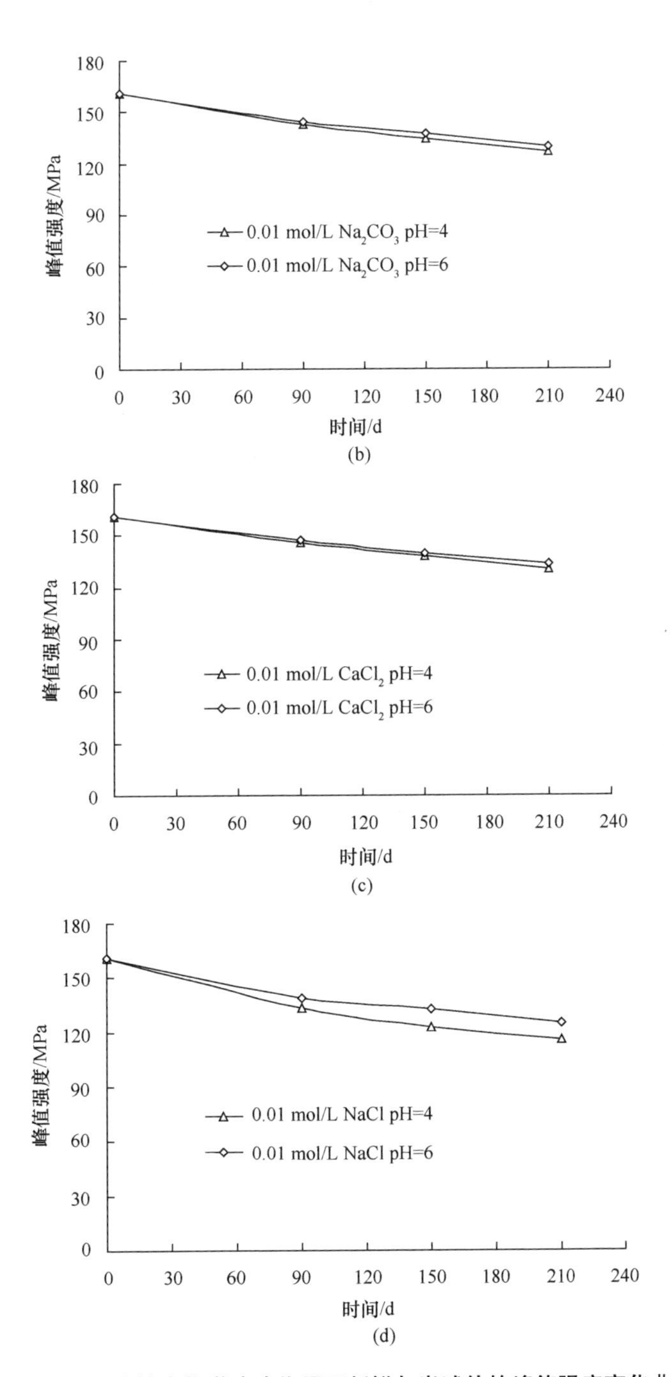

图 6-17　不同 pH 值的水化学溶液作用下新鲜灰岩试件的峰值强度变化曲线(续)

(b)0.01 mol/L，pH 值分别为 4 和 6 的 Na_2CO_3溶液；(c)0.01 mol/L，pH 值分别为 4 和 6 的 $CaCl_2$溶液；(d)0.01 mol/L，pH 值分别为 4 和 6 的 NaCl 溶液

由表 6-8 和图 6-17 可以看出，pH 值对新鲜灰岩峰值强度的影响规律与风化灰岩类似。在浓度为 0.01 mol/L，pH 值分别为 4 和 6 的不同水溶液中浸泡不同时间后的灰岩，与自然状态相比，经 NaCl 溶液作用 90 d、150 d、210 d 后峰值强度分别降低了 16.92%和 13.57%、23.55%和 17.44%、27.77%和 22.30%；经 $CaCl_2$ 溶液作用 90 d、150 d、210 d 后峰值强度分别降低了 9.57%和 8.31%、14.30%和 13.30%、19.18%和 17.05%；经 Na_2CO_3 溶液作用 90 d、150 d、210 d 后峰值强度分别降低了 11.53%和 10.23%、16.61%和 14.62%、21.21%和 19.30%；经 Na_2SO_4 溶液作用 90 d、150 d、210 d 后峰值强度分别降低了 15.19%和 12.02%、20.65%和 17.24%、24.44%和 21.89%。

4. 水化学溶液浓度对新鲜灰岩峰值强度的侵蚀效应

新鲜灰岩试件在不同浓度的水化学溶液作用下峰值强度随时间的变化曲线如图 6-18 所示。

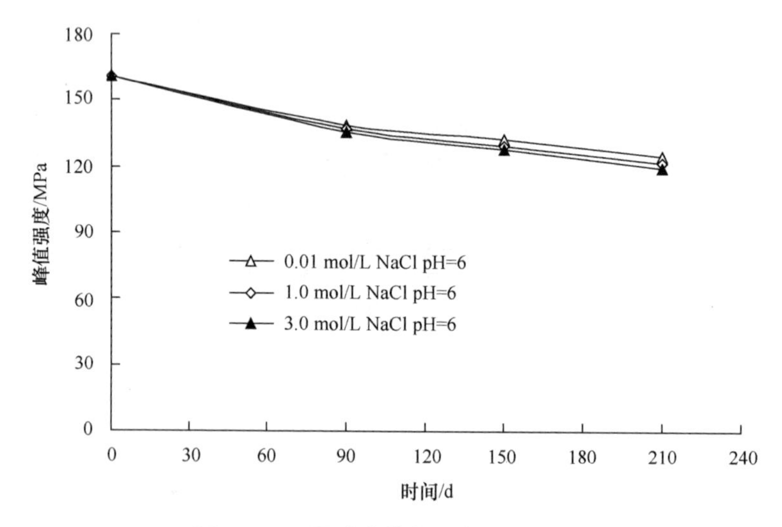

图 6-18　不同浓度的水化学溶液作用下新鲜灰岩试件的峰值强度变化曲线

由表 6-8 和图 6-18 可以看出，当水溶液的化学成分和 pH 值均相同时，浓度对新鲜灰岩的峰值强度也有影响。在 pH 值为 6，浓度分别为 0.01、1.0、3.0(mol/L)的 NaCl 溶液作用下，与自然状态相比，灰岩峰值强度在 90 d 时分别降低了 13.57%、14.56% 和 15.80%；在 150 d 时分别降低了 17.44%、19.45% 和 20.06%；在 210 d 时分别降低了 22.30%、24.09%和 25.71%。上述结果表明，对于 NaCl 溶液，当 pH 值相同时，岩石峰值强度随着溶液浓度的增大而降低，这与风化灰岩的变化类似，但强度降低幅度均比风化灰岩小很多。

6.5　MC 耦合作用下风化与新鲜灰岩物理力学特性对比

1. 质量随时间的变化规律

在试验环境相同、质量测试方法一致的情况下，比较风化灰岩与新鲜灰岩的质量变化，发现在相同水化学溶液浸泡下，风化灰岩和新鲜灰岩的质量均在短时间内急剧增加，之后增加缓慢，并逐渐趋于稳定，两者质量达到稳定的时间大致相同。无论是风化灰岩还是新鲜灰岩，其质量的变化主要是由吸收水分引起的，受水化学溶液性质的影响不大，在不同水化学溶液中短时间内均能达到稳定。

2. 水溶液 pH 值随时间的变化规律

在风化灰岩的侵蚀试验中，龙门水溶液的 pH 值在浸泡灰岩 2 h 后趋于稳定，达到稳定的速度最快，其次是 Na_2CO_3 溶液和 $CaCl_2$ 溶液，再次是蒸馏水，最慢的是 Na_2SO_4 溶液和 NaCl 溶液，两者趋于稳定的时间约为 20 d，最终所有溶液的 pH 值均稳定在 8 左右。在新鲜灰岩的侵蚀试验中，水溶液 pH 值的稳定由快到慢依次为龙门水(趋于稳定的时间为 10 h)、蒸馏水、$CaCl_2$ 溶液、Na_2CO_3 溶液、NaCl 溶液、Na_2SO_4 溶液(趋于稳定的时间为 35 d)，最终所有溶液的 pH 值也稳定在 8 左右。由此可知，对于风化灰岩和新鲜灰岩，水化学溶液的 pH 值有相同的变化趋势，均是先增大后减小，最后趋于稳定，虽然各溶液 pH 值稳定快慢的顺序略有不同，但稳定最快的均是龙门水，稳定最慢的均是 Na_2SO_4 溶液。另外，无论水溶液的初始 pH 值如何，最终均逐渐向弱碱性转化，稳定在 8 左右。

3. 弹性波波速随时间的变化规律

通过对不同水化学溶液作用下风化灰岩和新鲜灰岩的弹性波波速进行对比，发现风化灰岩的波速最高点在 30 d，最低点在 60 d；而新鲜灰岩的波速最高点在 60 d，最低点在 180 d，风化灰岩的波速到达最高点和最低点的时间均比新鲜灰岩早，其波速变化更为频繁，受侵蚀前后其波速的变化量也比新鲜灰岩大，说明风化灰岩较新鲜灰岩更易于吸水溶解，更易受化学溶液侵蚀，结构变化也更加频繁。

4. 峰值强度随时间的变化规律

MC 耦合作用下新鲜灰岩和风化灰岩峰值强度在不同作用时间的降低率见表 6-9。由表 6-9 可知，在相同水化学溶液中浸泡相同时间后，风化灰岩强度降低率比新鲜灰岩的大，这是因为风化灰岩比新鲜灰岩缺陷多，易于侵蚀。无论是新鲜灰岩还是风化灰岩，引起峰值强度降低幅度相对较小的均是 $CaCl_2$ 溶液和 Na_2CO_3 溶液，引起峰值强度降低幅度相对较大的均是 Na_2SO_4 溶液和 NaCl 溶液。其中，$CaCl_2$ 溶液作用下峰值强度降低幅度最小，NaCl 溶液作用下峰值强度降低幅度最大；龙门水比蒸馏水的侵蚀作用强，龙门水作用下岩石峰值强度降低幅度更大。另外，水溶液的 pH 值越小，造成的侵蚀损伤越大，峰值强度降低幅度也越大；峰值强度随着水化学溶液浓度的增大而降低，作用时间越长，强度降低越大。

表 6-9　MC 耦合作用不同时间下新鲜灰岩和风化灰岩峰值强度降低率

水溶液	峰值强度降低率/%					
	新鲜灰岩			风化灰岩		
	90 d	150 d	210 d	90 d	150 d	210 d
0.01 mol/L NaCl pH=4	16.92	23.55	27.77	28.72	38.31	42.45
0.01 mol/L NaCl pH=6	13.57	17.44	22.30	24.47	32.85	36.84
1.0 mol/L NaCl pH=6	14.56	19.45	24.09	26.64	35.21	39.90
3.0 mol/L NaCl pH=6	15.80	20.60	25.71	27.86	36.69	40.95
0.01 mol/L $CaCl_2$ pH=4	9.57	14.31	19.18	23.34	32.86	37.09
0.01 mol/L $CaCl_2$ pH=6	8.31	13.30	17.05	18.63	25.59	29.33
0.01 mol/L $Na2CO_3$ pH=4	11.53	16.61	21.21	24.97	34.60	38.55
0.01 mol/L $Na2CO_3$ pH=6	10.23	14.62	19.30	20.12	28.38	31.29
0.01 mol/L $Na2SO_4$ pH=4	15.19	20.65	24.44	26.93	37.51	40.50
0.01 mol/L $Na2SO_4$ pH=6	12.02	17.24	21.89	22.38	31.01	35.07
蒸馏水 pH=6.6	7.64	14.80	18.19	21.58	29.78	34.34
龙门水 pH=7.85	8.94	16.39	21.04	22.88	32.46	35.89

6.6　小结

本章对不同水化学溶液作用不同时间下的风化和新鲜灰岩试件进行了相关物理力学试验，通过分析，获得了不同水化学溶液侵蚀损伤下龙门石窟灰岩的物理力学特征，建立了灰岩在不同水化学溶液侵蚀下的强度损伤方程和动力学方程，具体如下：

(1)龙门石窟灰岩在不同水化学溶液作用下，无论是风化灰岩还是新鲜灰岩，其质量在短时间内均趋于稳定，且质量的增加主要是由吸收水分引起的，受水化学溶液性质的影响不大。

(2)在有限的、较为封闭的不同水化学环境中，浸泡灰岩试件的不同水溶液的 pH 值随浸泡时间的增加有相同的变化趋势，均先增大后减小，最后趋于稳定，只是达到稳定的先后顺序略有不同，其中最快达到稳定的为龙门水，最慢达到稳定的为 Na_2SO_4 溶液，水溶液的 pH 值达到稳定值的时间与水溶液的化学成分和初始

pH值大小有关。无论各水溶液的初始pH值如何，最终都稳定在8左右，这是由灰岩的偏碱性决定的。

(3)不同水化学溶液作用下，灰岩的弹性波波速随时间的变化趋势大致相同，均是先增大，再减小，最后趋于稳定，之后仅在小范围内波动变化。风化灰岩的弹性波波速到达最高点和最低点的时间均比新鲜灰岩早，且其波速变化更频繁，水化学溶液侵蚀前后波速的变化量大于新鲜灰岩。

(4)无论是风化灰岩还是新鲜灰岩，不同水化学溶液浸泡后其峰值强度均有所下降，浸泡时间越长，强度越小。当化学成分和浓度均相同时，pH值越小，峰值强度降低幅度越大；不同化学成分对灰岩试件的峰值强度影响显著，$CaCl_2$溶液和Na_2CO_3溶液使岩石的峰值强度降低的幅度相对较小，而Na_2SO_4溶液和NaCl溶液使岩石的峰值强度降低的幅度相对较大；龙门水对岩石的侵蚀程度相对蒸馏水较大。在相同水化学溶液中浸泡相同时间后，风化灰岩强度降低率比新鲜灰岩的大，这是因为风化灰岩比新鲜灰岩缺陷多，易于侵蚀。

(5)水化学溶液作用下龙门石窟灰岩溶解动力学的试验分析表明，盐效应、同离子效应对岩石溶解速率影响明显。盐效应提高岩石溶解速率，同离子效应降低岩石溶解速率。盐的种类和浓度均相同时，酸性越强即pH值越小，溶解速率越大；盐的种类和pH值相同时，盐浓度升高，岩石溶解速率增大。

(6)在对不同水化学溶液作用不同时间的灰岩强度和侵蚀时间关系分析的基础上，建立了不同水化学溶液侵蚀不同时间下的灰岩强度侵蚀损伤方程；同时，利用化学动力学原理，在试验测试及分析的基础上，建立了灰岩在不同水化学溶液侵蚀下的动力学方程；揭示了灰岩类岩石的侵蚀损伤机理。

第 7 章　MHC 耦合作用下岩石物理力学特性及侵蚀损伤模型研究

7.1　引言

第 6 章对水化学溶液及 MC 耦合作用下岩石的物理力学特性及侵蚀损伤模型进行了研究，由于地下水处于流动状态，岩体不仅受到地下水的冲蚀作用，还受到水中离子的迁移反应作用，为此本章引入水流影响因素，进行应力(M)—水流(H)—化学(C)耦合作用下岩石的侵蚀损伤试验研究，分析 MHC 耦合作用下岩石相关物理力学参数的侵蚀损伤效应和损伤机理。在上述研究基础上，基于损伤力学理论，研究灰岩在 MHC 耦合作用下的损伤演化过程，依据 Weibull 分布得到损伤变量和应力—应变的关系，建立相应的岩石损伤本构模型，并通过试验结果对本构模型进行验证。研究结果可为水利水电、隧道等工程岩体在多场耦合作用下的稳定性分析提供理论参考。

7.2　MHC 耦合作用下灰岩物理力学特性

7.2.1　试验材料与方法

1. 试件制备

试验所用岩样与 6.4 节相同，为洛阳龙门山新鲜灰岩。试件制备方法同 6.2.1 小节，图 7-1 所示为制作的标准试件。

2. 水溶液环境

试验使用的水化学溶液与 6.2.1 小节相同，见表 6-2。

3. 试验方法

试验方法在 6.2.1 小节的基础上，使静态浸泡试件的水化学溶液，通过微型水泵以 600 mL/h 的流速循环流动起来，实现试件在浸泡的同时，受到水流的作用。其余均与 6.2.1 小节相同。

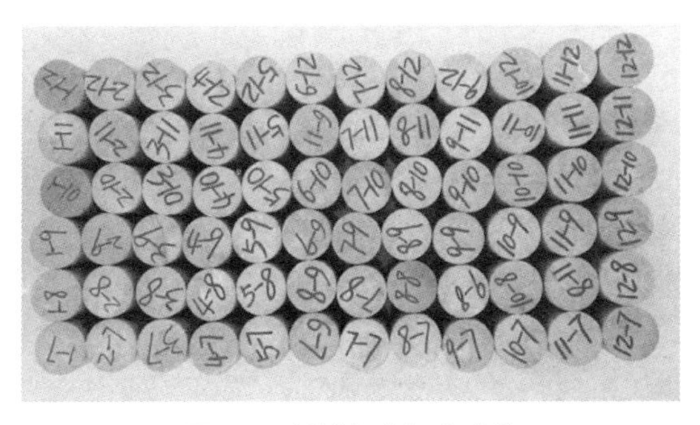

图 7-1　新鲜灰岩标准试件

7.2.2　MHC 耦合作用下灰岩的物理特性

1. 质量随时间的变化规律

测试时间间隔及方法与 6.2.2 小节相同，试验结果如图 7-2 所示。

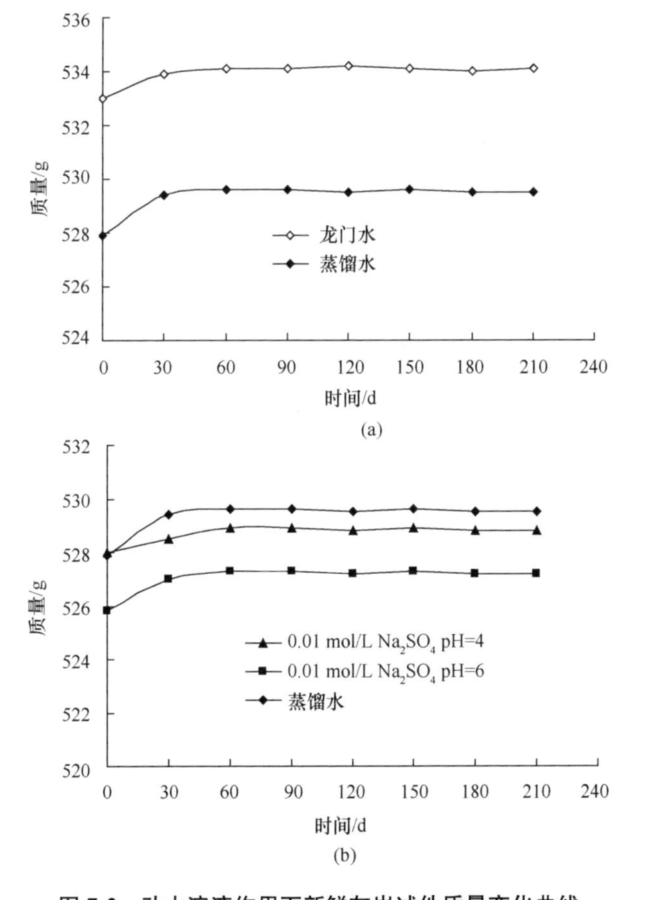

图 7-2　动水溶液作用下新鲜灰岩试件质量变化曲线

(a)蒸馏水、龙门水；(b)0.01 mol/L，pH 值分别为 4 和 6 的 Na_2SO_4溶液

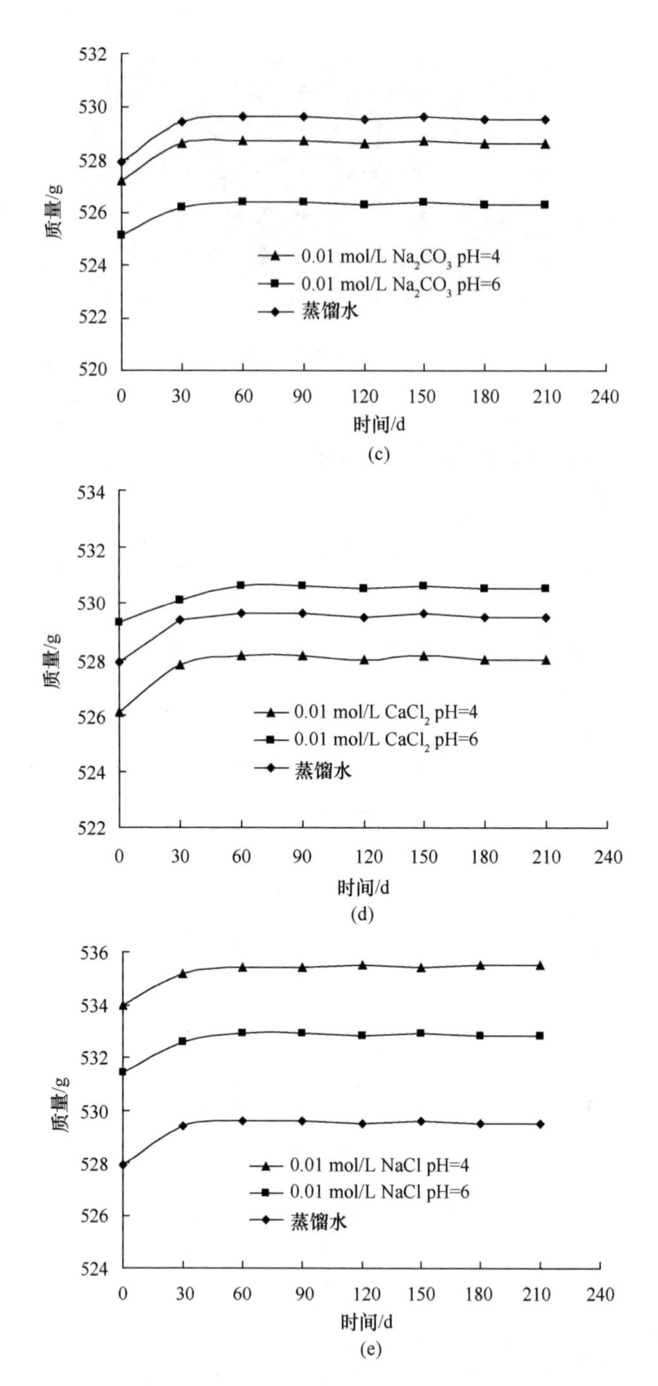

图 7-2 动水溶液作用下新鲜灰岩试件质量变化曲线(续)

(c)0.01 mol/L，pH 值分别为 4 和 6 的 Na_2CO_3溶液；(d)0.01 mol/L，pH 值分别为 4 和 6 的 $CaCl_2$溶液；(e)0.01 mol/L，pH 值分别为 4 和 6 的 NaCl 溶液

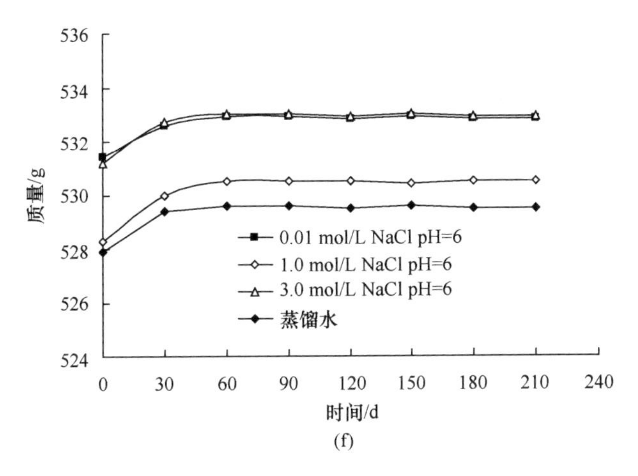

图 7-2　动水溶液作用下新鲜灰岩试件质量变化曲线(续)

(f)pH=6，0.01、1.0、3.0(mol/L)NaCl 溶液

由图 7-2 可以看出，动水溶液作用下，灰岩质量的增加幅度整体为 0.15%～0.42%，当作用时间 $t>60$ d 后，质量才基本趋于稳定，之后的 150 d 内质量只有极少量的增加，其变化幅度均小于 0.2 g，结合试件在蒸馏水中的质量变化，可知试件质量的增加主要是由吸收水分引起的，受水化学溶液性质的影响不大。

2. 动水溶液 pH 值随时间的变化规律

测试时间间隔及方法与 6.2.2 小节相同，试验结果如图 7-3 所示。

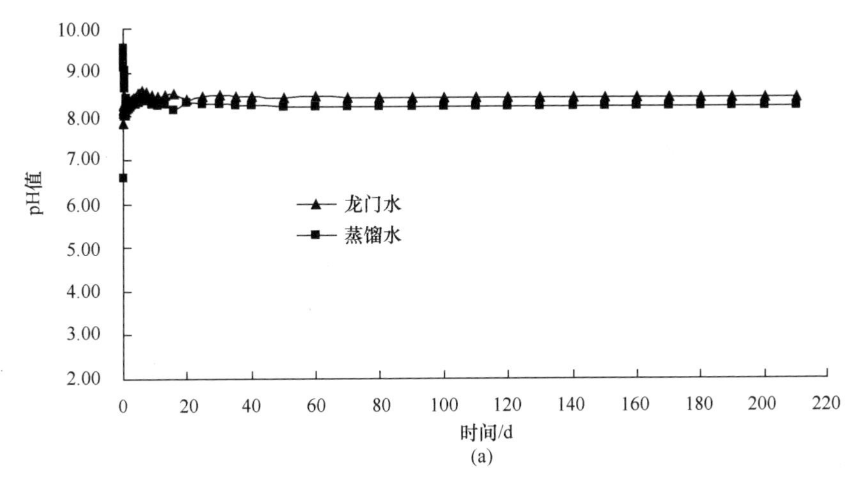

图 7-3　新鲜灰岩在动水溶液作用下水溶液 pH 值变化曲线

(a)蒸馏水、龙门水

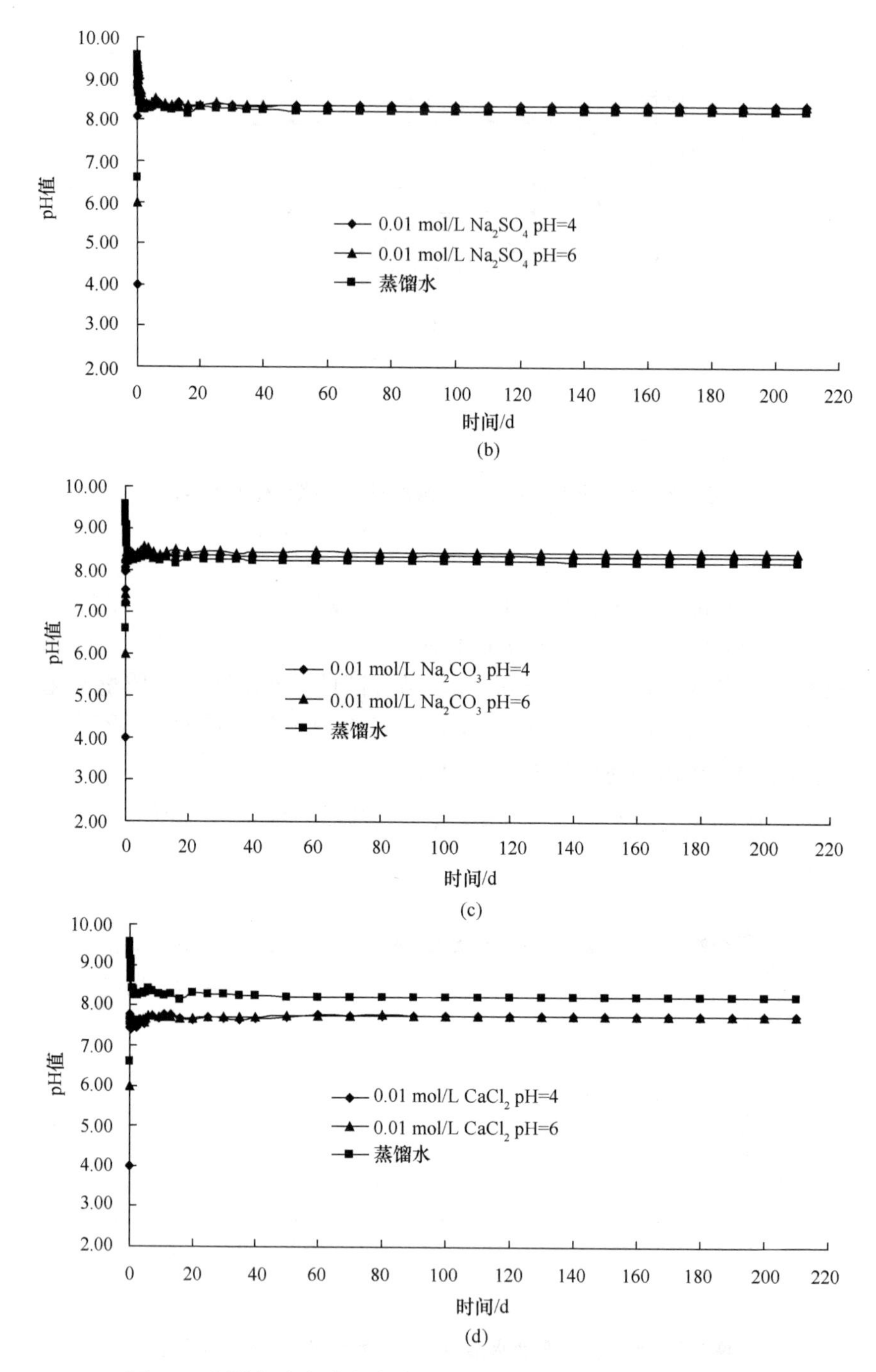

图 7-3　新鲜灰岩在动水溶液作用下水溶液 pH 值变化曲线(续)

(b)0.01 mol/L，pH 值分别为 4 和 6 的 Na_2SO_4溶液；(c)0.01 mol/L，pH 值分别为 4 和 6 的 Na_2CO_3溶液；(d)0.01 mol/L，pH 值分别为 4 和 6 的 $CaCl_2$溶液

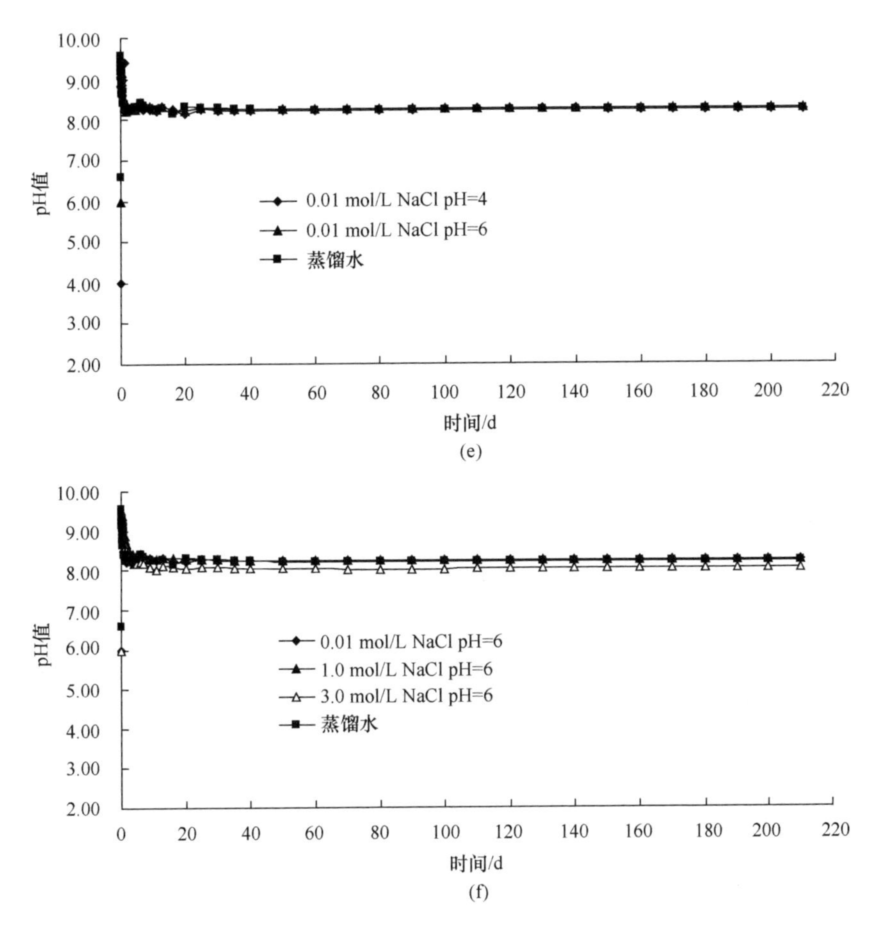

图 7-3　新鲜灰岩在动水溶液作用下水溶液 pH 值变化曲线(续)

(e)0.01mol/L，pH 值分别为 4 和 6 的 NaCl 溶液；(f)pH＝6，0.01、1.0、3.0(mol/L)的 NaCl 溶液

由图 7-3 可以看出，与静水化学溶液作用下的试验类似，在 MHC 耦合作用试验中，不同水化学溶液的 pH 值也有相同的变化趋势，均是先增大后减小，最后趋于稳定。水溶液 pH 值升高与降低的主要原因在 6.2.2 小节中已说明，此处不再赘述。水化学溶液 pH 值最后趋于稳定，表明水化学溶液与灰岩试件之间趋于动态化学平衡状态。

试件被不同水溶液侵蚀后，无论水溶液的初始 pH 值如何，最终都逐渐向弱碱性溶液转化，且 pH 值稳定在 8.3 左右(除 $CaCl_2$溶液 pH 值略低于 8 外)，这种现象同样是由灰岩的偏碱性所决定的。对于 pH＝6.6 的蒸馏水和 pH＝7.85 的龙门水，pH 的最终稳定值分别为 8.21 和 8.40，略高于其他水溶液；对于 pH＝4 和 pH＝6 的 $CaCl_2$溶液，同样由于同离子效应，整个作用过程 pH 值相对较低，并最终稳定在 7.75 左右；对于 pH＝4 和 pH＝6 的 Na_2CO_3溶液，pH 值最终稳定在

8.40 左右；对于 pH=4 和 pH=6 的 NaCl 溶液和 Na_2SO_4溶液，pH 最终稳定值分别为 8.20 和 8.35。

根据 pH 值随作用时间的变化曲线可知，对处于流动状态的不同水化学溶液，其 pH 值的稳定速度不同，由快到慢依次为蒸馏水、龙门水、$CaCl_2$溶液、Na_2CO_3溶液、NaCl 溶液、Na_2SO_4溶液。蒸馏水的 pH 值稳定最快，在 t=36 h 时就趋于稳定(从 36 h 到试验结束，pH 值变化范围在 0.2 以内)，其次是龙门水，pH 值在 t=54 h 时就趋于稳定，接着是 $CaCl_2$溶液，pH 值在 t=60 h 左右趋于稳定，再下来是 Na_2CO_3溶液，pH 值在 t=3 d 左右趋于稳定，随后是 NaCl 溶液，pH 值在 t=9 d 左右趋于稳定，最后是 Na_2SO_4溶液，pH 值在 t=11 d 时趋于稳定。蒸馏水的 pH 值稳定最快，原因是蒸馏水本身为中性，岩石中的矿物在蒸馏水中只发生少量的水解反应，同时，动态水流会促进水解反应，进而迅速达到平衡状态；对于 pH=7.85 的龙门水，其中已溶解有石窟岩石的各种矿物，其与石窟灰岩的反应基本处于化学平衡状态，且龙门水中含有的 Ca^{2+}、Mg^{2+}、HCO_3^- 和 OH^- 使得反应式(6-1)～式(6-4)向逆方向进行，同时，动态水流的作用又促进了该逆反应，导致反应达到平衡的时间比蒸馏水短；对于 $CaCl_2$溶液和 Na_2CO_3溶液，因 $CaCl_2$溶液产生同离子效应，方解石($CaCO_3$)、白云石[$CaMg(CO_3)_2$]的溶解会受到抑制，而 Na_2CO_3溶液中含有 CO_3^{2-}，极易与水溶液中的 H^+ 发生反应生成 HCO_3^-，使得同离子效应弱化，使溶液迅速向弱碱性转化，因此，这两种溶液的 pH 值也很快达到平衡，但 Na_2CO_3溶液比 $CaCl_2$溶液达到平衡要稍晚些。Na_2SO_4 和 NaCl 溶液均为强电解质且与岩石矿物成分非同离子，两者产生的盐效应导致难溶电解质 $CaCO_3$、$CaMg(CO_3)_2$的溶解度增大，延长了达到平衡的时间。上述试验结果表明，水溶液的化学成分对 pH 值稳定时间也有影响，另外，水流速度也对 pH 值的稳定产生了一定的影响。

对于初始 pH 值均为 6 但浓度不同的 0.01、1.0、3.0(mol/L)的 NaCl 溶液，由图 7-3(f)可知，pH 值达到稳定的时间分别为 9 d 和 20 d，其中 1.0 mol/L 的 NaCl 溶液的 pH 值整体上高于 0.01 mol/L 的 NaCl 溶液，3.0 mol/L 的 NaCl 溶液的 pH 值整体上又比前两者低，最终三者的 pH 值按照浓度从小到大分别是 8.25、8.25 和 8.03。根据 6.4.2 小节，三者在静态水溶液中，pH 值达到稳定的时间分别为 30 d、50 d 和 25 d，比在动态水溶液中达到稳定的时间晚，说明水溶液的流动加速了水—岩之间的相互作用。

3. 弹性波波速随时间的变化规律

测试时间间隔及方法与 6.2.2 小节相同，试验结果如图 7-4 所示。

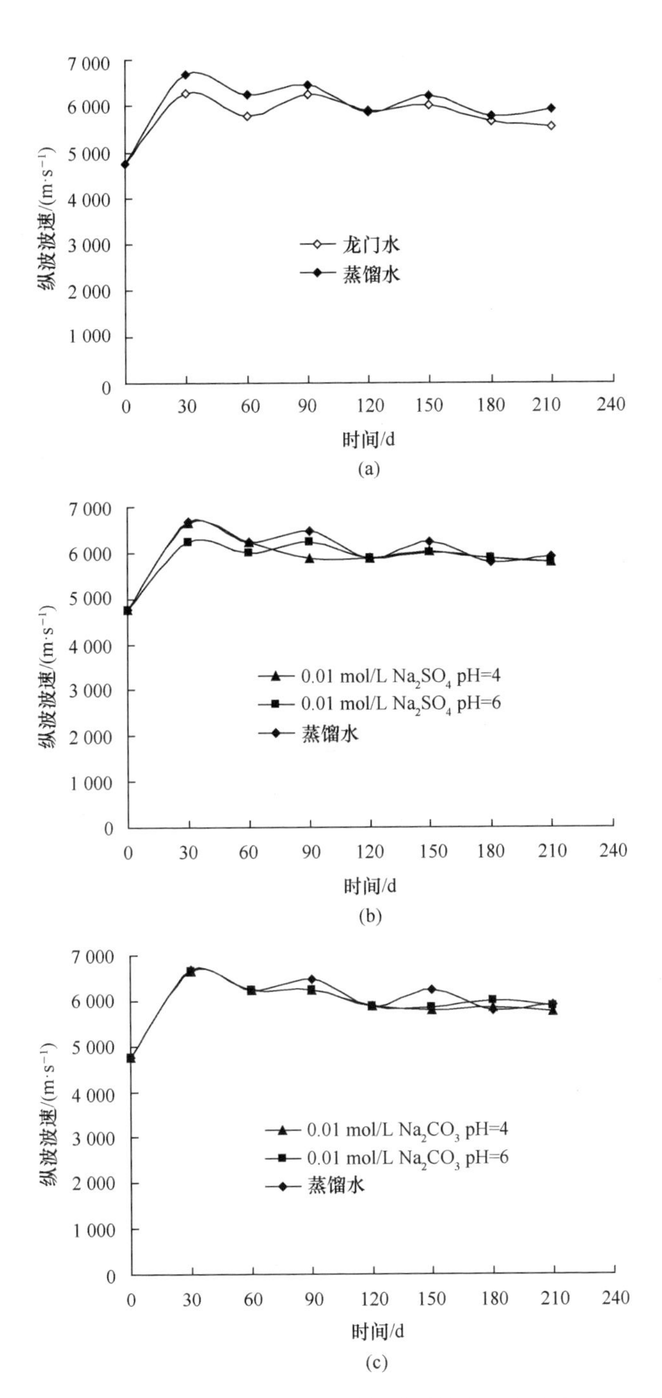

图 7-4　动水溶液作用下新鲜灰岩纵波波速变化曲线

(a)蒸馏水、龙门水；

(b)0.01 mol/L，pH 值分别为 4 和 6 的 Na_2SO_4 溶液；

(c)0.01 mol/L，pH 值分别为 4 和 6 的 Na_2CO_3 溶液

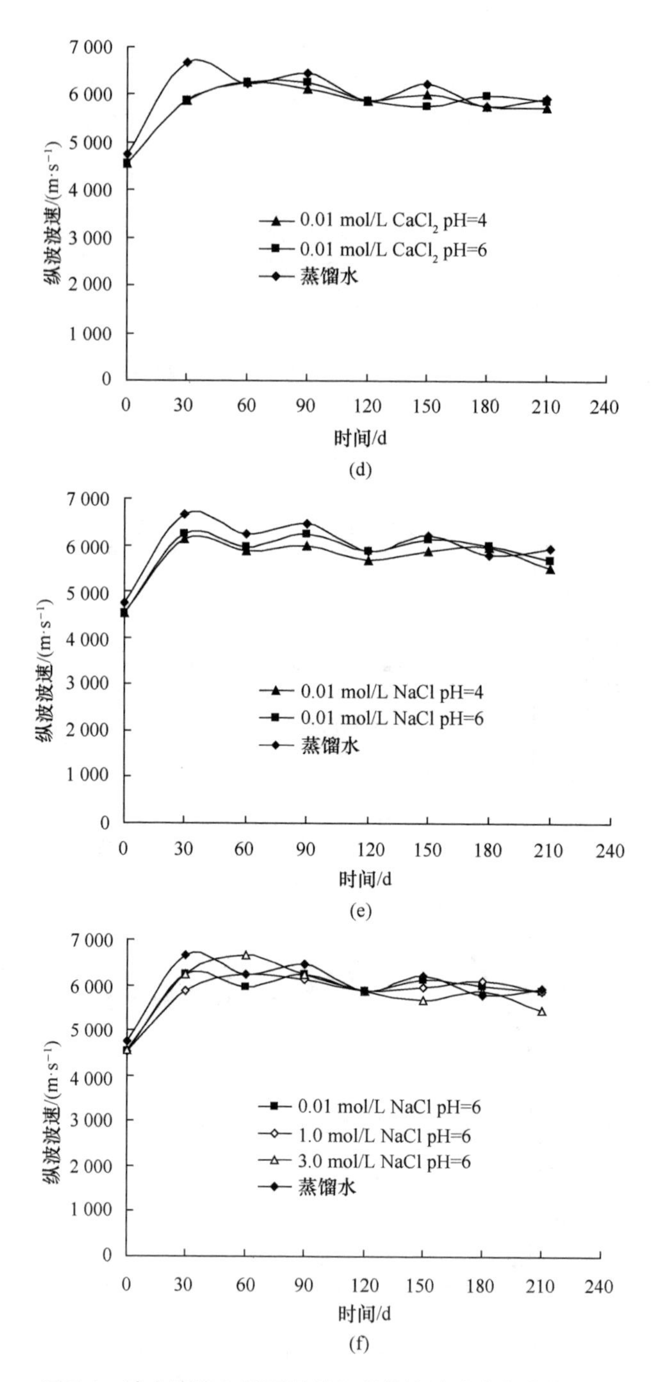

图 7-4 动水溶液作用下新鲜灰岩纵波波速变化曲线(续)

(d)0.01 mol/L，pH 值分别为 4 和 6 的 $CaCl_2$ 溶液；

(e)0.01 mol/L，pH 值分别为 4 和 6 的 NaCl 溶液；

(f)pH=6，0.01、1.0、3.0(mol/L)的 NaCl 溶液

由图 7-4 可知，在不同动水溶液侵蚀作用下，试件的弹性波波速随时间的变化趋势大致相同，v_P-t 曲线都呈现出类似正弦曲线的变化趋势。浸泡 30 d 的试件波速变化规律与 6.4.2 小节中静态水溶液中的相同。浸泡 60 d 的试件波速较浸泡 30 d 的试件波速有所减小，其主要原因一方面是由于试件中的可溶性矿物的软化或膨胀；另一方面是由于水溶液的化学侵蚀作用导致试件的节理、裂隙逐渐扩大。根据图 7-2 所示的试件质量变化曲线可知，此时试件质量在增加，说明试件的吸水量大于其所含矿物的溶解量。浸泡时间在 60～90 d 的试件波速随着时间的增加又缓慢回升。随着水溶液侵蚀深度的增加，上述现象不断地循环进行，最终导致 v_P-t 曲线以类似正弦曲线的形式波动变化。

7.2.3　MHC 耦合作用下灰岩的力学特性

1. 试验结果

对在动水溶液中浸泡 90 d、150 d 和 210 d 的新鲜灰岩试件进行单轴压缩试验，加载方式与 6.2.3 小节相同。图 7-5 给出了自然状态和浸泡 210 d 后不同动水化学溶液作用下新鲜灰岩试件的单轴压缩应力—应变曲线，表 7-1 给出了不同动水化学溶液作用下新鲜灰岩试件的单轴压缩峰值强度。由 6.4.3 小节可知，自然状态下新鲜灰岩的单轴压缩峰值强度为 160.91 MPa。

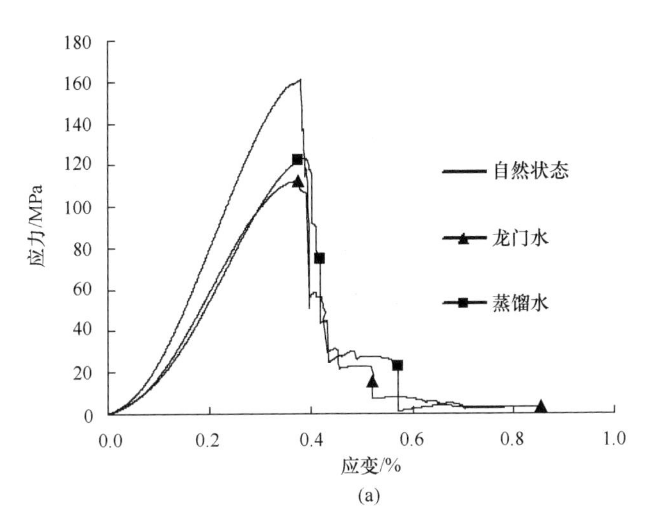

图 7-5　自然状态和动水溶液作用下新鲜灰岩试件的应力—应变曲线

(a)自然状态、蒸馏水和龙门水

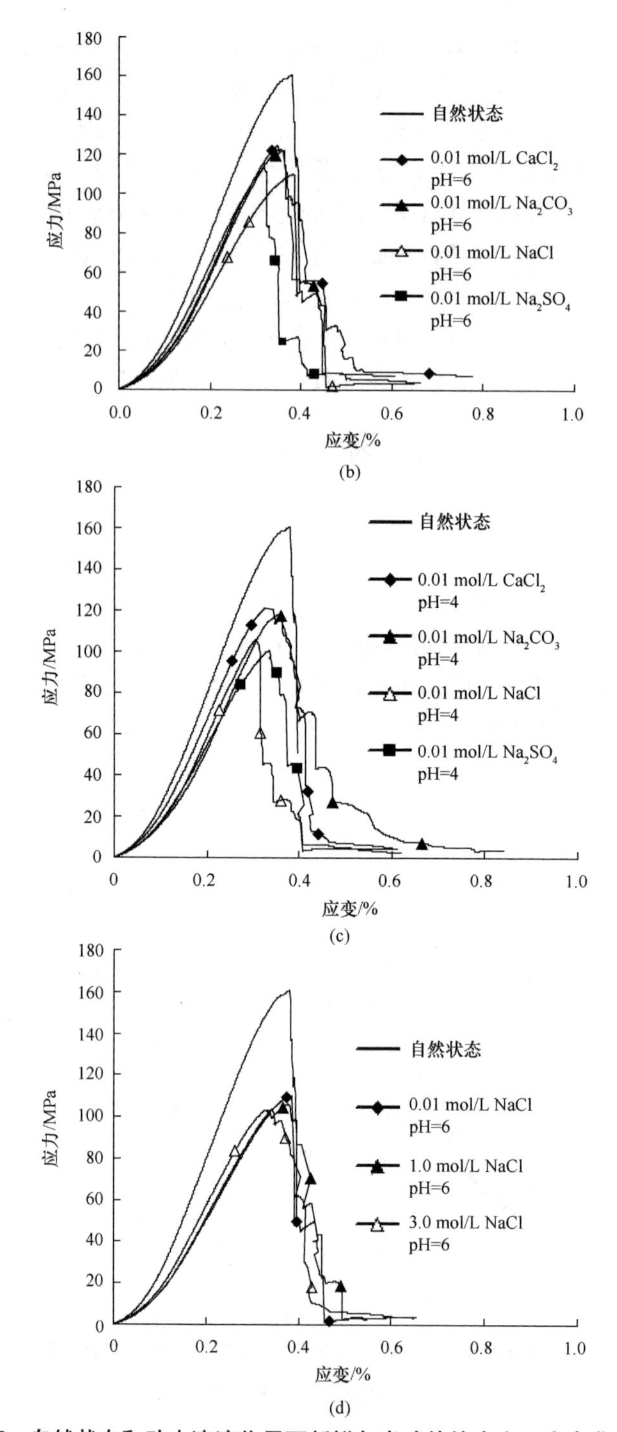

图 7-5　自然状态和动水溶液作用下新鲜灰岩试件的应力—应变曲线(续)

(b)0.01 mol/L，pH=6 的 $CaCl_2$、Na_2CO_3、NaCl 和 Na_2SO_4溶液；(c)0.01 mol/L，pH=4 的 $CaCl_2$、Na_2CO_3、NaCl 和 Na_2SO_4溶液；(d) pH=6，0.01、1.0、3.0(mol/L)的 NaCl 溶液

表 7-1　MHC 耦合作用不同时间下新鲜灰岩试件的单轴压缩峰值强度

水溶液	峰值强度/MPa			$\frac{\sigma_{c自然}-\sigma_c}{\sigma_{c自然}}$/%		
	90 d	150 d	210 d	90 d	150 d	210 d
0.01 mol/L NaCl pH=4	123.12	110.26	100.33	23.49	31.48	37.65
0.01 mol/L NaCl pH=6	133.30	119.46	110.12	17.16	25.76	31.56
1.0 mol/L NaCl pH=6	129.76	115.93	106.17	19.36	27.95	34.02
3.0 mol/L NaCl pH=6	125.33	112.87	103.44	22.11	29.86	35.72
0.01 mol/L $CaCl_2$ pH=4	137.79	128.97	121.25	14.37	19.85	24.65
0.01 mol/L $CaCl_2$ pH=6	139.35	130.89	124.57	13.40	18.66	22.58
0.01 mol/L Na_2CO_3 pH=4	135.67	126.31	118.79	15.69	21.50	26.18
0.01 mol/L Na_2CO_3 pH=6	138.23	128.67	122.46	14.09	20.04	23.90
0.01 mol/L Na_2SO_4 pH=4	127.62	116.38	105.58	20.69	27.67	34.39
0.01 mol/L Na_2SO_4 pH=6	132.47	122.82	113.47	17.67	23.67	29.48
蒸馏水 pH=6.6	142.13	133.98	123.19	11.67	16.74	23.44
龙门水 pH=7.85	136.82	123.57	112.45	14.97	23.21	30.12

2. MHC 耦合作用下化学成分对新鲜灰岩峰值强度的侵蚀效应

龙门山新鲜灰岩试件在不同动水溶液作用下，峰值强度随浸泡时间的变化曲线如图 7-6 所示。

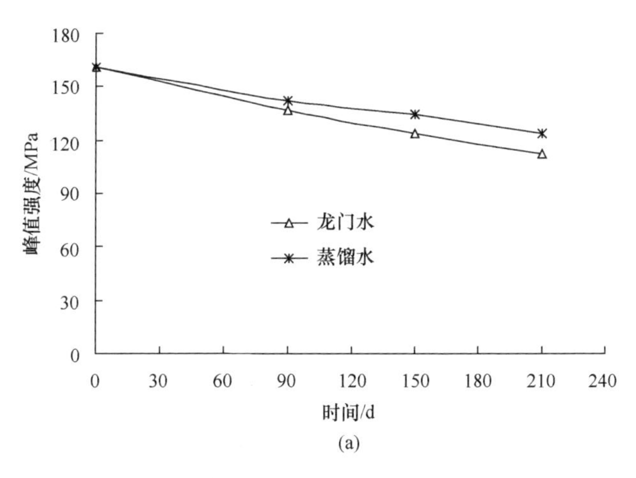

图 7-6　不同化学成分的动水溶液作用下新鲜灰岩峰值强度变化曲线

(a)蒸馏水、龙门水

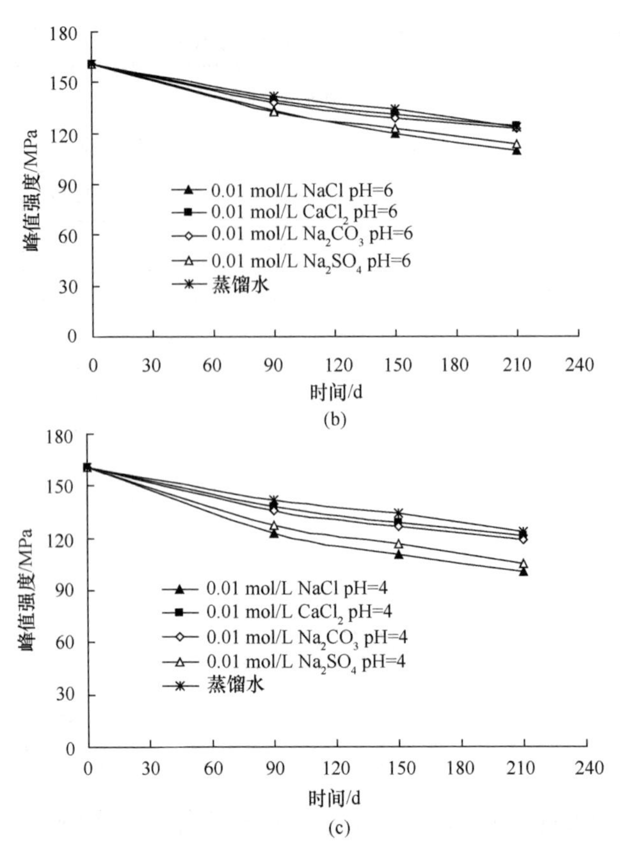

图 7-6　不同化学成分的动水溶液作用下新鲜灰岩峰值强度变化曲线(续)

(b)pH=6，0.01 mol/L 的 NaCl、$CaCl_2$、Na_2CO_3、Na_2SO_4 溶液；

(c)pH=4，0.01 mol/L 的 NaCl、$CaCl_2$、Na_2CO_3、Na_2SO_4 溶液

由表 7-1 和图 7-6 可以看出，动水溶液的化学成分对新鲜灰岩试件峰值强度的影响比静水溶液大得多。在浓度均为 0.01 mol/L、pH 值均为 6 的 NaCl、$CaCl_2$、Na_2CO_3 和 Na_2SO_4 溶液作用下，与自然状态相比，灰岩试件峰值强度在 90 d 时分别降低了 17.16%、13.40%、14.09% 和 17.67%；在 150 d 时分别降低了 25.76%、18.66%、20.04% 和 23.67%；在 210 d 时分别降低了 31.56%、22.58%、23.90% 和 29.48%。在浓度均为 0.01 mol/L、pH 值均为 4 的 NaCl、$CaCl_2$、Na_2CO_3 和 Na_2SO_4 溶液作用下，与自然状态相比，灰岩试件峰值强度在 90 d 时分别降低了 23.49%、14.37%、15.69% 和 20.69%；在 150 d 时分别降低了 31.48%、19.85%、21.50% 和 27.67%；在 210 d 时分别降低了 37.65%、24.65%、26.18% 和 34.39%。与 6.4.3 小节中静水溶液 MC 作用的试验结果相比较，MHC 耦合作用下不同化学成分动水溶液对试件峰值强度侵蚀的差异性与 MC 作用类似，但动水溶液 MHC 耦合作用下峰值强度降低幅度更大，说明动水溶液对峰值强度的损伤作用更强。

3. MHC 耦合作用下动水溶液 pH 值对新鲜灰岩峰值强度的侵蚀效应

新鲜灰岩试件在不同 pH 值、相同浓度的不同动水溶液作用下峰值强度随时间的变化曲线如图 7-7 所示。

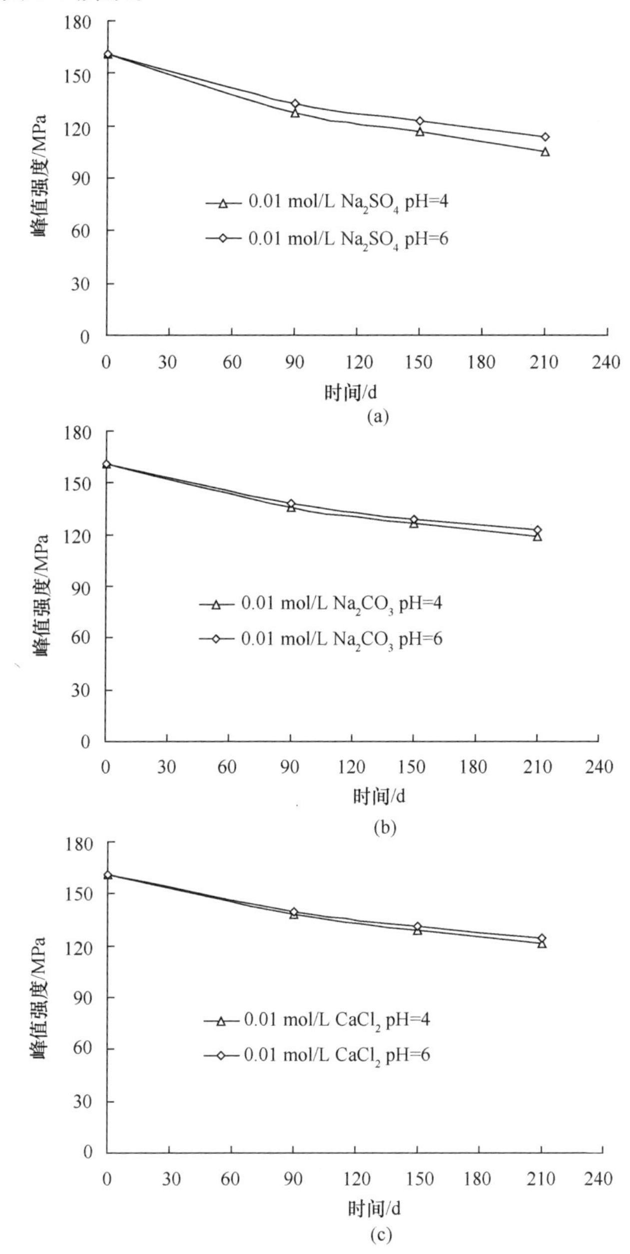

图 7-7　不同 pH 值的动水溶液作用下新鲜灰岩试件峰值强度变化曲线

(a)0.01 mol/L，pH 值分别为 4 和 6 的 Na_2SO_4溶液；(b)0.01 mol/L，pH 值分别为 4 和 6 的 Na_2CO_3溶液；(c)0.01 mol/L，pH 值分别为 4 和 6 的 $CaCl_2$溶液

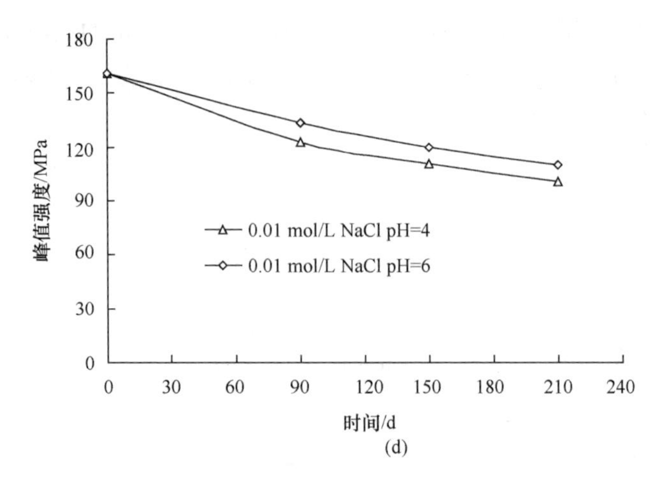

图 7-7　不同 pH 值的动水溶液作用下新鲜灰岩试件峰值强度变化曲线(续)

(d)0.01 mol/L，pH 值分别为 4 和 6 的 NaCl 溶液

由表 7-1 和图 7-7 可以看出，在动水溶液作用下，pH 值对新鲜灰岩峰值强度的影响随时间变化较为显著。在浓度为 0.01 mol/L、pH 值分别为 4 和 6 的动水溶液中浸泡不同时间后的灰岩，与自然状态相比，经 NaCl 溶液作用 90 d、150 d、210 d 后峰值强度分别降低了 23.49%和 17.16%、31.48%和 25.76%、37.65%和 31.56%；经 $CaCl_2$溶液作用 90 d、150 d、210 d 后峰值强度分别降低了 14.37%和 13.40%、19.85%和 18.66%、24.65%和 22.58%；经 Na_2CO_3 溶液作用 90 d、150 d、210 d 后峰值强度分别降低了 15.69%和 14.09%、21.50%和 20.04%、26.18%和 23.90%；经 Na_2SO_4溶液作用 90 d、150 d、210 d 后峰值强度分别降低了 20.69%和 17.67%、27.67%和 23.67%、34.39%和 29.48%。上述变化趋势与 6.4.3 小节中静态水溶液 MC 耦合的试验结果类似，区别在于峰值强度降低幅度更大。

4. MHC 耦合作用下动水溶液浓度对新鲜灰岩峰值强度的侵蚀效应

新鲜灰岩试件在不同浓度的动水溶液作用下峰值强度随时间的变化曲线如图 7-8 所示。

由表 7-1 和图 7-8 可以看出，在动水溶液作用下，水溶液浓度对新鲜岩石的峰值强度有较大的影响。在 pH 值为 6，浓度分别为 0.01、1.0、3.0(mol/L)的 NaCl 溶液作用下，与自然状态相比，灰岩峰值强度在 90 d 时分别降低了 17.16%、19.36%和 22.11%；在 150 d 时分别降低了 25.76%、27.95%和 29.86%；在 210 d 时分别降低了 31.56%、34.02%和 35.72%。上述结果与 6.4.3 小节中静态水溶液 MC 耦合作用的试验结果类似，同样，区别在于峰值强度降低幅度更大。

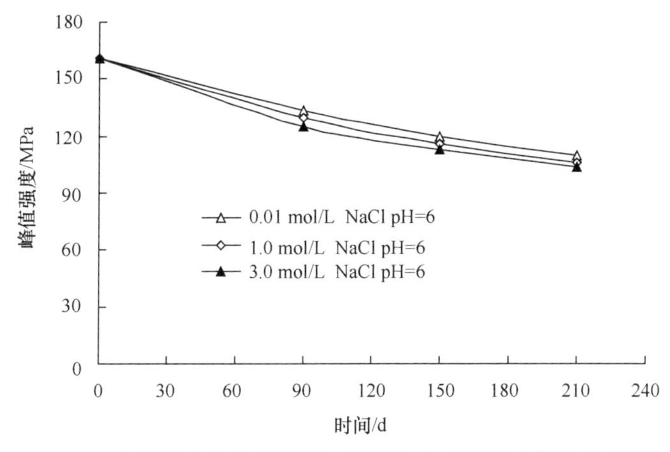

图 7-8 不同浓度的动水溶液作用下新鲜灰岩试件的峰值强度变化曲线

7.3 MHC 和 MC 耦合作用下灰岩物理力学特性对比

1. 质量随时间的变化规律

在 6.4.2 小节中，静水化学溶液作用下新鲜灰岩在短时间内质量基本趋于稳定，之后的 180 d 内质量只有极少量的增加，增加的幅度为 0.22%～0.49%。而 MHC 耦合作用下新鲜灰岩在时间 $t>60$ d 时，质量才基本趋于稳定，之后的 150 d 内质量同样也只有极少量的增加，增加的幅度为 0.15%～0.42%。

通过对比可知，静水化学溶液作用下灰岩质量比动水溶液作用下灰岩质量更早达到平衡。就质量增加的幅度来说，动水溶液作用比静水溶液作用要低 0.07%。因此，水溶液的流动会延长灰岩质量达到稳定的时间，同时减少质量增加量，说明在灰岩与动水溶液相互作用过程中，矿物颗粒溶解较多，灰岩质量损伤较大。

2. 水溶液 pH 值随时间的变化规律

静态的蒸馏水、龙门水、$CaCl_2$ 溶液、Na_2CO_3 溶液、NaCl 溶液、Na_2SO_4 溶液在和岩石作用后，其 pH 最终稳定值分别为 8.20、8.25、7.70、8.25、8.15 和 8.25，对应的 pH 值达到稳定的时间分别为 72 h、10 h、8 d、13 d、30 d 和 35 d；而动态的上述溶液在和岩石作用后，其 pH 最终稳定值分别为 8.21、8.40、7.75、8.40、8.20 和 8.35，对应的 pH 值达到稳定的时间分别为 36 h、54 h、60 h、3 d、9 d 和 11 d。

根据上述结果可知，静水和动水溶液作用下水溶液最终均为偏碱性，且水溶液的流速会影响 pH 最终稳定值和达到稳定的时间，动水溶液的 pH 稳定值比静水溶液的大，稳定时间大多比静水溶液的短，说明动水溶液与灰岩之间的作用更加强烈，灰岩矿物成分被溶解得更多。

3. 弹性波波速随时间的变化规律

静水溶液作用下新鲜灰岩试件波速在 60 d 时达到最高点，而动水溶液作用下新鲜灰岩试件波速在 30 d 时达到最高点，比静水溶液作用下提前了 30 d。静水溶液作用下灰岩试件波速在 180 d 时达到最低点，而动水溶液作用下灰岩试件波速在 60 d 达到最低点，比静水溶液作用下提前了 120 d。静水溶液作用下新鲜灰岩的波速在 210 d 时开始循环，而动水溶液作用下新鲜灰岩的波速在 90 d 时就开始循环，比静水溶液作用下提前了 120 d，说明动水溶液作用下水—岩作用速率更快，岩体结构变化更加频繁。

4. 峰值强度随时间的变化规律

MHC 和 MC 耦合作用不同时间下新鲜灰岩单轴压缩峰值强度对比见表 7-2。由表 7-2 可知，在浓度、pH 值、化学成分相同的水化学溶液中浸泡相同的时间后，灰岩峰值强度的降低幅度在 MHC 耦合作用下比在 MC 耦合作用下大得多，即水化学溶液的流动会加剧对灰岩的侵蚀。无论是 MC 耦合作用还是 MHC 耦合作用，在 $CaCl_2$溶液和 Na_2CO_3溶液作用下灰岩的峰值强度降低幅度均相对较小，在 Na_2SO_4溶液和 NaCl 溶液作用下峰值强度降低幅度均相对较大，其中在 $CaCl_2$溶液作用下峰值强度降低幅度最小，在 NaCl 溶液作用下峰值强度降低幅度最大。

表 7-2　MHC 和 MC 耦合作用不同时间下新鲜灰岩单轴压缩峰值强度对比

水溶液	峰值强度/MPa					
	MC 耦合			MHC 耦合		
	90 d	150 d	210 d	90 d	150 d	210 d
0.01 mol/L NaCl pH=4	133.68	123.01	116.23	123.12	110.26	100.33
0.01 mol/L NaCl pH=6	139.07	132.84	125.02	133.30	119.46	110.12
1.0 mol/L NaCl pH=6	137.48	129.62	122.15	129.76	115.93	106.17
3.0 mol/L NaCl pH=6	135.48	127.76	119.54	125.33	112.87	103.44
0.01 mol/L $CaCl_2$ pH=4	145.51	137.89	130.05	137.79	128.97	121.25
0.01 mol/L $CaCl_2$ pH=6	147.54	139.51	133.48	139.35	130.89	124.57
0.01 mol/L Na_2CO_3 pH=4	142.36	134.18	126.78	135.67	126.31	118.79
0.01 mol/L Na_2CO_3 pH=6	144.44	137.38	129.85	138.23	128.67	122.46
0.01 mol/L Na_2SO_4 pH=4	136.46	127.69	121.58	127.62	116.38	105.58
0.01 mol/L Na_2SO_4 pH=6	141.56	133.17	125.69	132.47	122.82	113.47
蒸馏水 pH=6.6	148.62	137.09	131.64	142.13	133.98	123.19
龙门水 pH=7.85	146.53	134.53	127.06	136.82	123.57	112.45

7.4　MHC 耦合作用下灰岩的侵蚀损伤模型

7.4.1　MHC 耦合作用下灰岩的损伤变量和本构模型

新鲜岩块存在内部微裂纹等缺陷，这些内部缺陷的分布是随机的，因此，岩石强度是一个随机变量。假设岩石微元强度分布服从 Weibull 分布统计规律，则其

微元强度的概率分布密度函数为

$$P(\varepsilon)=\frac{m}{F}\left(\frac{\varepsilon}{F}\right)^{m-1}\exp\left[-\left(\frac{\varepsilon}{F}\right)^{m}\right] \tag{7-1}$$

式中，ε 为岩石材料应变量，m、F 分别为 Weibull 分布模型的两个参数。

损伤变量 D 与微元强度的概率分布密度函数有如下关系：

$$\frac{\mathrm{d}D}{\mathrm{d}\varepsilon}=P(\varepsilon) \tag{7-2}$$

由式(7-2)可知，加载后岩石的损伤变量 D 为

$$D=\int_{0}^{\varepsilon}P(x)\mathrm{d}x=1-\exp\left[-\left(\frac{\varepsilon}{F}\right)^{m}\right] \tag{7-3}$$

水流(H)—化学(C)耦合作用下灰岩的损伤引起其微观结构的变化和其宏观力学性能的劣化，根据宏观唯象损伤力学的概念，灰岩在 HC 耦合作用下的损伤变量 D_{HC} 可定义为

$$D_{\mathrm{HC}}=1-\frac{E_{\mathrm{HC}}}{E_{0}} \tag{7-4}$$

式中，E_{HC} 为灰岩受水流—化学耦合作用后的弹性模量；E_{0} 为灰岩受水流—化学耦合作用前的初始弹性模量。

根据 Lemaitre 等效应力原理，HC 耦合作用下灰岩在加载时其内部损伤本构方程为

$$\sigma=(1-D)E_{\mathrm{HC}}\varepsilon \tag{7-5}$$

由式(7-4)和式(7-5)可推导出 MHC 耦合作用下灰岩的损伤本构方程为

$$\sigma=(1-D_{\mathrm{MHC}})E_{0}\varepsilon \tag{7-6}$$

$$D_{\mathrm{MHC}}=1-(1-D_{\mathrm{HC}})(1-D) \tag{7-7}$$

式中，D_{MHC} 为 MHC 耦合作用的损伤变量。

将式(7-3)和式(7-4)代入式(7-7)可得 MHC 耦合损伤演化方程为

$$D_{\mathrm{MHC}}=1-\frac{E_{\mathrm{HC}}}{E_{0}}\exp\left[-\left(\frac{\varepsilon}{F}\right)^{m}\right] \tag{7-8}$$

将式(7-8)代入式(7-6)可得 MHC 耦合作用下的损伤本构方程为

$$\sigma=E_{\mathrm{HC}}\exp\left[-\left(\frac{\varepsilon}{F}\right)^{m}\right]\varepsilon \tag{7-9}$$

MHC 耦合侵蚀作用下灰岩试件的峰值应变、峰值应力和残余应变、残余应力分别为 ε_{d}、σ_{d} 和 ε_{r}、σ_{r}，则可得

$$\sigma_{\mathrm{d}}=E_{\mathrm{HC}}\exp\left[-\left(\frac{\varepsilon_{\mathrm{d}}}{F}\right)^{m}\right]\varepsilon_{\mathrm{d}} \tag{7-10}$$

$$\left.\frac{\mathrm{d}\sigma}{\mathrm{d}\varepsilon}\right|_{\varepsilon=\varepsilon_{\mathrm{d}}}=E_{\mathrm{HC}}\exp\left[-\left(\frac{\varepsilon_{\mathrm{d}}}{F}\right)^{m}\right]\left[1-m\left(\frac{\varepsilon_{\mathrm{d}}}{F}\right)^{m}\right]=0 \tag{7-11}$$

$$\sigma_{\mathrm{r}}=E_{\mathrm{HC}}\exp\left[-\left(\frac{\varepsilon_{\mathrm{r}}}{F}\right)^{m}\right]\varepsilon_{\mathrm{r}} \tag{7-12}$$

式(7-9)至式(7-12)即 MHC 耦合作用下灰岩从侵蚀变形到破坏全过程的应力—应变损伤本构模型。

7.4.2 MHC 耦合作用下灰岩本构模型的应用

依据 MHC 耦合作用下灰岩侵蚀变形破坏全过程的应力—应变本构模型和表 7-3 中的模型参数，分别对 0.01 mol/L、pH=6 的 $CaCl_2$ 溶液、龙门水和 0.01 mol/L、pH=4 的 NaCl 溶液理论计算结果与试验结果进行对比，如图 7-9 所示。

表 7-3　模型参数

参数	水溶液		
	0.01 mol/L pH=6 $CaCl_2$	龙门水	0.01 mol/L pH=4 NaCl
m	8.38	8.01	7.55
F	4.48×10^{-3}	4.58×10^{-3}	4.76×10^{-3}

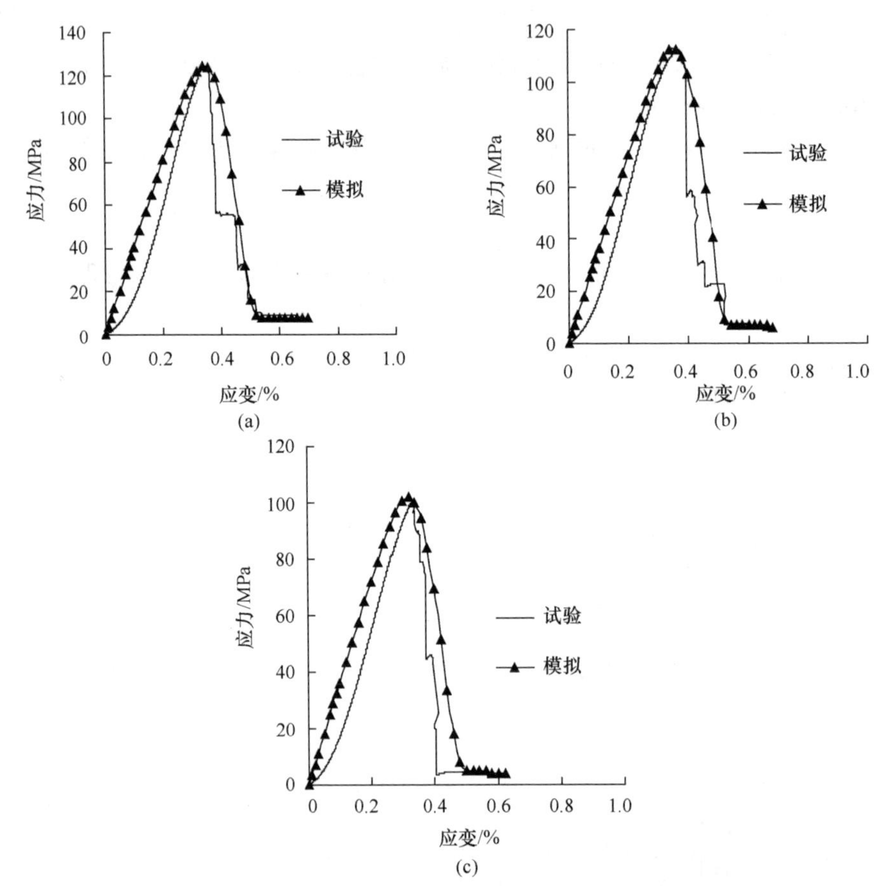

图 7-9　MHC 耦合作用下灰岩试验与模拟应力—应变曲线对比

(a)0.01 mol/L $CaCl_2$，pH=6；(b)龙门水；(c)0.01 mol/L NaCl，pH=4

通过对图 7-9 中试验和理论计算的应力—应变曲线进行对比可知，峰值应力、峰值应变的理论计算值与试验值吻合较好。由于灰岩所含矿物材料的不均匀性，以及动水溶液与岩石矿物间作用的复杂性，虽然部分理论计算值和试验值存在一定的误差，但是整体而言差异较小，两者吻合较好。

7.5　小结

本章进行了 MHC 耦合作用下新鲜灰岩的相关物理力学试验，并与第 6 章中静水化学溶液和 MC 耦合作用下的试验结果进行了对比，分析了新鲜岩石在 MHC 耦合作用下的侵蚀损伤机理，引入了 MHC 耦合侵蚀损伤变量，建立了相应的损伤演化本构模型。具体如下：

(1)新鲜灰岩质量变化规律：无论是在静水溶液还是动水溶液作用下，灰岩质量的变化均是由吸收水分引起，受水化学溶液性质的影响不大。灰岩质量达到稳定的时间和增加的幅度受水化学溶液流速的影响较大，动水溶液会延长质量达到稳定的时间，降低质量的增加幅度。

(2)新鲜灰岩弹性波波速变化规律：在动水溶液中，v_P-t 曲线呈现出类似正弦曲线的波动，并且动水溶液作用下灰岩弹性波速的波动周期比静水溶液作用时的短，说明水溶液的流动将缩短灰岩弹性波波速的变化周期。

(3)水溶液 pH 值变化规律：在有限的、较为封闭的化学环境中，无论是静水溶液还是动水溶液，其 pH 值随时间有相同的变化趋势，均先增大后减小，最后趋于稳定。水溶液的流速会影响水溶液的 pH 稳定值和达到稳定的时间，且动水溶液的 pH 稳定值大于静水溶液的 pH 稳定值，同时，动水溶液的 pH 值达到稳定的时间更短。上述结果与水溶液的初始 pH 值、化学成分、浓度、流速及岩石的岩性等性质有关，并且与试验过程中容器的密封状况也有一定的关系。

(4)新鲜灰岩强度变化规律：无论是静水溶液还是动水溶液侵蚀后，灰岩的峰值强度均会下降，且侵蚀时间越长，峰值强度下降得越多，这与水溶液的化学成分、pH 值、浓度及作用时间密切相关，另外，与水溶液的流速关系也非常大。在浓度、pH 值、化学成分相同的水化学溶液中浸泡相同时间后，MHC 耦合作用下灰岩强度的降低幅度比 MC 耦合作用时更大，说明 MHC 耦合作用对灰岩的侵蚀比 MC 耦合作用更严重。

(5)在试验研究的基础上，建立了灰岩单轴压缩 MHC 耦合损伤演化本构模型，并与 MHC 耦合作用下的试验结果进行了对比，两者吻合较好，说明该模型能较好地描述 MHC 耦合作用下灰岩的损伤演化特性。

第 8 章　冻融作用下岩石物理力学特性及侵蚀损伤模型研究

8.1　引言

第 6 章和第 7 章对水化学溶液及 MHC 耦合作用下岩石物理力学特性进行了研究，由于岩体中赋存的孔隙水和裂隙水等在冬季气温下降时将发生冻结、融化，从而引起岩石损伤甚至冻胀破碎等，对岩石质量产生不利的影响。本章将以龙门石窟风化灰岩为研究对象，根据第 6 章和第 7 章的研究结果，选择对灰岩侵蚀损伤最大的 NaCl 酸性溶液及石窟泉水和蒸馏水作为水化学溶液，进行不同水化学溶液及冻融耦合作用下的冻融循环试验，分析灰岩在不同水化学溶液及冻融耦合作用下的强度特征与损伤机制，建立不同水化学溶液下灰岩强度的侵蚀损伤方程，揭示冻融循环作用下灰岩的损伤规律，为寒区岩石工程稳定性及龙门石窟石质文物的保护提供理论依据。

8.2　冻融作用下灰岩的物理力学特性

8.2.1　试验材料与方法

1. 试件制备

试验所用岩样与 6.2 节相同，为龙门石窟风化灰岩，试件制备方法同 6.2.1 小节。

2. 水溶液环境

考虑到龙门石窟区雨水 pH 值为 4.38～7.80，又由第 6 章和第 7 章的研究结果可知酸性溶液对灰岩具有较高的溶蚀能力，同时，为了加速水化学溶液及冻融耦合侵蚀的进程，便于在短时间内研究灰岩的损伤特征，特配置了 0.01 mol/L，pH＝4 的 NaCl 溶液进行试验。试验中还选取了蒸馏水和龙门水（pH＝7.85）进行试验，便于进行对比研究。龙门水为弱碱性，主要是由于龙门水是取自石窟区的泉水，泉水流经呈碱性的灰岩导致的。表 8-1 所示为试验所用的水溶液。

表 8-1　水溶液环境

水溶液环境	浓度	pH 值
蒸馏水	—	6.60
龙门水	—	7.85
NaCl 溶液	0.01 mol/L	4.00

3. 试验方法

龙门石窟所在地区冬季最低气温在－5 ℃以下，最冷可达－10 ℃，日平均气温为 6 ℃，因此，确定冻融循环温度为－10 ℃～10 ℃；按每天进行一次冻融循环计，每个循环周期确定为 24 h；进行冻融循环周期分别为 15 次、40 次、65 次和 90 次的不同水化学溶液及冻融耦合作用试验，即最长冻融试验时间按 1 个季度考虑。

试验时将试件分为 3 组，分别浸泡于蒸馏水、龙门水和配制的 NaCl 溶液，每个试件所用浸泡溶液均为 500 mL；然后进行冻融循环试验，试验过程中试件一直浸泡于溶液。首先将盛放试件及溶液的器皿放入－10 ℃的低温试验箱中冻结 12 h，再放入 10 ℃的恒温箱中融化 12 h。如此反复，进行不同冻融循环次数的水化学溶液及冻融耦合作用试验。每次循环后进行试件质量、波速和水化学溶液 pH 值等参数的测定，最后进行单轴压缩试验。

为了比较冻融损伤作用，同时进行了仅受水化学溶液侵蚀 90 d 的常温状态及自然状态下试件的单轴压缩试验。

8.2.2　冻融作用下灰岩的物理特性

1. 质量随时间的变化规律

对不同冻融循环后的灰岩试件进行质量测定，3 种水溶液环境中的灰岩试件质量变化曲线如图 8-1 所示。

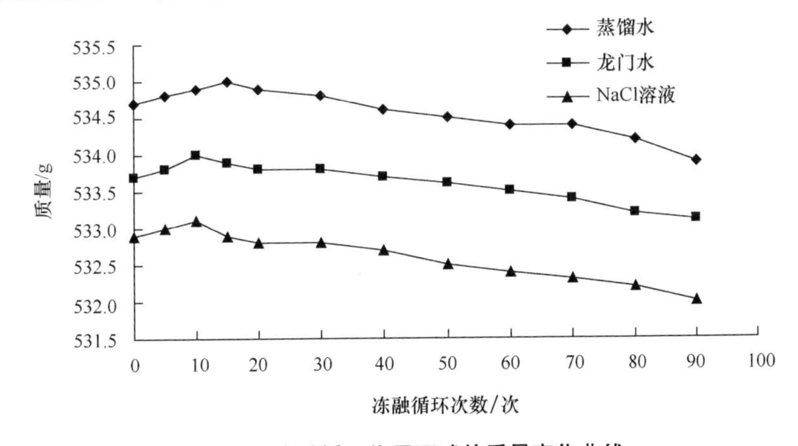

图 8-1　冻融循环作用下试件质量变化曲线

从图 8-1 可以看出，3 种水溶液环境中的试件在冻融过程中质量变化趋势大致相同，随着冻融循环次数的增加，质量先缓慢增加，然后又逐渐减小。蒸馏水环境中的试件在冻融循环 15 次时，质量增加量达到最大，约为 0.06%；龙门水和 NaCl 溶液环境中试件在冻融循环 10 次后，质量增加量达到最大，分别约为 0.06%和 0.04%。试件质量初期呈现略微增加趋势是由于冻融初期引起的损伤还较小，岩样吸水引起的质量增加占主导地位。之后，3 种水环境中试件的质量都呈现减小趋势，减小量大致相同，这主要是由于冻融后期，冻融作用引起试件的损伤逐渐增大，引起的质量损失大于水分迁移引起的质量增加。另外，龙门水和 NaCl 溶液中试件的质量与蒸馏水环境中的试件相比，提前进入质量减小趋势，说明冻融作用对前两个试件引起的损伤较大。其中，龙门水中试件的损伤较大是由龙门水中凝结核的丰度较大所致的，而 NaCl 溶液中试件的损伤较大则是由溶液的酸性对碱性的灰岩侵蚀作用较大所致的。

2. 水溶液 pH 值随时间的变化规律

对不同冻融循环次数后的水溶液和常温浸泡状态下的水溶液的 pH 值进行测定，测试结果见表 8-2。

表 8-2　冻融循环及常温浸泡不同时间下水溶液的 pH 值测试结果

时间/d	蒸馏水		龙门水		NaCl 溶液	
	冻融	常温	冻融	常温	冻融	常温
0	6.60	6.60	7.85	7.85	4.00	4.00
15	7.90	8.25	7.92	8.38	7.95	8.43
40	7.62	8.13	7.77	8.36	7.82	8.27
65	7.48	8.10	7.56	8.34	7.58	8.26
90	7.40	8.07	7.48	8.31	7.50	8.22

由表 8-2 可以看出，对于不同的水溶液环境，无论是冻融状态还是常温状态，水溶液的 pH 值均会先上升后下降。水溶液 pH 值上升的原因是龙门石窟灰岩主要成分为方解石（$CaCO_3$）和少量白云石[$CaMg(CO_3)_2$]，偏碱性，浸泡于水溶液后，灰岩中的方解石、白云石等与水电离出的 H^+ 或酸性溶液中本身存在的 H^+ 发生反应。对于蒸馏水和龙门水，主要是由于 $CaCO_3$ 溶解，与水电离出的 H^+ 发生反应，反应方程式见式（6-1）和式（6-2）。对于 pH＝4 的 NaCl 水化学溶液，则是由于岩石中的方解石、白云石直接与溶液中的 H^+ 发生反应，反应方程式见式（6-3）和式（6-4）。之后水溶液 pH 值下降则是由于空气中的 CO_2 溶于水溶液，生成了 H_2CO_3 等原因。

值得注意的是，常温条件下水溶液的 pH 值下降缓慢，且趋于稳定，而冻融条件下水溶液的 pH 值下降速度快、幅度大。这是由于冻融循环试验中的冻胀力促进了岩石微裂隙的发育，使水溶液不断渗入岩样内部深处，从而加速了岩样的侵蚀破坏过程。

3. 弹性波波速随时间的变化规律

表 8-3 所示为不同水溶液环境中龙门石窟灰岩试件经历不同冻融循环周期后的波速测试结果。图 8-2 所示为不同水溶液环境中灰岩试件波速随冻融周期的变化曲线。

表 8-3　不同水溶液环境中灰岩经历不同冻融次数的纵波波速测定结果

水溶液环境	纵波波速/($m \cdot s^{-1}$)				
	0 次	15 次	40 次	65 次	90 次
蒸馏水	4 000	4 545	4 167	4 167	4 000
龙门水	4 000	4 348	4 000	4 167	4 167
NaCl 溶液	4 000	4 167	3 846	4 000	3 846

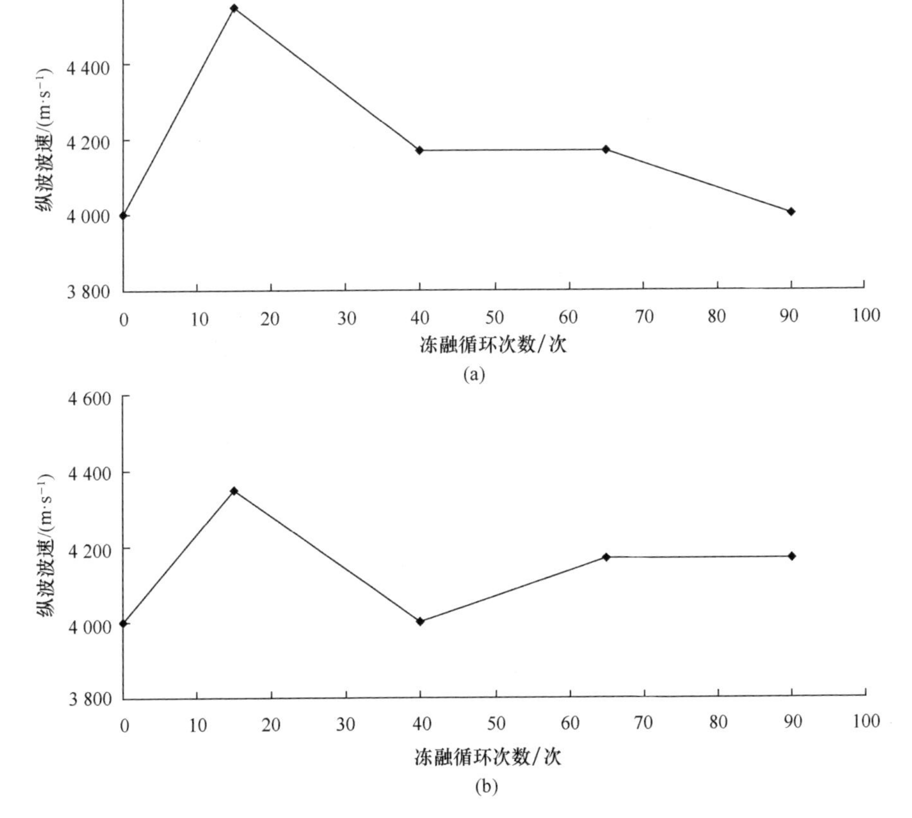

图 8-2　不同水溶液环境中灰岩试件纵波波速随冻融周期的变化曲线

(a)蒸馏水；(b)龙门水

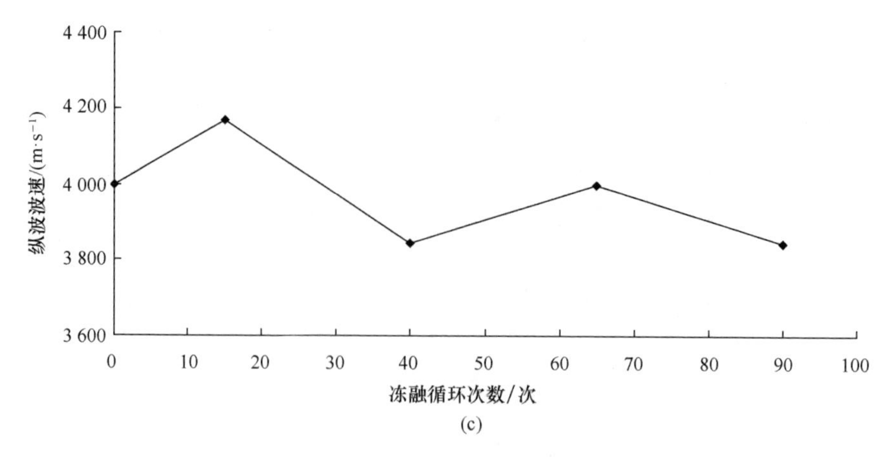

图 8-2　不同水溶液环境中灰岩试件纵波波速随冻融周期的变化曲线(续)

(c)NaCl 溶液

由表 8-3 和图 8-2 可以看出，在试验前期(15 周期前)的 3 种水溶液环境中，龙门石窟灰岩试件的纵波波速均会随着冻融次数的增加而增加，随后整体上又均呈现出下降趋势，在 40 个周期后达到最低值，之后变化幅度较小。前期波速的增加是由吸收水分引起的。试件浸泡于水溶液中，各矿物成分吸收水分产生细微膨胀，当发生冻结时，在冻胀力作用下，各矿物继续膨胀，相互挤压嵌入，使得岩石的密实度相对增加，而冻融试验前期，试件本身完整性、强度等性质相对较好，受到的冻融损伤相对较小，因此，波速呈现上升趋势。pH＝4 的 NaCl 溶液中的灰岩试件波速在前期增加较少，这是由于溶液为酸性，而灰岩偏碱性，酸性溶液对试件造成较大的化学侵蚀损伤。随着冻融次数的增加，冻融损伤逐渐增大，微裂隙逐渐扩展并连通，导致岩石密实度下降，不均匀程度增大，波速呈现下降趋势，在 40 个周期后，波速下降幅度最大，之后波速变化相对平稳。蒸馏水中试件的波速平稳一段时间后继续下降，龙门水中试件的波速出现了小幅上升后趋于稳定，NaCl 溶液中试件波速先小幅度上升，之后又有所下降。刘华(2011)在对安山岩和花岗岩的冻融试验研究中也发现了类似规律，其试件尺寸与本试验试件相同(ϕ50 mm×100 mm)，每个冻融周期也为 1 d(冻结时间 14 h，溶解时间 10 h)，冻融温度分别为－20 ℃和＋20 ℃。其研究结果认为，随着冻融周期的增加，波速下降，而在循环周期的损伤门槛值之前，岩石的波速下降幅度比较大，一旦超越此门槛值(10 个周期)，波速下降逐渐缓慢。与本试验结果相比，其试验中的门槛周期值(10 个周期)比较小，可能是由于所采取的冻融温度范围较大，冻结温度下限值较低，且冻结时间较长，因而对试件的冻融损伤较快，另外，岩石种类的不同也对其有影响。

由 6.2 节水化学溶液的侵蚀试验研究结果可知，在水化学溶液作用下，试件的弹性波波速先增大(t＝30 d 时最大)，后减小(t＝60 d 时最小)，然后又逐渐增大并趋于稳定($t=120$ d 时基本稳定)，之后仅在小范围内波动。本节冻融试验结果与之相比，前期变化趋势相同，波速均会先增大，后减小，但是在时间上都有所提前，波速在 $t=15$ d 时达到最大，而在 $t=40$ d 时达到最小。原因是冻融试验中，在水化学溶液侵蚀和冻融耦合作用下，试件损伤劣化速度会加快。不同的是，在水化学溶液单独作用下，试件的波速在 $t=90$ d 时处于回升期，之后会逐渐增加，这是由于试件中的某些可溶物质进入水溶液，试件的整体均匀度增加。而在冻融试验中，试件的波速在 $t=40$ d 之后就基本稳定，甚至进一步降低，当 $t=90$ d 时，试件的波速达到最小值，原因是在水化学溶液和冻融耦合作用下，岩石的孔、裂隙会进一步扩大和延展，岩石试件的节理裂隙发育程度进一步增大，导致波速降低。根据上述结果可知，同单一的水化学溶液作用相比，在水化学溶液和冻融耦合侵蚀作用下，岩石的损伤速度和损伤程度均有较大增加。

8.2.3　冻融作用下灰岩的力学特性

1. 试验结果

表 8-4 所示为 3 种水溶液环境中试件经不同冻融循环次数后的单轴压缩峰值强度，试件破坏后部分示意如图 8-3 所示。图 8-4 给出了试件在蒸馏水中冻融 40 次和 65 次及自然状态下的单轴压缩应力—应变曲线。

表 8-4　不同水溶液环境中试件经不同冻融循环次数后的峰值强度

水溶液环境	自然状态	15 次	40 次	65 次	90 次
蒸馏水	121.69	103.73	84.04	72.15	59.96
龙门水	121.69	100.84	77.16	68.84	54.86
NaCl 溶液	121.69	99.11	76.17	63.72	51.51

图 8-3　部分试件破坏后的示意

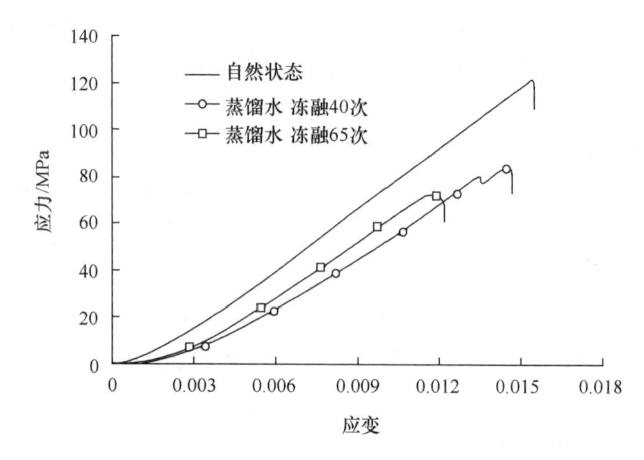

图 8-4　自然状态及蒸馏水冻融循环下单轴压缩应力—应变曲线

由图 8-4 可以看出，经历冻融试验后，灰岩试件的应力—应变曲线形状并没有很大差异，但是由于冻融作用，峰值强度会大幅度降低。另外，由于水的软化作用，与自然状态相比，应力—应变曲线线性段斜率即试件的弹性模量有所降低，说明岩石的脆性有所下降。

2. 试验结果分析

从表 8-4 可以看出，随着冻融循环次数的增多，3 种水溶液环境中灰岩试件的峰值强度均逐渐下降，在经历 90 次冻融循环后，蒸馏水、龙门水、NaCl 溶液中灰岩试件的峰值强度分别下降了 50.73%、54.92%、57.67%，说明冻融作用对灰岩的损伤较大，且随着冻融循环次数的增多，冻融作用对岩石造成的损伤逐渐增大。

图 8-5 对比了 3 种水溶液环境中，灰岩试件经不同冻融循环后的强度损伤程度。从图中可以看出，当冻融循环次数相同时，蒸馏水中试件的强度下降最少，龙门水中试件的强度下降次之，NaCl 溶液中试件的强度下降最多。

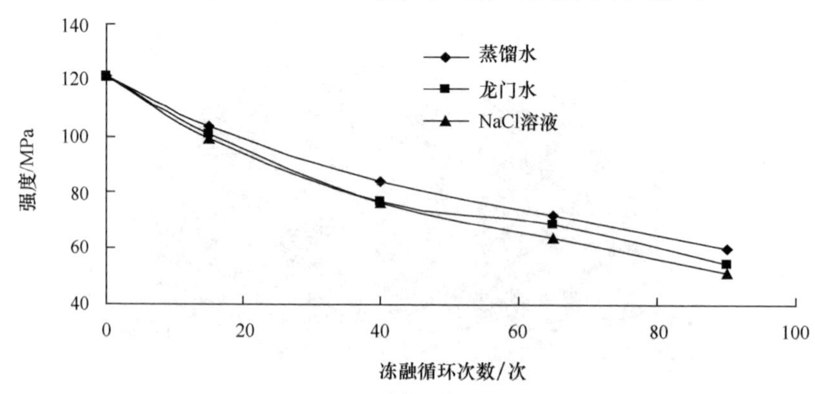

图 8-5　三种水溶液环境下不同冻融循环次数后的强度变化曲线

可以用冻融系数来反映灰岩的强度变化特征，冻融系数的计算公式为

$$K_{\mathrm{f}}=\frac{\overline{R}_{\mathrm{f}}}{\overline{R}_{\mathrm{s}}} \tag{8-1}$$

式中，K_{f} 为岩石的冻融系数，$\overline{R}_{\mathrm{f}}$ 为冻融试验后的单轴压缩峰值强度平均值，$\overline{R}_{\mathrm{s}}$ 为冻融试验前岩石的单轴压缩峰值强度平均值。

表 8-5 列出了由式(8-1)计算的 3 种水溶液环境中的灰岩的冻融系数。从表中可以看出，随着冻融循环次数的增加，冻融系数不断降低，其中蒸馏水中冻融系数降低最少，龙门水中冻融系数降低次之，NaCl 溶液中降低最多。

表 8-5　三种水溶液环境中灰岩冻融系数与冻融循环次数的关系

水溶液环境	冻融系数 K_{f}				
	0 次	15 次	40 次	65 次	90 次
蒸馏水	1.0	0.85	0.69	0.59	0.49
龙门水	1.0	0.83	0.63	0.56	0.45
NaCl 溶液	1.0	0.81	0.62	0.52	0.42

在龙门水环境中，由于龙门水取自龙门石窟，水中悬浮着许多经风化后的微小矿物微粒，如 $CaCO_3$ 等，以及 $CaCl_2$、$MgCl_2$ 等可溶性盐的微粒，这些矿物微粒和可溶性盐的微粒在水凝结成冰的过程中，起到凝结核心的作用，称为凝结核。存在凝结核是水凝结成冰的一个必要条件，凝结核的丰度决定了水凝结成冰的速度。龙门水中存在大量的矿物颗粒和可溶性盐，凝结核丰度较大，结冰速度相对较快。在试验过程中发现，在相同的温度和冻结时间条件下，龙门水中结冰的厚度明显大于其他两种水环境，因此，每个冻融周期中，龙门水中试件受到冻胀力的作用时间要大于其他两种水环境中的试件，所以强度下降较多，质量损失也比蒸馏水中的试件快。由此可见，水溶液环境中凝结核的丰度是影响冻融循环作用下岩石强度的重要因素之一。

在 pH=4 的 NaCl 溶液中，虽然也存在可溶性盐 NaCl 微粒，但是与龙门水相比，凝结核的种类较少、丰度较小。通过在试验过程中观测也发现，相同条件下，蒸馏水和 NaCl 溶液的冻结程度大致相同。在 NaCl 溶液中，试件强度下降较多主要是由溶液的酸性所致。龙门石窟灰岩主要成分为 $CaCO_3$，呈碱性，能够与酸溶液中的 H^+ 发生化学反应。酸性溶液首先侵蚀灰岩试件表面，破坏岩石表面颗粒之间的连接，导致岩石表面疏松，有利于酸性溶液向岩石内部迁移进而损伤岩石内部，导致岩石内部连通孔隙增多，使得颗粒连接更为脆弱，因此，酸性水环境中试件的冻融损伤也较大。由此可见，水环境的酸碱性是影响冻融风化作用的另一个重要因素。

为了对比不同水溶液环境中灰岩试件冻融作用下的力学特性，表 8-6 给出了不同试验条件下相同试验时间时灰岩试件的峰值强度，图 8-6 给出了冻融 90 次和常温浸泡 90 d 的试件的单轴压缩应力—应变曲线。

表 8-6　不同试验条件下灰岩试件的峰值强度的比较

水溶液	峰值强度/MPa		
	0 次	冻融 90 次	常温 90 d
蒸馏水	121.69	59.96	95.43
龙门水	121.69	54.86	93.85
NaCl 溶液	121.69	51.51	86.74

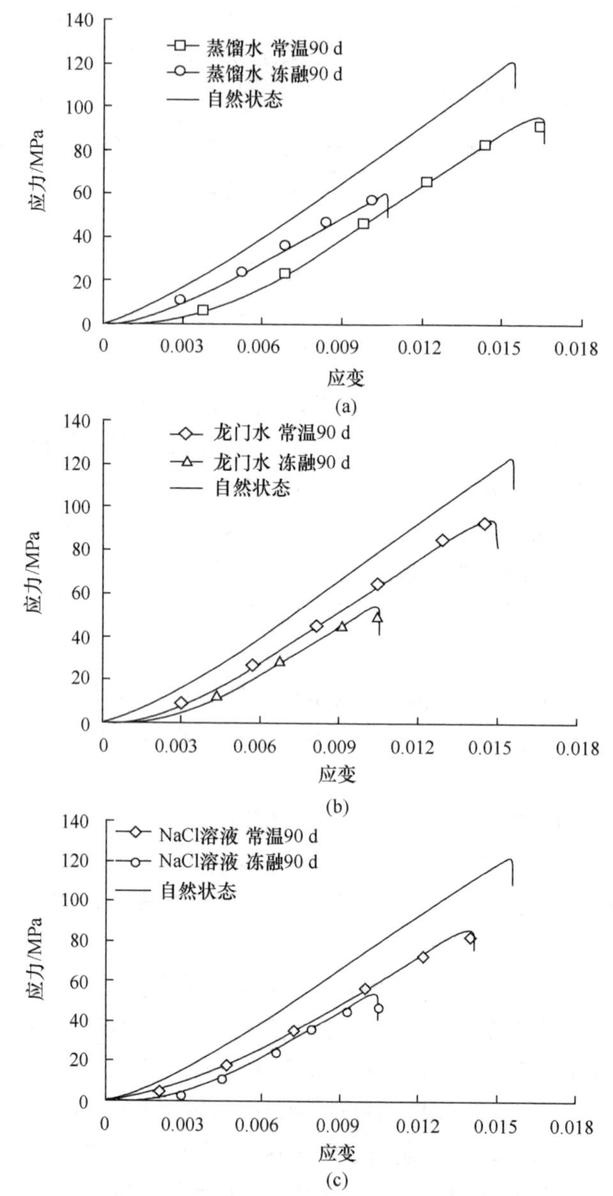

图 8-6　不同试验条件下灰岩应力—应变曲线

(a)蒸馏水；(b)龙门水；(c)NaCl 溶液

由表 8-6 和图 8-6 可以看出，与自然状态相比，在冻融和常温两种条件下作用 90 d 后，3 种水溶液环境中试件的强度分别下降了 50.73％和 21.58％、54.91％和 22.88％、57.67％和 28.72％，说明在试验时间相同时，冻融作用对灰岩造成的损伤要远大于水化学溶液浸泡造成的损伤。另外，在冻融试验条件下，龙门水和 pH＝4 的 NaCl 溶液中的试件强度比在蒸馏水条件下降低得更多，说明冻融和水化学溶液耦合侵蚀作用对灰岩造成的损伤比单一水化学溶液作用造成的损伤更大。

8.3　水化学溶液作用下冻融损伤模式及影响因素

8.3.1　水化学溶液作用下冻融损伤劣化模式

图 8-7 所示为灰岩试件在蒸馏水环境中经历不同冻融次数后容器中残留的游离颗粒量。从图 8-7 中可以明显看出，随着冻融循环次数的增加，容器中游离颗粒逐渐增多。因此，龙门石窟灰岩的冻融损伤劣化模式为颗粒损失模式。

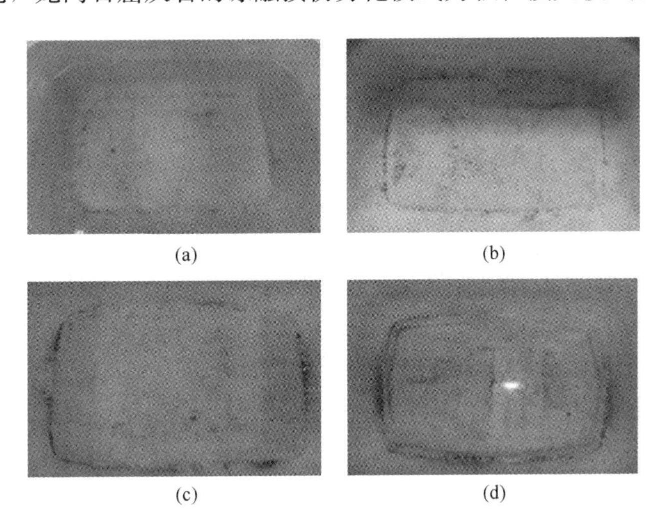

图 8-7　不同冻融次数后容器中残留的游离颗粒量

(a)3 个周期；(b)5 个周期；(c)40 个周期；(d)65 个周期

试验开始后，试件在冻融作用下产生微裂隙，并不断有岩石颗粒剥离、脱落。随着冻融次数的增加，孔隙、裂隙进一步发展，水分不断向内迁移，冻融损伤向试件内部发展，在冻胀力和水分迁移的作用下，更多游离颗粒产生、剥落，被水带出，损伤逐渐增大，岩石试件质量逐渐减小。

为保证试件的统一性、完整性和试验数据的可比性，用于试验的灰岩试件事先都经过严格挑选。然而，在试验过程中，龙门水环境下的 13 号试件，在冻融循环24次后，在冻胀力的挤压作用下，一角发生冻裂脱落，如图8-8所示。观察试件破坏面，其开裂面表面比较粗糙，经过分析，应是试件角部事先存在局部损伤区，冻融试验开始后，水分向损伤区迁移，发生冻结，在冻胀力的反复作用下，损伤区出现微裂隙面并逐渐发展直至完全贯通开裂，引起试件的局部破坏。因此，局部微损伤区的存在对岩石的抗冻性能有很大影响，会直接影响岩石的冻融劣化模式。

图8-8 13号试件的冻裂情况

8.3.2 水化学溶液作用下冻融损伤影响因素

影响岩石冻融损伤的因素很多，至今尚未达成统一的认识。刘楠(2010)将影响岩石冻融损伤的因素分为内因和外因。内因包括岩石类型、裂隙发育程度、密度、孔隙度、渗透性等；外因包括冻融方法(如冻融次数、冻融周期、冻融温度范围)、初始含水状态、水分补给条件及岩石应力状态等。通过对试验结果和已有文献进行分析与研究，人们总结出以下几个影响岩石冻融损伤劣化的因素：

(1)岩性。岩性是影响岩石冻融损伤劣化程度的重要因素。岩性的影响主要表现在岩石的矿物成分、矿物颗粒大小、胶结物强度、岩石密度等。一般来说，岩石的强度越高，矿物颗粒越致密，胶结物强度越高，节理裂隙越不发育，风化程度越低，受冻融损伤的影响越小。

(2)岩石的孔隙率和含水率。一般来说，岩石的孔隙率越小，含水率越小，受冻融损伤的影响就越小；反之就越大。Fukuda(1974)通过分析岩石冻融风化现象及影响因素指出，当岩石孔隙率超过20%时，饱和岩石冻融损伤呈持续增长直至破坏。Lautridou(1982)通过对饱和沉积岩进行冻融试验研究发现，当岩石的孔隙率低于6%时，即使经历了几百次冻融循环，岩石的冻融损伤也很小。王俐等(2006)通过对不同初始含水率条件下红砂岩的冻融试验研究发现，岩石冻融后的损伤随着初始含水率的增大而增大。由此可见，岩石的孔隙率和初始含水率对岩石的冻融损伤劣化有较大影响。

(3)冻融循环次数。本章对在不同水溶液环境中经历不同冻融循环次数后的灰岩进行了强度测试，发现试件的强度随冻融循环次数的增加不断降低。例如，在龙门水环境中，当冻融循环次数分别为15次、40次、65次和90次时，灰岩试件的强度分别下降了17.13%、36.59%、43.43%、54.92%，说明冻融循环次数对岩石冻融劣化的影响非常显著。随着冻融循环次数的增加，岩石的孔隙率增加，裂隙扩展，水分不断向内迁移，岩石内部含水率增大，进而导致冻融损伤程度增大。

(4)冻融温度范围和冻融温度下限值。目前，对岩石在不同冻融温度范围条件下进行的试验研究还较少。根据已有的对混凝土的冻融试验研究结果，发现在其他条件相同时，冻融温度范围越大，混凝土强度下降幅度越大。类似地，岩石和混凝土同为孔隙介质材料，冻融温度范围越大，岩石受冻融循环的影响也会越大。由于岩石中的各种矿物组分的热膨胀系数不一致，冻融温度范围越大，各种矿物组分由热胀冷缩引起的变形差异性就越大，由此产生的内部应力越大，造成的冻融损伤也就越大。冻融下限温度越低，水转化为冰的时间就会越短，且转化得更充分，在相同的冻融周期内，温度下限较低的岩石实际受到冰的冻胀力的作用时间更长、强度更大，其冻融损伤劣化程度也就更大。

(5)水环境中凝结核的丰度。目前在冻融试验研究中，尚未见到关于凝结核对冻融作用影响的研究。存在凝结核是水凝结成冰的一个必要条件，凝结核的丰度决定了水凝结成冰的速度。在本章的冻融试验研究中，龙门水环境中存在大量$CaCO_3$矿物颗粒等凝结核，试验中发现，在相同的冻结温度和冻结时间条件下，与蒸馏水环境相比，龙门水中试件的冻结深度要大得多，相同冻融次数后，龙门水中试件的强度也比蒸馏水中试件的强度低。这是由于龙门水中凝结核丰度较大，水结成冰的速度较快，水向冰的转化也较充分，相当于在相同的冻融周期内，延长了冻胀力的作用时间，从而在一定程度上增加了冻胀力的强度，导致岩石受到的冻融损伤较大。由此可见，凝结核丰度是影响岩石冻融损伤的一个重要因素，一般来说，水环境中凝结核丰度越大，水的冻结速度就越快，冻融损伤影响也越大。

(6)水溶液的酸碱度。水溶液的酸碱度是冻融作用的一个重要影响因素。当水溶液的酸碱度与岩石主要矿物成分的酸碱度相差较大时，会加剧冻融损伤。例如，在本章的试验中，pH=4的NaCl溶液为酸性，灰岩为碱性，与蒸馏水环境相比，在相同冻融次数后，NaCl溶液中试件的强度降低较多。这是由于NaCl溶液为酸性，与偏碱性的岩石试件发生化学反应，溶蚀岩石表面并延至岩石内部，加速岩石裂隙的扩展和水分的向内迁移，进而增大了冻融损伤作用。

8.4 冻融作用下灰岩的侵蚀损伤模型

根据表8-4灰岩试件在不同水溶液环境中经历不同冻融循环次数后的强度测试结果，对单轴压缩峰值强度和冻融循环次数的关系进行分析可知，在不同的水溶液环境中，灰岩强度随冻融循环次数的损伤规律较好地符合指数关系：

$$\sigma = \sigma_r + (\sigma_0 - \sigma_r)e^{-kn} \tag{8-2}$$

式中，σ 为不同冻融循环次数后试件的单轴压缩峰值强度(MPa)；σ_0 为岩石自然状态时的峰值强度，取 121.69 MPa；σ_r 为岩石的残余强度，取 7.0 MPa；k 为水化学溶液侵蚀下冻融损伤系数，反映了冻胀力、水化学溶液性质、凝结核丰度等对岩石冻融损伤的综合影响；n 为冻融循环次数。

由式(8-2)可知，岩石自然状态下的强度 σ_0、σ_r 为定值，对不同水溶液环境中试件强度的冻融损伤影响较大的是水化学溶液侵蚀下冻融损伤系数 k，当冻融次数 n 一定时，k 值越大，σ 值越小，岩石受到的冻融损伤越大。

根据试验测试数据，由式(8-2)可得到不同水溶液环境中灰岩的冻融损伤系数，见表 8-7。

表 8-7 不同水溶液环境中灰岩的冻融损伤系数

水溶液环境	蒸馏水	龙门水	NaCl 溶液
k	0.009 6	0.011 2	0.012 1

由表 8-7 中的 k 值可以看出，当冻融循环次数一定时，灰岩在龙门水环境和 pH=4 的 NaCl 溶液中的 k 值大于蒸馏水环境，表明灰岩在龙门水中和在 pH=4 的 NaCl 溶液中受到的冻融损伤要大于在蒸馏水中受到的冻融损伤，说明水环境中凝结核的丰度和水溶液的酸碱性对岩石的冻融损伤影响显著。

图 8-9 给出了不同水溶液环境中灰岩试件强度与冻融循环次数之间的关系曲线及试验值。

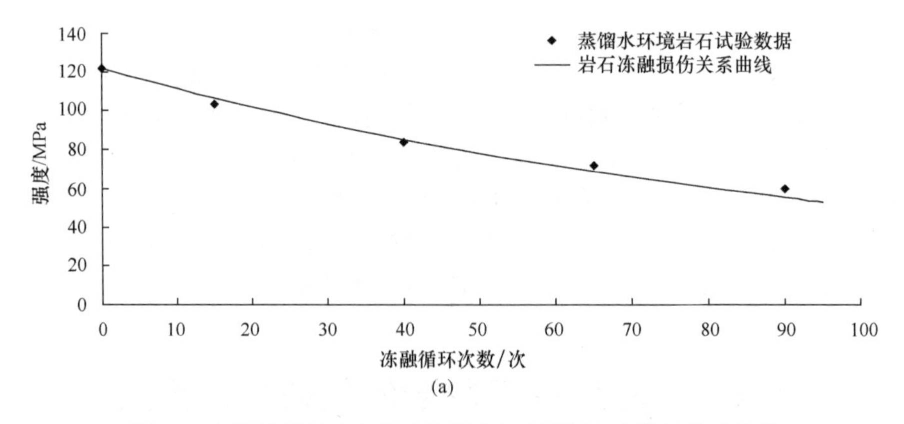

图 8-9 不同水溶液中灰岩试件强度与冻融循环次数的关系曲线

(a)蒸馏水

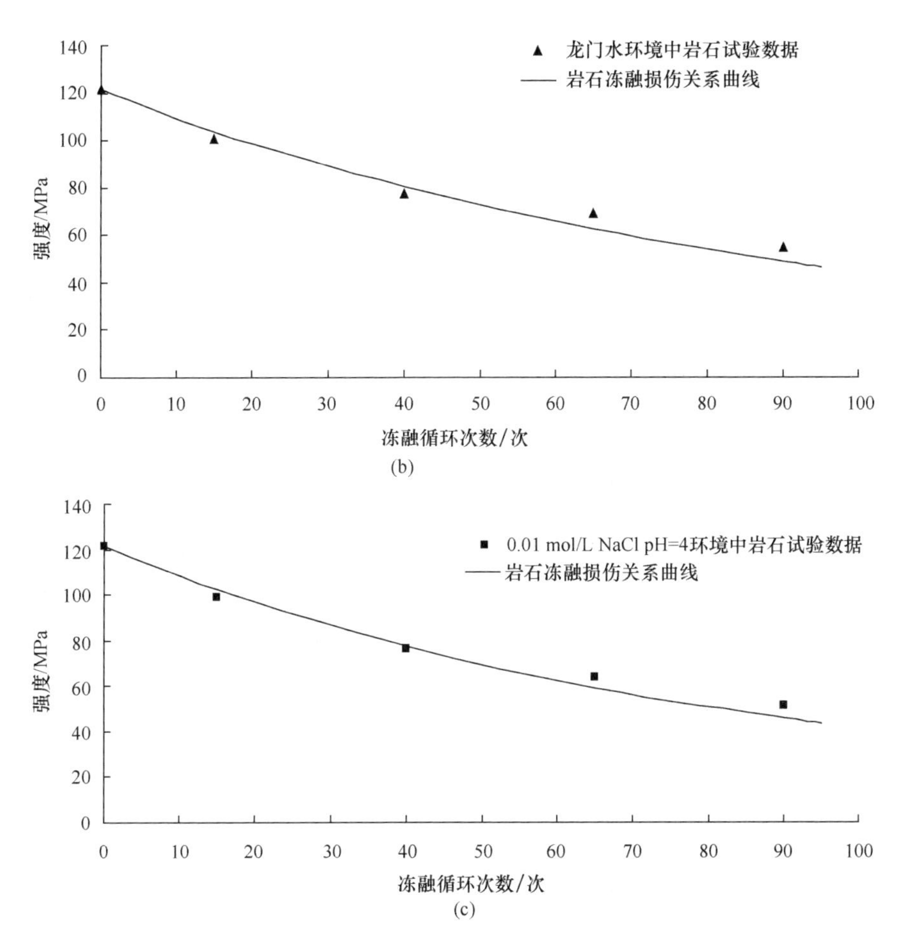

图 8-9　不同水溶液中灰岩试件强度与冻融循环次数的关系曲线(续)

(b)龙门水；(c)0.01 mol/L NaCl pH=4

从图 8-9 可以看出，式(8-2)建立的冻融损伤方程与试验测试数据拟合度较高，能够较好地反映龙门石窟灰岩在不同水溶液环境中强度随冻融循环次数的损伤规律。

8.5　小结

本章对冻融和水化学溶液耦合作用不同时间下的龙门石窟风化灰岩试件进行了相关物理力学试验，通过分析，获得了冻融循环作用下不同水溶液环境中灰岩的物理力学特征，建立了冻融循环作用下灰岩的侵蚀损伤方程。具体如下：

(1)随着冻融循环次数的增加，试件质量先缓慢增加，然后又逐渐减小。龙门水和 pH=4 的 NaCl 溶液中的试件与蒸馏水中的试件相比，试件质量更早呈现减小趋势。在冻融试验中，对于不同的水溶液环境，水化学溶液的 pH 值变化趋势大致相同，均先上升后下降。不同水溶液环境中灰岩试件的弹性波波速变化趋势大致相同，随着冻融次数的增加，波速在试验前期(15 个周期前)增加，之后整体上均呈现下降趋势，在 40 个周期后最低，之后变化幅度较小。

(2)龙门石窟灰岩在 3 种水溶液环境中的冻融劣化模式均为颗粒损失模式。局部微损伤区的存在对岩石的抗冻性能有很大影响，会直接影响岩石的冻融劣化模式。

(3)冻融作用对灰岩的强度损伤较大，随着冻融循环次数的增多，冻融作用对岩石造成的损伤逐渐增大。水环境中凝结核的丰度和水溶液的 pH 值是影响灰岩冻融作用的两个重要因素。

(4)水化学溶液和冻融耦合作用与单一的水化学溶液作用相比，岩石的损伤速度和损伤程度均更大。

(5)根据不同水溶液环境中灰岩的冻融循环试验测试结果，对灰岩的强度和冻融次数的关系进行分析，建立了不同水溶液环境中灰岩强度与冻融循环次数的侵蚀损伤方程。

第9章　复杂环境下岩石抗侵蚀试验研究

9.1　引言

由前面各章研究内容可知，岩体赋存环境复杂，不同赋存环境因素对岩石(体)物理力学性质影响不同。本章在前述各章对相关影响因素研究的基础上，以龙门石窟灰岩为例，对岩石工程特别是石质文物的保护进行研究，以便提高岩石抗侵蚀损伤能力。龙门石窟群集中开凿在伊河两岸的崖壁上，绝大多数石刻都直接裸露于空气之中，加之洛阳地区降水比较充沛，石窟所处地区岩性又为碳酸盐岩，易溶于水，因此，石窟处于先天性退化快的环境中，受地质环境影响大，岩石风化明显，目前很多文物已面目全非，并且面临窟体渗水和酸雨等地质灾害的影响。本章首先通过试验研究制备了新型纳米 CaC_2O_4 保护材料，并对其性能指标进行检测，优化配合比。然后以龙门石窟灰岩为研究对象，开展了抗侵蚀试验，分析了新型纳米 CaC_2O_4 保护材料和氟硅酸镁材料与灰岩的耦合工作机制，优化了灰岩类石质文物保护材料，研究结果对岩石工程和石质文物的保护具有重要的意义。

9.2　复杂环境下灰岩抗侵蚀材料研制

9.2.1　纳米 CaC_2O_4 的制备

1. 制备方法

首先用去离子水配制 0.5 mol/L 的 $Na_2C_2O_4$ 溶液，向其中加入适量柠檬酸铵，待柠檬酸铵全部溶解后，向其中加入表面活性剂 OP－10，并用电磁搅拌器充分搅拌。然后配制 0.5 mol/L 的 $CaCl_2$ 溶液，用滴液漏斗将 $CaCl_2$ 溶液以固定速率滴入已混合均匀的体系。待反应结束后，继续搅拌 30 min。随后将白色浊液进行离心，期间用去离子水洗涤两次，最后将离心管底部的沉淀物质在 50 ℃下干燥 6 h，再用玛瑙研钵研磨并经 200 目筛子过筛，即可获得纳米 CaC_2O_4 粉末。

2. 试验结果与分析

图 9-1 所示为纳米 CaC_2O_4 的 XRD 分析图谱。图中 2θ 为 14.30°、20.51°、32.10°、40.07°的衍射峰，分别对应于 $CaC_2O_4 \cdot 2H_2O$ 型(JCPDS 卡号：17－0514)晶体的 200、211、411 和 213 面，说明该方法得到的晶体物质的确为 CaC_2O_4 晶体。进一步通过 X 衍射图谱分析计算可知，制备出的晶体产物粒径尺寸为 62.1～97.6 nm。因此，可以断定借助表面活性剂能够成功制备出纳米 CaC_2O_4。其反应方程式如式(9-1)所示：

$$Na_2C_2O_4 + CaCl_2 \xrightarrow{\text{表面活性剂}} CaC_2O_4 + 2NaCl \tag{9-1}$$

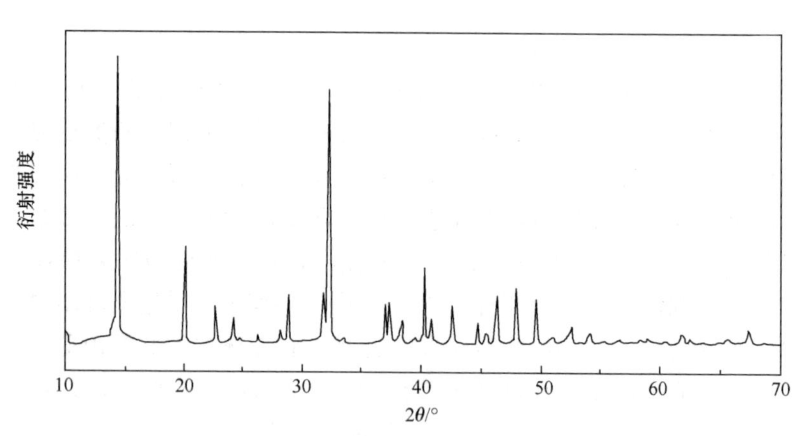

图 9-1　纳米 CaC_2O_4 的 XRD 图谱

9.2.2　改性纳米 CaC_2O_4 的制备

1. 制备方法

将一定质量的纳米 CaC_2O_4 粉末加入去离子水，配制成一定质量分数的浆体，然后倒入三颈烧瓶，放入水浴锅内，用电子搅拌器搅拌。达到设定温度后，加入硬脂酸钠进行改性，反应一段时间后取出样品，经抽滤、洗涤后，在 50 ℃下将所得样品烘干。最后用玛瑙研钵研磨并经 200 目筛子过筛，得到改性后的纳米 CaC_2O_4 粉末。

2. 试验结果与分析

(1)最佳改性条件的确定。为得到改性纳米 CaC_2O_4 的最佳试验方案，本小节对影响最终结果的 3 个条件(反应时间、反应温度、原料配合比)进行了测试。根据活化指数，选出最佳试验方案，活化指数越高，材料的改性效果越好。活化指数的计算公式如式(9-2)所示：

$$活化指数=\frac{悬浮物质量}{样品总质量}\times 100\% \tag{9-2}$$

活化指数测试方法：取一定量改性纳米 CaC_2O_4 粉末和 100 mL 去离子水加入离心管，超声波振荡 2 min 再静置 2 h 后，在 3 500 r/min 的转速下离心 3 min。随后除去离心管上层的水及悬浮物，获取管壁吸附的沉淀物并将其在 50 ℃烘箱中烘干 2 h，对干燥后的沉淀物进行称量，再通过样品总质量和沉淀物的质量即可获得悬浮物的质量。

试验条件一：纳米 CaC_2O_4 与硬脂酸钠的质量比为 1∶0.3，反应时间为 2 h，分别在温度为 30 ℃、40 ℃、50 ℃、60 ℃和 70 ℃下进行试验，获得的不同反应温度时对应的沉淀质量、样品质量和活化指数见表 9-1，活化指数随温度的变化曲线如图 9-2 所示。

表 9-1　改性纳米 CaC_2O_4 温度条件测试数据

温度/℃	沉淀质量/g	样品质量/g	活化指数/%
30	0.306 3	0.504 3	39.26
40	0.170 2	0.501 7	66.14
50	0.138 8	0.503 8	72.45
60	0.180 9	0.507 0	64.32
70	0.281 3	0.503 6	44.14

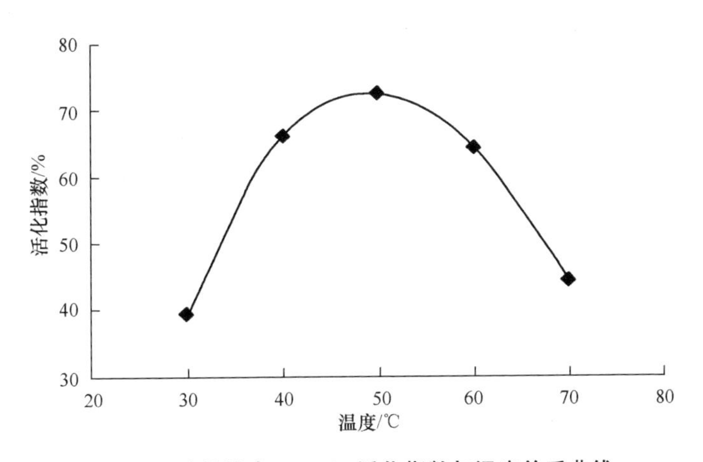

图 9-2　改性纳米 CaC_2O_4 活化指数与温度关系曲线

由图 9-2 可知，活化指数随温度增长呈现先上升后下降的趋势，并在 50 ℃左右达到最大值 72.45%，因此，改性纳米 CaC_2O_4 制备的最佳反应温度为 50 ℃。

试验条件二：纳米 CaC_2O_4 与硬脂酸钠的质量比为 1∶0.3，反应温度为试验条件一中确定的最佳温度，反应时间分别为 1 h、1.5 h、2 h、2.5 h 和 3 h，获得不同反应时间所对应的沉淀质量、样品质量和活化指数见表 9-2，活化指数随反应时间的变化曲线如图 9-3 所示。

表 9-2　改性纳米 CaC_2O_4 反应时间条件测试数据

反应时间/h	沉淀质量/g	样品质量/g	活化指数/%
1	0.365 1	0.502 3	27.12
1.5	0.323 5	0.505 9	36.05
2	0.143 9	0.500 5	71.25
2.5	0.174 4	0.501 5	65.22
3	0.154 7	0.502 0	69.18

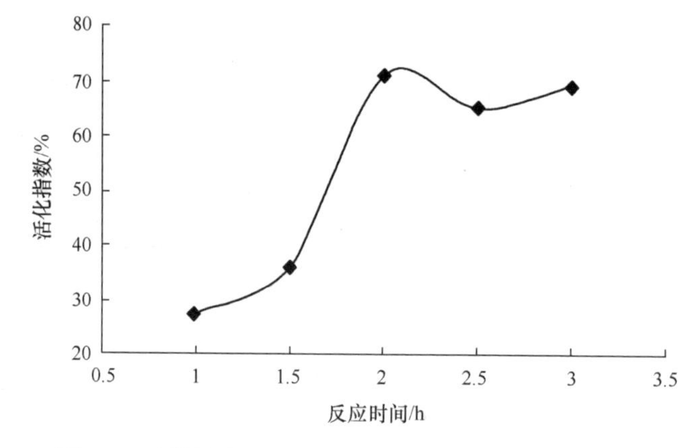

图 9-3　改性纳米 CaC_2O_4 活化指数与反应时间关系曲线

由图 9-3 可知，活化指数随着反应时间的增加呈现先上升后稳定的趋势，并在 2 h 时达到最大值 71.25%。考虑到生产实际的需要和节能环保的要求，选定改性纳米 CaC_2O_4 制备的最佳反应时间为 2 h。

试验条件三：在反应温度为试验条件一中确定的最佳温度，反应时间为试验条件二中确定的最佳时间的情况下，分别在纳米 CaC_2O_4 与硬脂酸钠的质量比为 1∶0.1、1∶0.2、1∶0.3、1∶0.4 和 1∶0.5 下进行试验，获得不同配合比对应的沉淀质量、样品质量和活化指数见表 9-3，活化指数随纳米 CaC_2O_4 与硬脂酸钠质量配合比的变化曲线如图 9-4 所示。

表 9-3　改性纳米 CaC_2O_4 原料配合比条件测试数据

原料配合比	沉淀质量/g	样品质量/g	活化指数/%
1∶0.1	0.401 5	0.504 4	20.4
1∶0.2	0.293 2	0.503 1	41.72
1∶0.3	0.143 7	0.500 7	71.3
1∶0.4	0.093 3	0.500 1	81.36
1∶0.5	0.159 0	0.500 1	68.21

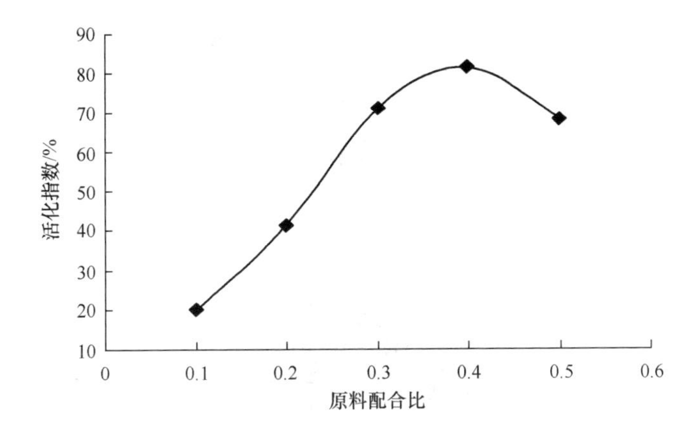

图 9-4　改性纳米 CaC_2O_4 活化指数与原料配合比关系曲线

由图 9-4 可知，活化指数随着原料配合比中硬脂酸钠比例的增加呈现先增长后降低的趋势，并在纳米 CaC_2O_4 与硬脂酸钠质量比为 1∶0.4 时达到最大值，因此，改性纳米 CaC_2O_4 制备的最佳原料配合比为 1∶0.4。

综上所述，通过 3 组条件试验确定了纳米 CaC_2O_4 改性的最佳试验反应条件：反应温度为 50 ℃、反应时间为 2 h、纳米 CaC_2O_4 与硬脂酸钠的质量比为 1∶0.4，此时制得的改性纳米 CaC_2O_4 活化指数最大，改性效果最佳。

(2)疏水性测试。水在材料表面的接触角是反映材料疏水性的一个重要指标。为测试硬脂酸钠改性纳米 CaC_2O_4 的疏水性，以下分别对改性纳米 CaC_2O_4 和纳米 CaC_2O_4 进行了接触角测试。

采用德国 Dataphysics 的视频接触角张力仪，测试方法：将纳米 CaC_2O_4 和硬脂酸钠改性纳米 CaC_2O_4 分别制成乳液，涂于样品表面。在 20 ℃条件下，以去离子水作为参比液体，采用旋滴法测试参比液体与各涂层表面的接触角以分析其表面润湿性能，每个样品在不同的位置测试 3 次以上并取其平均值。水在样品表面接触角示意如图 9-5 所示，表 9-4 所示为测试结果。

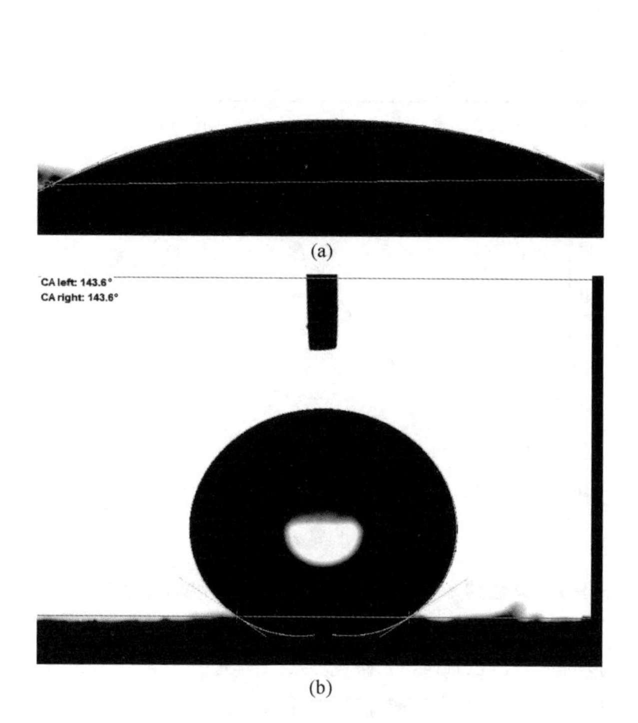

图 9-5　样品表面水接触角示意

(a)纳米 CaC_2O_4 涂层；(b)硬脂酸钠改性纳米 CaC_2O_4 涂层

表 9-4　不同涂层的水接触角

样品表面涂层	接触角(介质 H_2O)/(°)	平均接触角/(°)
纳米 CaC_2O_4	26.55/29.95/26.9	27.8
硬脂酸钠改性纳米 CaC_2O_4	143.6/118.25/107.85	123.23

由表 9-4 可知，纳米 CaC_2O_4 涂层的水接触角为 27.8°，小于 90°，试样表面呈亲水性；而硬脂酸钠改性纳米 CaC_2O_4 涂层的水接触角为 123.23°，大于 90°，试样表面呈疏水性。因此，利用硬脂酸钠对纳米 CaC_2O_4 进行改性，使材料具备疏水性，获得了预期的效果。

9.2.3　改性纳米 CaC_2O_4 浆体的制备

在适量水中加入十二烷基硫酸钠和消泡剂，搅拌 20 min，再加入经过研磨的改性纳米 CaC_2O_4 粉末，超声振荡 20 min 后搅拌 30 min，配制成溶液 A。在适量水中加入聚丙烯酸钠和消泡剂，搅拌 20 min 后配制成溶液 B。将溶液 B 慢慢加入溶液 A，超声 20 min 后再搅拌 30 min，得到改性纳米 CaC_2O_4 浆体。

9.2.4　氟碳聚合物乳液的制备

1. 制备方法

(1)将三颈烧瓶放在水浴锅中固定好，按试验设计比例量取 OP－10、SDS 复合乳化剂和聚丙烯酸钠，并溶解在一定量的去离子水中，放入三颈烧瓶后充分搅拌 20 min，得到白色预乳化液。

(2)通入氮气并继续以一定的转速搅拌 20 min，再将一定量的甲基丙烯酸十二氟庚酯和丙烯酸单体的混合物加入已经制备好的预乳化液中搅拌 30 min，将水浴锅温度升高到设定值后，开始加入部分引发剂(用去离子水溶解的过硫酸铵)，引发剂滴加速度约为 0.2 mL/min。引发剂滴加完毕后继续搅拌直到液体变成蓝色的乳液，再将剩余的单体和引发剂在 3 h 内滴加完毕，最后加入一定量的氢氧化钠，保温反应 1 h 后冷却、出料。

(3)将上述乳液倒入烧杯，得到氟碳聚合物乳液。其基本反应方程如式(9-3)所示：

(9-3)

2. 试验结果与分析

(1)测试方法。

①乳液机械稳定性能的测试方法。乳液机械稳定性是指乳液在经受机械操作时的稳定性，机械稳定性越高，乳液的性质越好。乳液机械稳定性可以用乳体积比来表示，乳体积比越小，乳液机械稳定性越好。

乳体积比的测试方法为：取适量的乳液放入离心机中，在 3 000 r/min 下离心 10 min 后，查看分层情况，计算上清液和沉淀的体积，其中总体积记为 V_0，沉淀体积记为 V_1，乳体积比的计算如式(9-4)所示：

$$Z=\frac{V_1}{V_0}\times 100\% \tag{9-4}$$

②乳液特性黏度的测定方法。称量0.2 g聚合物置于100 mL烧杯，加入丙酮充分搅拌至聚合物溶解后，用100 mL容量瓶定容。调节恒温槽温度至(25.0±0.1)℃，将乌氏黏度计垂直放入恒温槽并固定其位置。用移液管从容量瓶中吸取10 mL溶液，并用秒表统计溶液流经黏度计的时间，该时间正比于溶液的黏度。依次加入5 mL、10 mL、15 mL丙酮，重复测试，用作图法求其特性黏度。其计算公式如下：

$$\eta_{SP}=\frac{\eta-\eta_0}{\eta_0}=\eta_r-1 \tag{9-5}$$

$$\frac{\eta_{SP}}{c}=[\eta]-k[\eta]^2c \tag{9-6}$$

$$\frac{\ln\eta_r}{c}=[\eta]-\beta[\eta]^2c \tag{9-7}$$

式中，η_r为试样溶液的相对黏度，η为试样溶液的黏度，η_0为纯溶剂的黏度，c为试样溶液的浓度，$[\eta]$为聚合物的特性黏度，k与β均为常数，其中k称为哈金斯参数。

从式(9-6)和式(9-7)可以看出，以η_{SP}/c和$(\ln\eta_r)/c$对c作图并作线性外推到$c\to0$(无限稀释)，两条直线在纵坐标轴上交于同一点，该点截距即特性黏度$[\eta]$，如图9-6所示。

(2)乳化剂对乳液稳定性的影响。乳化剂作为表面活性剂对乳液稳定性影响较大，因此，制备乳液时需要选择合适的表面活性剂。在乳液聚合中使用最多的是阴离子型和非离子型表面活性剂。其中，阴离子表面活性剂会使乳液微粒带有相同的负电荷，当微粒相互接近时，静电排斥作用可以防止凝聚，提高乳液的稳定性，而非离子型表面活性剂可以防止由空间失稳造成的凝结现象。表面活性剂的种类和用量不仅会对乳液的整体稳定性造成影响，还会对最终形成的薄膜的黏结性、耐水性等性能有所影响。

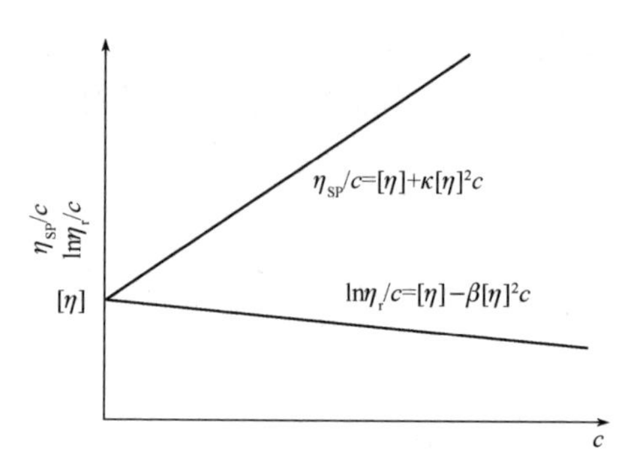

图9-6　外推法求特性黏度$[\eta]$

选用OP—10和SDS作为乳化剂，在保持单体用量不变的情况下，研究乳化剂用量(占单体的比例)对氟碳聚合物乳液机械稳定性的影响，以及在单体用量和乳化剂用量基本不变的情况下，乳化剂内部配合比对机械稳定性的影响。通过测定乳体积比优化乳化剂用量和配合比，表9-5所示为乳化剂用量与乳体积比的关系，图9-7所示为两者之间的关系曲线。

表 9-5　乳化剂用量与乳体积比的关系(OP－10∶SDS＝1∶1)

乳化剂用量/%	1.0	2.0	3.0	4.0	5.0
乳体积比/%	31.0	25.5	20.0	16.0	15.5

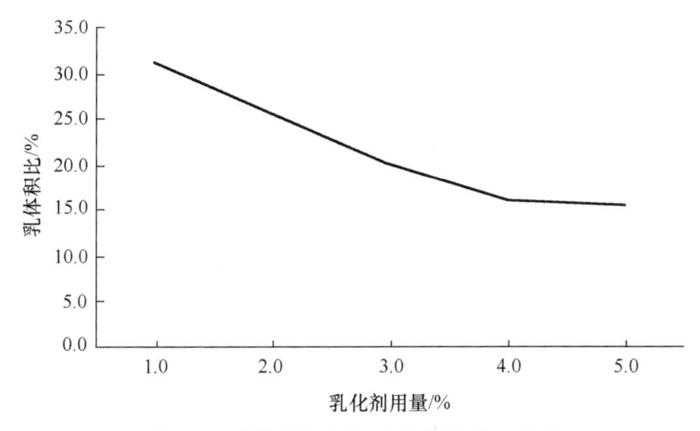

图 9-7　乳化剂用量与乳体积比关系曲线

由图 9-7 可知，当乳化剂用量在 4%以下时，随着乳化剂用量的增加，乳体积比呈现线性降低趋势，降低量较大。当乳化剂用量达到 4%以上时，乳体积比趋于稳定。这是因为乳化剂用量的增加使得形成的胶束数量增加，单体更加分散，形成的乳液微球体积减小，乳液的乳体积比随之降低，乳液性质更加稳定。但是乳化剂用量过多会造成预乳化液的黏度变大，产生泡沫，挤占反应容器的空间，造成加料困难。因此，乳化剂的用量为 4.0%就足以使体系形成稳定的乳液。表 9-6 所示为乳化剂配合比与乳体积比的关系，图 9-8 所示为两者之间的关系曲线。

表 9-6　乳化剂配合比与乳体积比的关系

OP－10∶SDS	5∶1	4∶1	3∶1	2∶1	1∶1
乳体积比/%	30.2	24.0	19.1	17.0	16.0

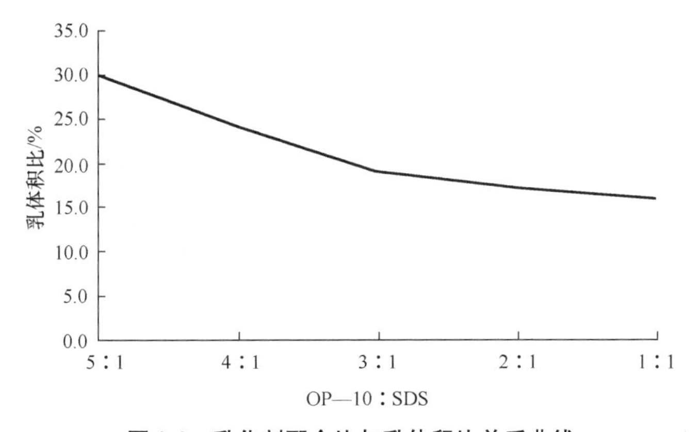

图 9-8　乳化剂配合比与乳体积比关系曲线

由图 9-8 可以看出，随着阴离子乳化剂 SDS 用量的增加，乳体积比逐渐降低，所得的乳液机械稳定性提高。故当乳化剂 OP－10 与 SDS 的配合比为 1∶1 时，乳液机械稳定性最好。

综上所述，最终确定氟碳聚合物乳液的乳化剂用量为 4%，其中 OP－10 与 SDS 的配合比为 1∶1。

(3)反应温度对乳液黏度的影响。图 9-9 所示为反应温度与聚合物乳液黏度的关系曲线图。从图中可以看出，随着温度的升高，聚合物黏度先增加至最大值，然后逐渐下降。在聚合反应的总活化能中，引发剂分解的活化能占主导地位，反应温度主要影响引发剂的分解速率。当温度低于 50 ℃时，随着反应温度的升高，体系活化能增加，引发剂分解速率加快，产生的初级自由基数目增多，有利于单体加成，即有利于链增长反应的进行。由于烯丙基 α 位上的 C－H 键比较活泼，H 原子易于被自由基获取而发生链转移反应。自由基向单体的链转移和链增长是一对竞争反应，一般来说，链转移活化能要比链增长活化能大 8.5～12.5 kJ/mol，升高温度有利于链转移反应的进行。因此，在 50 ℃后，链转移成为主导因素，使聚合物黏度下降。最终确定反应温度为 50 ℃。

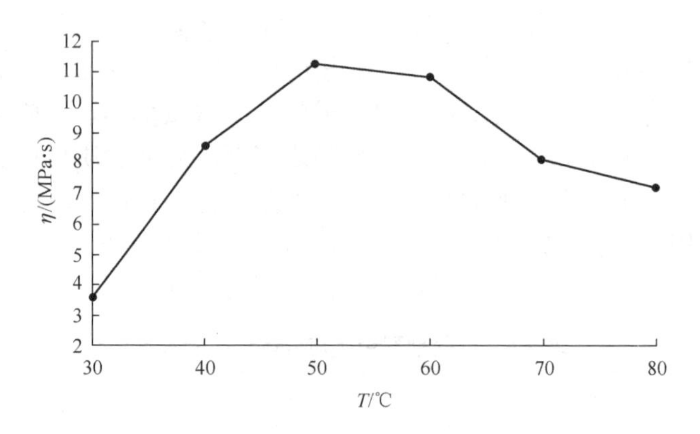

图 9-9　反应温度与聚合物乳液黏度的关系曲线

(4)聚合物乳液制备工艺的优化。乳液聚合是单体和水在乳化剂作用下配制成的乳状液中进行的聚合过程，体系主要由单体、水、乳化剂及溶于水的引发剂 4 种基本成分组成。聚合物乳液的稳定性将直接影响其应用性能，是判断乳液性能的一个重要指标。聚合物乳液的稳定性可通过调节单体配合比、引发剂用量和优化乳化剂体系等方法来提高，但是乳液体系组成的复杂性决定了其稳定性的复杂性，只研究其中某一方面影响因素可能无法保证乳液的稳定性，有时还会导致相反的情况发生。由于乳液聚合试验考虑因素较多，若进行全面的条件试验，试验的规模将非常大，并因试验条件的限制而难于实施，还会浪费大量的人力和物力。因此，选用正交试验法来研究制备条件的最优组合。

①制备工艺的优化设计。采用四因素三水平正交试验法 L9(3^4)对氟碳乳液最佳合成工艺条件进行研究，以乳体积比作为试验指标，综合分析反应温度、单体配合比、引发剂用量和搅拌速度对氟碳乳液合成工艺的影响，确定乳液的最佳合成条件。

根据因素—水平表，选择合适的正交表，合理安排试验方案，见表 9-7。

表 9-7　因素—水平表

水平	因素			
	A 反应温度/℃	B 单体配合比	C 引发剂用量/%	D 搅拌速度/($r \cdot min^{-1}$)
1	50	1∶1	0.1	200
2	60	1∶2	0.3	300
3	70	1∶3	0.5	400

按照四因素三水平正交试验的规则，选取 9 组乳液样品进行乳体积比测试分析，建立正交试验表，结果详见表 9-8。

表 9-8　正交试验方案 L9(3^4)

试验编号	因素				乳体积比/%
	A	B	C	D	
1	1	1	1	1	16.0
2	1	2	2	2	16.0
3	1	3	3	3	16.0
4	2	1	2	3	21.15
5	2	2	3	1	32.0
6	2	3	1	2	32.0
7	3	1	3	2	32.0
8	3	2	1	3	24.0
9	3	3	2	1	12.96

②最优试验方案的确定。首先分析因素 A(反应温度)，可以看出水平 1 的 3 次试验中因素 B、C 和 D 的 3 个水平各出现一次，由此可以计算 A 在每一水平时 3 次试验的乳体积比之和 K 及平均乳体积比 $\overline{K}$。

$$K_1^A=16+16+16=48 \quad \overline{K}_1^A=\frac{K_1^A}{3}=16$$

$$K_2^A = 21.15 + 32 + 32 = 85.15 \quad \overline{K}_2^A = \frac{K_2^A}{3} = 28.38$$

$$K_3^A = 32 + 24 + 12.96 = 68.96 \quad \overline{K}_3^A = \frac{K_3^A}{3} = 22.99$$

同样地，对因素 B、C、D 也可以计算出每一水平时的 3 次试验的指标以及其平均指标，其极差分析见表 9-9。

表 9-9　极差分析表

体积比	A 反应温度/℃	B 原料配合比	C 引发剂用量/%	D 搅拌速度/$(r \cdot min^{-1})$
K_1	48	69.15	72	60.96
K_2	85.15	72	50.11	80
K_3	68.96	60.96	80	61.15
	16	23.05	24	20.32
	28.38	24	16.70	26.67
	22.99	20.32	26.67	20.38
优水平	50	1∶3	0.3	200
极差 R_j	12.38	3.8	9.977	6.35
主次顺序	A、C、D、B			

由上述数据可得出氟碳聚合物乳液的最优制备工艺条件：$A_1B_3C_2D_1$，即 50 ℃下，原料配比为 1∶3，引发剂用量为 0.3%，搅拌速度为 200 r/min，其成品如图 9-10 所示。

图 9-10　氟碳聚合物乳液样品

(5)聚合物的分子量。采用聚合物的特性黏度[η]来计算氟碳聚合物的分子量，测定数据见表 9-10。

表 9-10　分子量测定数据

编号		1	2	3	4	5
$c/(g \cdot mL^{-1})$		0.002	0.001 33	0.001	0.000 667	0.000 444
溶剂体积		10	15	20	30	45
t/s	1	56.74	55.82	53.56	52.34	50.18
	2	56.76	55.71	53.53	52.25	50.38
	3	56.69	55.83	53.62	52.51	49.92
平均 t/s		56.73	55.79	53.57	52.37	50.16
η_r=平均 t/平均 t_0		1.190 8	1.171 0	1.124 5	1.099 2	1.052 9
$\ln\eta_r$		0.174 6	0.157 9	0.117 3	0.094 6	0.051 5
$(\ln\eta_r)/c$		87.315 2	118.396 6	117.316 5	141.896 3	115.976 6

根据图 9-6，由$\lim\limits_{c\to 0}\frac{\ln\eta_r}{c}=[\eta]$可知，聚合物的特性黏度为$\frac{\ln\eta_r}{c}$对 c 作图与 y 轴的截距值。根据试验数据可得图 9-11。

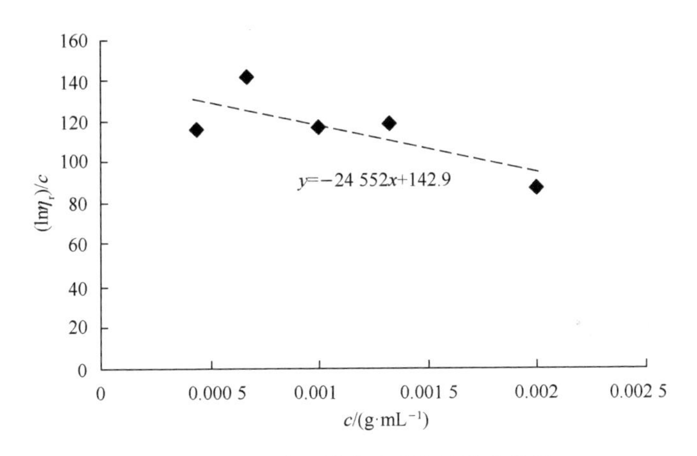

图 9-11　氟碳丙烯酸乳液特性黏度曲线

由图 9-11 可知，试验制备的氟碳聚合物乳液的特性黏度$[\eta]$为 142.9。根据特性黏度和相对分子量的关系$[\eta]=1.76\times10^{-2}M_\eta^{0.69}$，计算得到氟碳聚合物乳液的相对分子质量约为 46 万。

(6)聚合物的红外光谱分析。图 9-12 所示为 Nicolet FTIR170SX 型红外光谱仪测得的氟碳聚合物的红外光谱图。其中，在 2 955 cm^{-1}、2 924 cm^{-1}、2 849 cm^{-1}处的吸收峰归属于 C—H 伸缩振动峰；在 2 360 cm^{-1}、2 342 cm^{-1}附近处的吸收峰归属于羧基的 O—H 伸缩振动峰；在 1 705 cm^{-1}附近处的吸收峰归属于 C=O 的伸缩振动峰；在 1 541 cm^{-1}附近处的吸收峰归属于 C=C 的伸缩振动峰，在1 456 cm^{-1}、1 418 cm^{-1}附近处的吸收峰归属于 C—H 的弯曲振动峰；在 1 242 cm^{-1}处的吸收峰归属于C—O伸缩振动峰；在1 169～802 cm^{-1}处的吸收峰归属于C—F的伸缩振动峰。由IR谱图未发现有明显杂质吸收峰，说明采用的合成工艺是可行的。

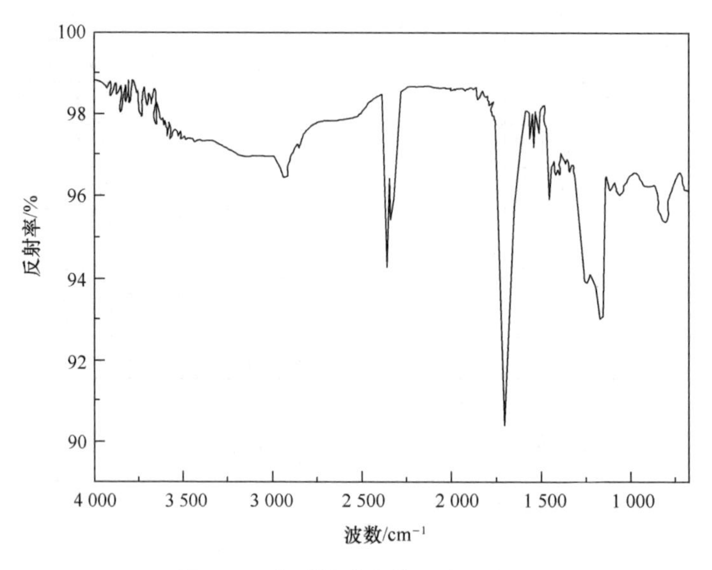

图9-12　氟碳聚合物的红外光谱图

(7)结论。通过上述试验，确定氟碳聚合物乳液制备工艺的最优方案：反应温度为50 ℃，甲基丙烯酸十二氟庚酯和丙烯酸单体配合比为1∶3，引发剂用量为0.3%，搅拌速度为200 r/min，乳化剂(OP—10∶SDS=1∶1)用量为4%，通过此聚合反应条件制得的氟碳聚合物乳液的相对分子量约为46万。

9.2.5　新型纳米CaC_2O_4保护材料的制备

将制备好的改性纳米CaC_2O_4浆体和氟碳聚合物乳液以适当比例进行混合，充分搅拌30 min再超声振荡30 min，即可得到新型纳米CaC_2O_4保护材料。具体比例将在9.3节通过性能检测确定。

9.3　复杂环境下灰岩抗侵蚀材料性能指标确定

9.3.1　试验准备

1. 保护材料准备

按照9.2.5小节的介绍，制备新型纳米CaC_2O_4保护材料，不同配合比的新型纳米CaC_2O_4保护材料见表9-11。

表 9-11 不同配合比的新型纳米 CaC_2O_4 保护材料

新型纳米 CaC_2O_4 保护材料编号	改性纳米 CaC_2O_4 浆体：氟碳聚合物乳液
1	0.3∶1
2	0.5∶1
3	0.7∶1

2. 岩样准备

试验所用岩样为龙门石窟风化灰岩，取自龙门石窟的东山采样点，通过 X 射线荧光图谱分析，其矿物成分主要为方解石和少量白云石。将岩样加工成规则的 ϕ50 mm×5 mm 圆薄片，制作好的岩石试样如图 9-13 所示。

图 9-13 岩石试样

岩石试样表面先用酒精进行清洗，然后分别用表 9-11 中 3 种不同配合比的新型纳米 CaC_2O_4 保护材料处理，风干以备测试使用。

9.3.2 性能评价指标及方法

石质文物保护材料的基本要求，在不影响石质文物的外观、维持其原始面貌的基础上，能够有效减少或阻止水及酸、碱、盐溶液渗入文物，以避免对文物内部结构产生侵蚀，进而对文物起到保护作用。同时，保护材料失效后不会对后续新的保护材料的使用产生影响，材料的可逆性要好，要具有一定的透气性。

依据石质文物保护材料的基本要求，选取固含量、透气性、渗透性、耐化学腐蚀性等重要性能指标作为石质文物保护材料的检测指标。以下简单介绍各性能指标的测定方法。

(1)固含量。不同配合比制成的新型纳米 CaC_2O_4 保护材料的固含量是不同的，不同的固含量会影响材料的性能。在文物保护中，既要求保护材料不改变文物的原形原貌，又要具有良好的保护效果，同时，需要维持文物的透气性。若保护材料的固含量过低，岩石将得不到应有的保护；若固含量过高，又会影响岩石的透气性。因此，需要对材料的固含量进行测试，检验其是否在规定范围内。

将干净的培养皿放在 105 ℃左右的鼓风恒温烘箱中烘干后取出，冷却至室温后称重。用磨口滴瓶取样，同时，用减量法称取 1.5～2 g 的保护材料，放置于培养皿中并微微晃动，使保护材料在培养皿中分布均匀。随后将盛有保护材料的培养皿放于鼓风恒温烘箱内干燥 96 h，取出并放入干燥器中冷却至室温后称重，然后放入鼓风恒温烘箱内干燥 30 min 左右，取出放入干燥器中冷却至室温后称量，直至相邻两次称重的质量相差不超过 0.000 1 g 为止(称重精确至 0.000 1 g)，取最后一次称重结果为加热后总质量，按式(9-8)计算固含量。

$$固含量=\frac{加热后总质量-玻璃皿质量}{加热前总质量-玻璃皿质量}\times 100\% \tag{9-8}$$

评价标准：经过调研，保护材料固含量一般为7.5%～22.5%，此时既能对岩石起到加固作用，又能使岩石保持透气性，还不会改变岩石表面形态。

(2)透气性。在石质文物保护中，要求保护材料具有一定的透气性，确保水分能够从岩石中排出，以免堵塞岩石孔隙，产生不必要的应力。

在50 mL的烧杯中加入适量去离子水，用玻璃胶将5 mm厚的岩石试样密封在烧杯口处，然后放入盛有氯化镁饱和溶液(RH=35%)的干燥器中。一段时间后，水蒸气会从烧杯中通过岩样扩散到相对湿度较低的干燥器中。10 d后称量烧杯的质量，并由式(9-9)计算水蒸气的透过量。

$$WTV=\frac{24\Delta m}{A\cdot t} \tag{9-9}$$

式中，WTV为水蒸气透过量[g/(24 h·m^2)]；Δm为质量变化量(g)；A为试块透湿面积(m^2)；t为质量变化量稳定时间，取240 h。

评价标准：与原样对比，水蒸气透过量以接近原样为优。

(3)渗透性。保护材料应具有优良的渗透性，能渗入岩石内部，减少岩石的孔隙率，对岩石起到保护作用。

用鼓风恒温烘箱将黄土烘干，然后捣细、研磨、过筛。随后称量36 g黄土装入平底试管，记录黄土的高度。再用移液管加入2 mL的保护材料，封闭装置，放置3 h后，记录加入的材料渗透到黄土的深度。

评价标准：放置3 h后的保护材料渗透深度在10～15 mm之间达到标准。

(4)耐酸性。保护材料应具有一定的耐酸性以抵抗酸性物质的腐蚀。目前由SO_2气体引起的酸雨较多，因此选择硫酸溶液进行试验。

首先称量岩石试样的质量m_0，放入质量分数为10%的硫酸溶液中，浸泡5 d后取出，干燥后称取其质量m_1，按式(9-10)计算质量损失率并观察石样表面情况。

$$\Delta m=\frac{m_0-m_1}{m_0}\times 100\% \tag{9-10}$$

式中，Δm为质量损失率；m_0为样品起始质量(g)；m_1为样品浸泡以后的质量(g)。

评价标准：试样表面未产生粉化、剥落、开裂等现象，且质量损失率越小越好。

(5)耐盐性。保护材料应具有一定的耐盐性以抵抗盐的侵蚀，选用Na_2SO_4溶液进行试验。

称量岩石试样的质量m_0，放入质量分数为10%的Na_2SO_4溶液中，浸泡5 d后取出，干燥后称其质量m_1，同样由式(9-10)计算质量损失率并观察岩样表面情况。

评价标准：试样表面未产生粉化、剥落、开裂等现象，质量损失率越小越好。

(6)室外试验。在进行上述各项室内性能指标检测的同时，在龙门石窟东山选取一块石壁进行室外现场试验。首先在石壁上选取一处表面较为平整的区域并用酒精进行清洗，然后用刷子将3种新型纳米CaC_2O_4保护材料分别涂在岩石表面的不同位置，待保护材料风干后在同一位置再次涂抹该保护材料。每块区域大小为 20 cm×15 cm。试验第一周每两天观察一次，之后一个月内每周观察一次，次月每两周观察一次，逐渐增加观察间隔时间，观察并记录在自然环境下涂有保护材料表面的变化情况。

9.3.3 试验结果与分析

(1)固含量。对 3 种不同配合比的新型纳米 CaC_2O_4 保护材料进行固含量检测，结果见表 9-12。由表 9-12 可以看出，材料 1 的固含量超出规定的 7.5%～22.5%范围，不符合要求。材料 2 的固含量为 19.68%，材料 3 的固含量为 16.31%，两者均在标准范围内。

表 9-12 固含量测试结果

材料编号	初始质量/g	烘干后质量/g	固含量/%
1	2.306 7	0.523 2	22.68
2	2.534 6	0.498 7	19.68
3	2.315 6	0.377 6	16.31

(2)透气性。表 9-13 所示为透气性测试结果。由表 9-13 可知，经 3 种新型纳米 CaC_2O_4 保护材料处理的岩样，其水蒸气透过量均比较接近空白岩样，说明保护材料并未堵塞岩石的孔隙，岩石透气性良好。其中材料 1 处理的岩样水蒸气透过量为 10.476 g/(24 h·m^2)，最接近空白岩样，透气性最好。

表 9-13 透气性测试结果

岩石试样	质量变化量	*WTV*—水蒸气透过量/[g·(24 h·m^2)$^{-1}$]
材料 1 处理的岩样	0.205 6	10.476
材料 2 处理的岩样	0.177 2	9.029
材料 3 处理的岩样	0.175 4	8.938
空白岩样	0.229 5	11.694

(3)渗透性。表 9-14 所示为渗透性测试结果。由表 9-14 可知，新型纳米 CaC_2O_4 保护材料 1 的渗入深度为 18.2 mm，超出了规定的 10～15 mm 范围，不符合要求。材料 2 的渗入深度为 13.8 mm，材料 3 的渗入深度为 11.1 mm，两者均在规定范围内，符合要求。

表 9-14 渗透性测试结果

材料编号	渗入深度/mm
1	18.2
2	13.8
3	11.1

(4)耐酸性。为加快试验进程，试验中使用的酸性溶液浓度较大、侵蚀性较强。酸性溶液经微小的孔隙进入岩样内部并在接触面与岩石发生化学反应，使石块的质量减小。表 9-15 所示为耐酸性测试结果。由表 9-15 可以看到，未经保护材料处理的空白岩样前后质量变化较大，说明其受酸侵蚀的影响较大，而 3 种新型纳米 CaC_2O_4 保护材料处理后的岩样质量损失率均远小于空白岩样，说明 3 种材料均能有效提高岩样的耐酸性，其中经材料 3 处理后的岩样质量损失率最小，其耐酸性最好。另外，通过观察岩样表面，发现空白岩样的表面有轻微粉化、剥落，而 3 种材料处理后的岩样表面基本没有变化，说明新型纳米 CaC_2O_4 保护材料具备良好的耐酸性。

表 9-15　耐酸性测试结果

岩石试样	初始质量/g	浸泡后质量/g	质量损失率/%
材料 1 处理的岩样	25.581 2	25.323 1	1.01
材料 2 处理的岩样	28.203 3	27.941 6	0.93
材料 3 处理的岩样	30.594 1	30.335 1	0.85
空白岩样	25.426 6	24.343 5	4.26

(5)耐盐性。表 9-16 所示为耐盐性测试结果。由表 9-16 可以看出，经盐溶液浸泡前后岩样的质量变化较小，说明盐溶液对岩样的侵蚀没有酸性溶液强烈。3 种新型纳米 CaC_2O_4 保护材料处理后岩样的质量损失率均小于空白岩样，说明 3 种保护材料均能提高岩样的耐盐性，其中经材料 3 处理的岩样质量损失率最小，耐盐性最好。

表 9-16　耐盐性测试结果

岩石试样	初始质量/g	浸泡后质量/g	质量损失率/%
材料 1 处理的岩样	26.964 4	26.926 8	0.14
材料 2 处理的岩样	28.192 5	28.157 8	0.12
材料 3 处理的岩样	22.908 8	22.887 6	0.09
空白岩样	27.904 4	27.832 5	0.26

(6)室外试验。通过观察用新型纳米 CaC_2O_4 保护材料处理过的现场岩石表面，发现经 3 种材料处理过的岩石表面都有轻微发白，其中经材料 3 处理过的岩石颜色最浅。随着时间变化，经保护材料处理过的岩石表面颜色都经历了先变白然后逐渐稳定的过程。3 个月后，用新型纳米 CaC_2O_4 保护材料 1 和 2 处理过的岩石表面出现材料脱落，而用新型纳米 CaC_2O_4 保护材料 3 处理过的岩石表面情况良好。

(7)扫描电子显微镜分析。用扫描电子显微镜观察保护材料处理前后的试样，结果如图 9-14 所示。通过对比图 9-14(a)、(b)可知，经材料 3 处理后的试样表面存在明显的晶体连接，岩石孔隙得到填充，保护材料对岩石起到较好地保护效果。

对比图 9-14(c)与图 9-14(d)、(e)、(f)可知，经新型纳米 CaC_2O_4 保护材料处理后，试样表面将形成一层断断续续的薄膜，可以将试样表面的微小颗粒黏结起来，提高岩石的抗风化能力。又因为薄膜不连续、存在许多孔洞，可以让水蒸气透过，使试样具备一定的透气性。综合比较 3 种材料对岩石的保护效果，可以得出材料 3 具有最优性能，因此，改性纳米 CaC_2O_4 符合材料的最优配合比为改性纳米 CaC_2O_4 浆体：氟碳聚合物乳液＝0.7：1。

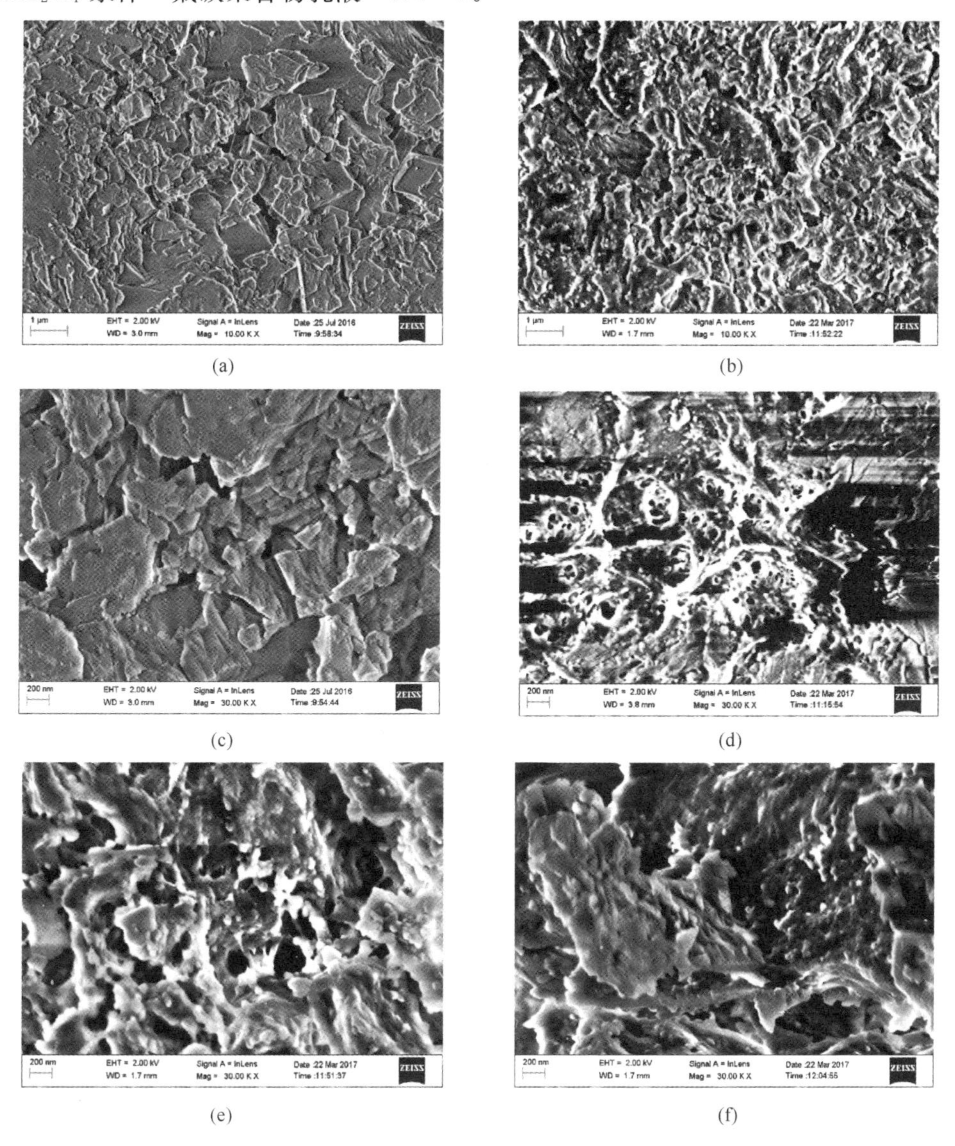

图 9-14 保护材料处理前后试件的扫描电子显微镜图像

(a)处理前的试样(×10 k)；(b)材料 3 处理后的试样(×10 k)；(c)处理前的试样(×30 k)；
(d)材料 1 处理后的试样(×30 k)；(e)材料 2 处理后的试样(×30 k)；(f)材料 3 处理后的试样(×30 k)

9.4 灰岩类石质文物的抗侵蚀试验研究

9.4.1 试验材料与方法

1. 保护材料

试验所用试件共分3组，其中第1组使用氟硅酸镁保护材料(丁梧秀，2005)进行处理，第2组使用本章制备的新型纳米CaC_2O_4保护材料进行处理，第3组不进行处理，每组10个试件，各组保护材料的选择见表9-17。

表9-17 保护材料

组号	保护材料
1	氟硅酸镁
2	新型纳米CaC_2O_4
3	无

2. 岩样准备

试验所用岩样及其试件制备方法与6.2.1小节相同，此处不再赘述。

3. 抗侵蚀处理方法

(1)氟硅酸镁保护材料的使用方法。氟硅酸镁保护材料并不能直接用于处理岩石表面，需先用$Fe(OH)_3$溶液对岩石表面进行处理，降低岩石表面的张力，从而使溶液更容易被岩石吸收。具体步骤如下：

①清理岩石表面：首先用自来水刷洗，然后用一定浓度的Na_2CO_3水溶液刷洗，再用去离子水冲洗后风干待用。

②制备$Fe(OH)_3$胶体：将NaOH溶液缓慢滴入$Fe(NO_3)_3$溶液，在滴加过程中不断搅拌可得到$Fe(OH)_3$胶体。用工业酒精对所得的$Fe(OH)_3$胶体洗涤2～3次，再经固液分离去除洗涤液，然后用去离子水进行洗涤。

③将所得$Fe(OH)_3$胶体配制成一定浓度的$Fe(OH)_3$溶液，随后将岩石放入该$Fe(OH)_3$溶液中浸泡0.5～1 h，风干待使用。

④将氟硅酸镁化学纯和去离子水按照一定比例配制成氟硅酸镁溶液。用氟硅酸镁溶液均匀喷淋岩石，直至岩石表面出现挂水。待溶液被吸收后，继续进行均匀喷淋，直至将所配制溶液喷完为止。

(2)新型纳米CaC_2O_4保护材料的使用方法

①用乙醇清洗岩石表面，自然晾干。

②用刷子将配制好的新型纳米CaC_2O_4保护材料均匀地涂在岩石表面，待晾干

后涂抹第二遍。

4. 试验方法

(1)取 30 个试件分成 3 组，每组 10 个，称量自然状态下试件的原始质量。

(2)将试件在 120 ℃下干燥至质量恒重，冷却到室温，测量保护材料处理前试件质量和纵波波速。

(3)将第 1、2 组试件分别采用表 9-17 中的保护材料进行抗侵蚀处理，自然晾干，然后在 120 ℃下干燥至恒重，再冷却到室温，测量保护材料处理后试件的质量和纵波波速。

(4)3 组试件中每组抽出 5 个试件进行单轴压缩试验，得到保护材料处理后试件的单轴压缩峰值强度。

(5)侵蚀试验：将每组剩余 5 个试件浸泡在 pH＝3 的硫酸溶液中，30 d 后取出，记录试验过程中溶液的 pH 值。试件取出后在 120 ℃下干燥至恒重，冷却至室温后，测量侵蚀后试件的质量和纵波波速。

(6)对侵蚀后的试件进行单轴压缩试验，得到侵蚀后试件的单轴压缩峰值强度。

9.4.2　试验结果与分析

1. 质量变化分析

(1)保护材料处理前后质量的变化分析。表 9-18 所示为保护材料处理前后试件的质量测试结果。由表 9-18 可知，岩石试件在 120 ℃干燥后的质量比原始质量要小，这是由于岩石内的水分挥发所致。经保护材料处理后的试件质量均大于处理前的质量，其中氟硅酸镁保护材料处理的试件质量增加了 0.14%，新型纳米 CaC_2O_4 保护材料处理的试件质量增加了 0.23%，且从单轴压缩试验后破坏的试样上可以观察到保护材料渗入岩石内部，说明两种保护材料均能够进入岩石试件，其中新型纳米 CaC_2O_4 保护材料进入试件的量更多，更有利于发挥材料的保护性能。

表 9-18　保护材料处理前后试件的质量变化

组号	质量平均值/g			
	原始质量	120 ℃烘干		
		处理前	处理后	质量增加量/%
1	509.525	509.250	509.976	0.14
2	509.399	509.274	510.433	0.23
3	509.789	509.519	—	—

(2)侵蚀前后质量的变化分析。为研究保护材料的抗侵蚀效果，对经保护材料处理后的试件进行水化学溶液侵蚀试验。侵蚀前后试件的质量变化如图 9-15 所示。

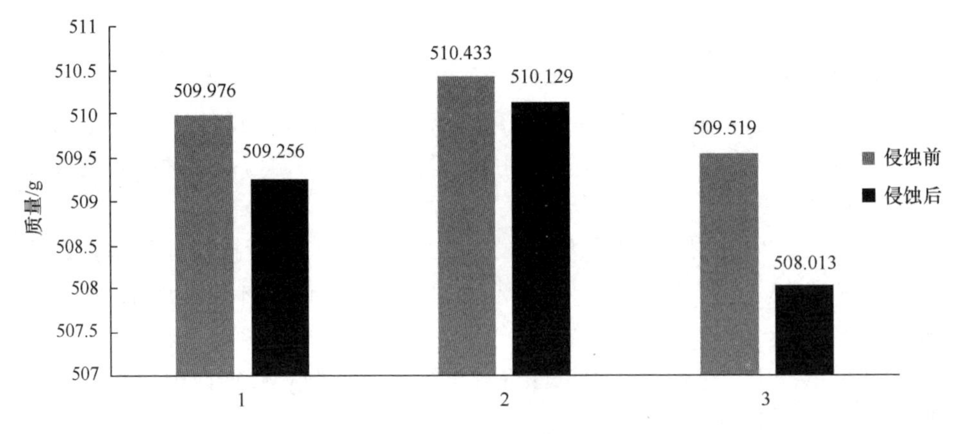

图 9-15　试件侵蚀前后质量变化

由图 9-15 可以看出，岩石试件侵蚀前后质量变化不大，其中第 3 组质量变化最大，也仅有 1.506 g，说明在水化学溶液中浸泡对龙门石窟灰岩质量的影响很小。在第 6 章、第 7 章的研究中也得出，水化学溶液的性质对灰岩质量变化的影响不大。

2. 水溶液 pH 值变化分析

将保护材料处理后的 3 组灰岩试件放入 pH=3 的 H_2SO_4 溶液中浸泡，观察溶液的 pH 值的变化。由于试验初期溶液 pH 值变化较快，pH 的测试频率：第一天每 2 h 进行一次测试，第二天每 4 h 进行一次测试，之后每天测试一次，待 pH 值逐渐稳定后，降低测试频率，每隔 10 d 测试一次。水化学溶液 pH 值随时间的变化曲线如图 9-16 所示。

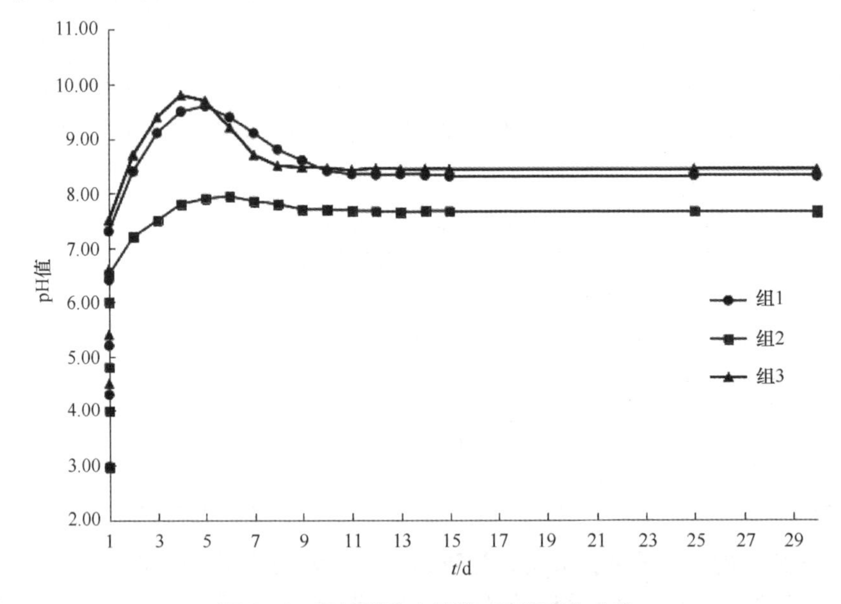

图 9-16　侵蚀试验中溶液 pH 值变化曲线

从图 9-16 可以看出，各组试验中溶液 pH 值的变化趋势相同，均先增大后减小，最后趋于稳定，且 pH 值均在 8 左右。

第 2 组经新型纳米 CaC_2O_4 保护材料处理后的试件在进行侵蚀试验时，整个过程中溶液的 pH 值先升高后降低，最大值低于 8，最终稳定在 7.6 附近，比其他两组试验中溶液的 pH 值均低，这是由于纳米 CaC_2O_4 增加了溶液中钙离子的来源，其产生的同离子效应抑制了方解石的水解。

各组试验中溶液 pH 值达到平衡的时间不同，由图 9-16 可以看出，第 3 组浸泡未处理试件的溶液其 pH 值最先达到平衡，在 $t=8$ d 时溶液 pH 值就趋于基本稳定，其次是第 2 组的溶液，最慢的是第 1 组的溶液，在 $t=11$ d 时才趋于稳定。

3. 弹性波波速变化分析

(1)保护材料处理前后波速的变化分析。表 9-19 所示为保护材料处理前后试件的波速测试结果。由表 9-19 可以看出，经保护材料处理后的试件波速均有所增加，说明经过保护材料的处理，试样的密实度均有所增加。其中，第 1 组试件的波速提高了 8.32%，第 2 组提高了 6.01%，说明氟硅酸镁保护材料更有利于岩石密实度的提高。

表 9-19　保护材料处理前后试件的波速变化

组号	弹性波速平均值/($m \cdot s^{-1}$)		
	120 ℃烘干		
	处理前	处理后	波速增加量/%
1	4 134	4 478	8.32
2	4 106	4 353	6.01
3	3 973	—	—

(2)侵蚀前后波速的变化分析。侵蚀前后试件的波速变化如图 9-17 所示。从图 9-17 可以看出，被酸性溶液侵蚀后 3 组试件的纵波波速均有所降低。其中，未经保护材料处理的岩石试件波速降低幅度最大，而其他两种保护材料处理的试件波速降低较少，说明两种保护材料都对岩石试件起到了保护作用。使用氟硅酸镁保护材料的试件波速减少了 155 m/s，减少量为 3.46%，而使用新型纳米 CaC_2O_4 保护材料的试件波速减少了 122 m/s，减少量为 2.80%，说明在侵蚀条件下新型纳米 CaC_2O_4 保护材料能够更好地对岩石进行保护。

4. 单轴压缩试验与结果分析

表 9-20 给出了经不同保护材料处理后的试件，在硫酸溶液侵蚀前后的单轴压缩峰值强度值。与自然状态下试件的峰值强度 117.07 MPa 相比，用氟硅酸镁进行保护处理的第 1 组试件峰值强度为 122.02 MPa，增加了 4.23%，说明氟硅酸镁保护材料能够提高岩石试件的强度。而用改性纳米 CaC_2O_4 进行保护处理的第 2 组试

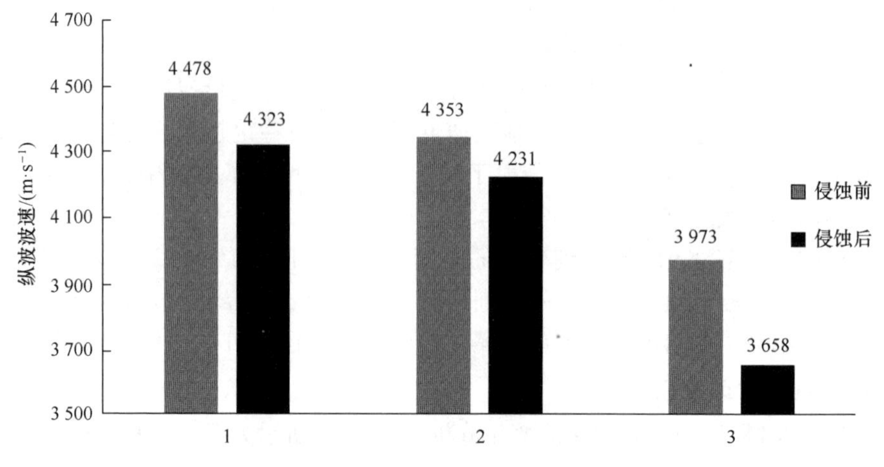

图 9-17　试件侵蚀前后波速变化

件峰值强度为 109.57 MPa，比自然状态反而降低了 6.89%，说明改性纳米 CaC_2O_4 保护材料会降低岩石试件的强度。

表 9-20　试件侵蚀前后强度的变化

组号	峰值强度/MPa		侵蚀前试件峰值强度增加量/%	侵蚀前后峰值强度减少量/%
	侵蚀前	侵蚀后		
1	122.02	115.32	4.23%	5.45
2	109.57	107.32	−6.89%	2.05
3	117.07	105.33	—	10.03

通过表 9-20 中侵蚀前后试件的单轴压缩峰值强度减少量可以看出，第 3 组未经过保护材料处理的岩石试件的峰值强度降低最多，说明 H_2SO_4 溶液对未经过保护材料处理的岩石试件的侵蚀最为严重。第 1、2 组岩石试件的峰值强度减小量均比第 3 组小，说明两种保护材料均对试件起到了保护作用。在 H_2SO_4 溶液侵蚀下，使用氟硅酸镁保护材料的试件峰值强度降低了 5.45%，使用新型纳米 CaC_2O_4 保护材料的降低了 2.05%，因此，新型纳米 CaC_2O_4 保护材料抵抗酸性溶液侵蚀的效果更好。

综上所述，氟硅酸镁保护材料既能提高自然状态下岩石的强度，又能在侵蚀环境中对试件进行保护，降低其因侵蚀引起的强度损失。新型纳米 CaC_2O_4 保护材料虽然会降低自然状态下岩石的强度，但它能够在侵蚀环境中对试件进行更好地保护。

5. 扫描电子显微镜试验及分析

为研究经保护材料处理后岩石试件的表面情况，进行了扫描电子显微镜试验，试验结果如图 9-18 所示。

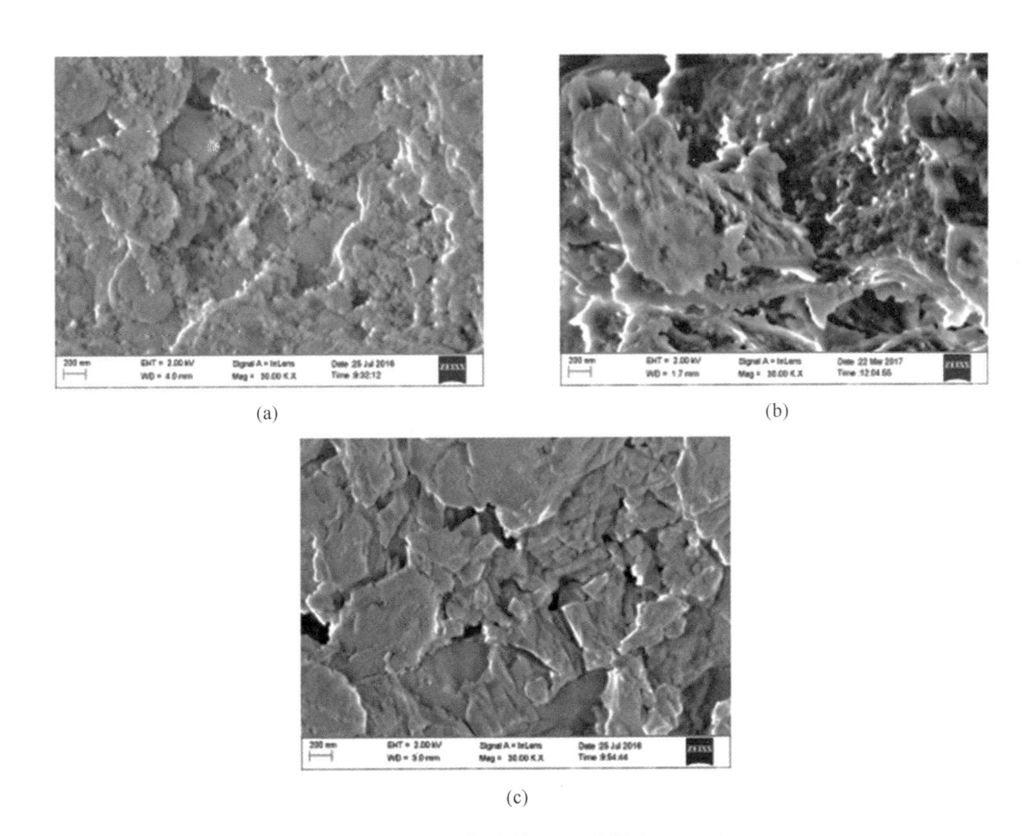

图 9-18　三组灰岩的 SEM 图像(×30 k)

(a)第 1 组岩石试件；(b)第 2 组岩石试件；
(c)第 3 组岩石试件

由图 9-18 可以看出，第 3 组未经处理的岩石结构比较疏松，矿物颗粒之间缺乏胶结联系，而第 1 组经氟硅酸镁保护材料和第 2 组经纳米 CaC_2O_4 保护材料处理后，岩石孔隙得到填充，矿物颗粒之间有明显的胶结成分，加强了颗粒之间的结合和岩石的结构，提高了岩石的抗侵蚀能力。

9.5　小结

本章以龙门石窟风化灰岩为研究对象，对灰岩类石质文物的抗侵蚀保护进行了一系列的试验研究。具体如下：

(1)研制了一种新型纳米 CaC_2O_4 保护材料。新型纳米 CaC_2O_4 保护材料是由改性纳米 CaC_2O_4 浆体和氟碳聚合物乳液按照适当比例混合而成的。在研制过程中，确定了纳米 CaC_2O_4 改性的最佳试验条件和氟碳聚合物乳液制备工艺的最优方案。

提出了用硬脂酸钠对纳米 CaC_2O_4 进行改性，通过试验确定了纳米 CaC_2O_4 改性的最佳试验条件：反应温度为 50 ℃、反应时间为 2 h、纳米 CaC_2O_4 与硬脂酸钠的质量比为 1∶0.4，该条件下制备的改性纳米 CaC_2O_4 活化指数最大，改性效果最佳。同时，氟碳聚合物乳液制备工艺的最优方案：反应温度为 50 ℃，甲基丙烯酸十二氟庚酯和丙烯酸单体配合比为 1∶3，引发剂用量为 0.3%，搅拌速度为 200 r/min，乳化剂(OP－10∶SDS＝1∶1)用量为 4%，按此聚合反应条件制备的氟碳聚合物乳液的相对分子量为 46 万左右。

(2)通过对新型纳米 CaC_2O_4 保护材料进行性能指标测试试验，优化了该保护材料的制备工艺。通过测试，得到新型纳米 CaC_2O_4 保护材料的最优配合比为改性纳米 CaC_2O_4 浆体∶氟碳聚合物乳液＝0.7∶1。该配合比下的改性纳米 CaC_2O_4 复合材料的固含量和渗入深度都符合要求；透气性接近空白石样，材料没有堵塞石样的孔隙，透气性良好；耐酸性和耐盐性均最好；室外试验时岩石表面情况良好，未出现脱落现象。

(3)使用氟硅酸镁和新型纳米 CaC_2O_4 两种保护材料，通过对龙门石窟风化灰岩进行抗侵蚀试验，分析、对比了两种保护材料对灰岩的保护效果和机理，研究成果对灰岩类石质文物的保护具有重要的意义。

参考文献

References

[1] 毕贵权，李宁，李国玉．非贯通裂隙介质中波传播特性试验研究[J]．岩石力学与工程学报，2009，28(z1)：3116—3123.

[2] 蔡斯让，郭宁，张瑞珠，等．丙烯酸酯接枝共聚改性聚氨酯乳液的结构与性能[J]．涂料工业，2002，32(6)：12—14.

[3] 柴军瑞，仵彦卿．岩体渗流场与应力场耦合分析的多重裂隙网络模型[J]．岩石力学与工程学报，2000，19(6)：712—717.

[4] 柴军瑞．考虑渗透动水压力时等效连续岩体渗流场与应力场耦合分析的数学模型[J]．四川大学学报，2001，33(6)：14—17.

[5] 陈炳瑞，冯夏庭，丁梧秀，等．化学腐蚀下岩石应力—应变进化神经网络本构模型[J]．东北大学学报(自然科学版)，2004，25(7)：695—698.

[6] 陈钢林，周仁德．水对受力岩石变形破坏宏观力学效应的试验研究[J]．地球物理学报，1991，34(3)：335—342.

[7] 陈建平．龙门石窟石质雕刻品的保护[J]．雕塑，2008(6)：38—40.

[8] 陈磊，戴前伟，曾凡卿．大坝建基岩体物理探测方法应用[J]．工程地球物理学报，2006(3)：221—224.

[9] 陈立军，张心亚，黄洪，等．预乳化半连续种子乳液聚合制备聚合物水泥防水涂料用丙烯酸酯乳液[J]．新型建筑材料，2005(8)：1—5.

[10] 陈四利，冯夏庭，李邵军．岩石单轴抗压强度与破裂特征的化学腐蚀效应[J]．岩石力学与工程学报，2003，22(4)：547—551.

[11] 陈四利，冯夏庭，周辉．化学腐蚀下砂岩三轴细观损伤机理及损伤变量分析[J]．岩土力学，2004(9)：1363—1367.

[12] 陈四利．化学腐蚀下岩石细观损伤破裂机理及其本构模型[D]．沈阳：东北大学，2003.

[13] 陈晓斌，张家生，唐孟雄，等．大型三轴流变试验轴压及围压装置与应用[J]．铁道科学与工程学报，2008，5(4)：32—37.

[14] 陈雪莲，钱玉萍，唐晓明．裂隙发育对低孔低渗含气地层声传播特征的影响[J]．中国石油大学学报(自然科学版)，2013，37(4)：88—93.

[15] 陈跃起．隧道围岩力学性质在不同含水条件下的试验[J]．山西建筑，2007，33(5)：91—92.

[16] 程磊．冻结条件下岩石力学特性实验研究及工程应用[D]．西安：西安科技大学，2009.
[17] 崔强，冯夏庭，薛强，等．化学腐蚀下砂岩孔隙结构变化的机制研究[J]．岩石力学与工程学报，2008，27(6)：1209—1216.
[18] 崔中兴，仵彦卿，蒲毅彬，等．渗流状态下砂岩的三维实时 CT 观测[J]．岩石力学与工程学报，2005，24(8)：1390—1395.
[19] 邓建华，於昌荣，黄醒春．含水量对膏溶角砾岩力学性能影响的研究[J]．铁道建筑，2009(9)：50—54.
[20] 丁梧秀，蔡丽朋，陈建平，等．洛阳龙门石窟围岩风化层结构特性研究[J]．洛阳大学学报，2003，18(4)：79—82.
[21] 丁梧秀，陈建平，冯夏庭，等．洛阳龙门石窟围岩风化特征研究[J]．岩土力学，2004，25(1)：145—148.
[22] 丁梧秀，陈建平，徐桃，等．化学溶液侵蚀下灰岩的力学及化学溶解特性研究[J]．岩土力学，2015，36(7)：1825—1830.
[23] 丁梧秀，冯夏庭．化学腐蚀下灰岩力学效应的试验研究[J]．岩石力学与工程学报，2004，23(21)：3571—3576.
[24] 丁梧秀，冯夏庭．灰岩细观结构的化学损伤效应及化学损伤定量化研究方法探讨[J]．岩石力学与工程学报，2005，24(8)：1283—1288.
[25] 丁梧秀，冯夏庭，程昌炳．红砂岩的一种新的抗风化化学加固方法试验研究[J]．岩石力学与工程学报，2005，24(21)：3841—3846.
[26] 丁梧秀，胡云杰，赵建利．赋存环境对岩土体弹性波波速敏感性研究[J]．洛阳理工学院学报(自然科学版)，2001，11(4)：8—9.
[27] 丁梧秀，徐桃，王鸿毅，等．水化学溶液及冻融耦合作用下灰岩力学特性试验研究[J]．岩石力学与工程学报，2015，34(5)：979—985.
[28] 丁梧秀．风化岩体的波速湿度效应[J]．地质灾害与环境保护，1996，7(4)：50—52.
[29] 丁梧秀．黄河上游某坝址平硐开挖后岩体变异时间效应规律分析[J]．地质灾害与环境保护，1995，6(2)：37—41+53.
[30] 丁梧秀．水化学作用下岩石变形破裂全过程实验与理论分析[D]．武汉：中国科学院武汉岩土力学研究所，2005.
[31] 丁梧秀．岩石(体)弹性波波速与应力关系新探讨[J]．地质灾害与环境保护，1997，8(3)：43—47.
[32] 杜长学．长沙市典型岩基的工程地质特性及其承载潜力[J]．桂林工学院学报，1998(4)：357—362.
[33] 段庆伟，耿克勤，吴永平，等．小湾拱坝变形承载力及整体安全度评价与分析[J]．岩土力学，2008，29(S1)：15—20.

[34] 范子龙．龙门石窟窟檐遗迹调查与日常维护中的防风化保护[J]．石窟寺研究，2011(1)：351—355.
[35] 范祖君．东荣二矿十七层八面下料道围岩灾变控制技术[J]．山东煤炭科技，2011(3)：191—192.
[36] 方云，顾成权，严绍军，等．河南洛阳龙门石窟溶蚀病害机理的研究[J]．现代地质，2003，17(4)：479—482.
[37] 方云，黄志义，张新鹏，等．CO_2 劣化龙门石窟碳酸盐岩的机理模拟试验研究[J]．中南大学学报(自然科学版)，2015(7)：2626—2634.
[38] 方云，喻媛，严绍军，等．龙门石窟奉先寺渗水机理研究[J]．石窟寺研究，2014(1)：402—409.
[39] 冯夏庭，丁梧秀．应力—水流—化学耦合下岩石破裂全过程的细观力学试验[J]．岩石力学与工程学报，2005，24(9)：1465—1473.
[40] 冯夏庭，丁梧秀，姚华彦，等．岩石破裂过程的化学－应力耦合效应[M]．北京：科学出版社，2010.
[41] 冯夏庭，赖户政宏．化学环境侵蚀下的岩石破裂特性——第一部分：试验研究[J]．岩石力学与工程学报，2000，19(4)：403—407.
[42] 冯夏庭，王川婴，陈四利．受环境侵蚀的岩石细观破裂过程试验与实时观测[J]．岩石力学与工程学报，2002，21(7)：935—939.
[43] 冯学敏，陈胜宏，李文纲．岩石高边坡开挖卸荷松弛准则研究与工程应用[J]．岩土力学，2009，30(S2)：452—456.
[44] 傅晏，刘新荣，张永兴，等．水岩相互作用对砂岩单轴强度的影响研究[J]．水文地质工程地质，2009，36(6)：54—58.
[45] 傅英坤．应力—渗流—化学多场耦合作用下混凝土蠕变特性试验研究——以龙口港工程为例[J]．长江科学院院报，2020，37(9)：135—141.
[46] 高东亮，范子龙，李心坚，等．用羧甲基纤维素封护法加固龙门石窟擂鼓台南洞一尊宝冠佛像的研究[J]．文物保护与考古科学，2008，20(1)：42—45.
[47] 高东亮．龙门石窟古代的保护方法及其借鉴使用[J]．雕塑，2008，4：44—47.
[48] 高召宁，石平五．急斜特厚煤层水平分段放顶煤安全开采的研究[J]．矿山压力与顶板管理，2005，22(1)：18—20.
[49] 桂志先，贺振华，张小庆．基于 Hudson 理论的裂隙参数对纵波的影响[J]．江汉石油学院学报，2004，26(1)：45—47.
[50] 桂志先，贺振华．裂隙参数对 P 波的影响及裂隙检测可行性数值研究[J]．物探化探计算技术，2003，25(1)：35—38.
[51] 郭少华，郭原草．基于孔隙介质中弹性波速理论的结构损伤识别与成像[J]．中南大学学报(自然科学版)，2013，44(10)：4208—4213.
[52] 郭易圆，李世海．有限长岩柱中纵波传播规律的离散元数值分析[J]．岩石力

学与工程学报，2002，21(8)：1124—1129.

[53] 哈秋舲．岩体工程与岩体力学仿真分析——各向异性开挖卸荷岩体力学研究[J]. 岩土工程学报，2001，23(6)：664—668.
[54] 韩嵩，蔡美峰．节理岩体物理模拟与超声波试验研究[J]. 岩石力学与工程学报，2007，26(5)：1026—1033.
[55] 韩文峰，等．黄河黑山峡大柳树松动岩体工程地质研究[M]. 兰州：甘肃科学技术出版社，1993.
[56] 郝宪杰，冯夏庭，江权，等．基于电镜扫描实验的柱状节理隧洞卸荷破坏机制研究[J]. 岩石力学与工程学报，2013，32(8)：1647—1655.
[57] 何满潮，景海河，孙晓明．软岩工程地质力学研究进展[J]. 工程地质学报，2000，8(1)：46—62.
[58] 和玲，梁国正，武予鹏．有机氟聚合物加固保护砂岩文物的可行性[J]. 材料导报，2003，17(2)：82—84+78.
[59] 洪坤，詹予忠，沈国鹏．仿生合成石质文物二氧化硅保护膜的研究[J]. 文物保护与考古科学，2007，19(4)：33—36.
[60] 侯升晨，杨凤娟，盖云，等．东荣二矿深部开采围岩灾变控制技术研究[J]. 黑龙江科技信息，2012(32)：60.
[61] 胡昕，洪宝宁，孟云梅．考虑含水率影响的红砂岩损伤统计模型[J]. 中国矿业大学学报，2007，36(5)：609—613.
[62] 黄继忠．云冈石窟的科学保护与管理[J]. 文物世界，2003(3)：53—56.
[63] 中国文化遗产研究院．中国文物保护与修复技术[M]. 北京：科学出版社，2009.
[64] 黄擎宇，王淑芝．丙烯酰胺乳液稳定性的初步研究[J]. 大庆师范学院学报，2010，30(3)：87—89.
[65] 黄世强，李广场，徐松林．岩体的弹性波频散特性及等效模型研究[J]. 水利规划与设计，2014(2)：8—11+15.
[66] 黄志义，方云，王凯等．龙门石窟游客数量与二氧化碳浓度动态变化规律研究[J]. 科学技术与工程，2014，14(14)：303—306.
[67] 简浩，李术才，朱维申，等．含裂隙水脆性材料单轴压缩 CT 分析[J]. 岩土力学．2002，23(5)：587—591.
[68] 建磊．MHC 耦合腐蚀下灰岩的损伤试验研究及机理分析[D]. 焦作：河南理工大学，2014.
[69] 雷涛．石质文物保护材料评价方法研究[D]. 兰州：兰州理工大学，2010.
[70] 李阿伟，孙东生，王红才．致密砂岩波速各向异性及弹性参数随围压变化规律的实验研究[J]. 地球物理学进展，2014，29(2)：754—760.

[71] 李凤仪，孙久政，王维维，等．深埋煤层开采巷道围岩灾变及其致灾机理分析[A]. 中国软岩工程与深部灾害控制研究进展——第四届深部岩体力学与工程灾害控制学术研讨会论文集，2009.
[72] 李光泉，李伟东，施行觉，等．流体分布对松散介质中 P 波速度和衰减的影响[J]. 西北地震学报，2000，22(4)：361—367+385.
[73] 李光泉，李伟东，叶林，等．多孔介质中水位变化对波形、波速和波谱影响的实验研究[J]. 地震研究，2001，24(1)：65—72.
[74] 李桂林．环氧树脂与环氧涂料[M]. 北京：化学工业出版社，2003.
[75] 李慧军．冻结条件下岩石力学特性的实验研究[D]. 西安：西安科技大学，2009.
[76] 李佳伟，徐进，王璐，等．砂板岩岩体力学特性的水岩耦合试验研究[J]. 岩土工程学报，2013，35(3)：599—604.
[77] 李建厚，李心坚．龙门石窟潜溪寺渗漏水原因分析[N]. 中国文物报，2006.
[78] 李建厚．龙门石窟小型露天窟龛的尝试性保护方法[J]. 洛阳考古，2013，2(2)：81—84.
[79] 李建林，王乐华．节理岩体卸荷非线性力学特性研究[J]. 岩石力学与工程学报，2007，26(10)：1968—1975.
[80] 李建林．卸荷岩体力学[M]. 北京：中国水利水电出版社，2003.
[81] 李金玉，曹建国，徐文雨，等．混凝土冻融破坏机理的研究[J]. 水利学报，1999，1：41—49.
[82] 李晶，郭伟杰，李佳．西南某水电站建基面岩体爆破松弛研究[J]. 水电能源科学，2011，29(1)：69—72.
[83] 李景涛．东荣二矿深部围岩灾变控制技术研究[J]. 山东煤炭科技，2009(2)：106—107.
[84] 李俊如，黄理兴，李海波．利用超声波确定敦煌莫高窟洞壁力学特性[J]. 辽宁工程技术大学学报(自然科学版)，2001，20(4)：460—462.
[85] 李宁，Swoboda G，葛修润．岩体节理在动荷作用下的有限元分析[J]. 岩土工程学报，1994，16(1)：29—38.
[86] 李宁，朱运明，张平，等．酸性环境中钙质胶结砂岩的化学损伤模型[J]. 岩土工程学报，2003，25(4)：395—399.
[87] 李晓，聂德新，万宗礼，等．公伯峡电站开挖边坡古风化岩体松弛与工程特性变化研究[J]. 工程地质学报，2005，13(2)：155—159.
[88] 李晓英．成炭剂对水性膨胀型透明防火涂料漆膜性能的影响[D]. 保定：河北大学，2013.
[89] 李心坚．龙门石窟保护中的灌浆技术[J]. 雕塑，2008(6)：36—37.
[90] 李造鼎．岩体测试技术[M]. 北京：冶金工业出版社，1983.

[91] 李智诚，戴塔根．长沙市红层工程性质之分析[J]．岩土工程界，2002，5(3)：47—49.
[92] 廖伟，何刚，许海燕，等．高地应力条件下岩体松弛时间效应检测[J]．工程地球物理学报，2011，8(5)：609—615.
[93] 廖原，齐暑华，王东红，等．XD1 系列石质文物修复胶粘剂研制及应用[J]．粘接，2007，28(1)：61—62.
[94] 林锋，黄润秋，蔡国军．小湾水电站低高程坝基开挖卸荷松弛机理试验研究[J]．工程地质学报，2009，17(5)：606—611.
[95] 林鹏，刘晓丽，胡昱，等．应力与渗流耦合作用下溪洛渡拱坝变形稳定分析[J]．岩石力学与工程学报，2013，32(6)：1145—1156.
[96] 林韵梅，等．岩石分级的理论与实践[M]．北京：冶金工业出版社，1996.
[97] 凌建雄，涂伟萍，杨卓如，等．聚丙烯酸酯乳液的合成研究[J]．合成材料老化与应用，2000(2)：5—7.
[98] 刘斌，杨晓勇，王宝善，等．沉积岩中波速、衰减及渗透率随压力的变化[J]．石油地球物理勘探，2000，35(1)：129—135.
[99] 刘才华，陈从新，付少兰．剪应力作用下岩体裂隙渗流特性研究[J]．岩石力学与工程学报，2003，22(10)：1651—1655.
[100] 刘华，牛富俊，徐志英，等．循环冻融条件下安山岩和花岗岩的物理力学特性试验研究[J]．冰川冻土，2011，33(3)：557—563.
[101] 刘建，乔丽苹，李蒲健，等．拉西瓦水电工程高应力坝基边坡开挖扰动及锚固效应研究[J]．岩石力学与工程学报，2008，27(6)：1094—1103.
[102] 刘景龙．龙门石窟保护四十年[J]．中原文物，1993(4)：3—6.
[103] 刘景龙．龙门石窟洞窟漏水病害治理[N]．中国文物报，2004.
[104] 刘景龙．水对龙门石窟的危害和防治[J]．中原文物，1982(3)：54—55.
[105] 刘景龙．再谈龙门石窟的日常维护[N]．中国文物报，2004.
[106] 刘立新，赵晓非，谭小红，等．涂料用丙烯酸酯乳液聚合影响因素研究[J]．化学工程师，2006，20(11)：1—3.
[107] 刘楠．岩石冻融力学实验及水热力耦合分析[M]．西安：西安科技大学出版社，2010.
[108] 刘强，张秉坚．石质文物表面生物矿化保护材料的仿生制备[J]．化学学报，2006，64(15)：1601—1605.
[109] 刘西党．巷道破坏原因分析与防治[J]．中州煤炭，2006(4)：54—55.
[110] 刘新荣，姜德义，余海龙．水对岩石力学性质影响的研究[J]．化工矿物及研究，2000，9(5)：17—20.
[111] 刘永禄，魏佑山，赵大勇，等．大埋深巷道围岩灾变规律与控制研究[A]．2003 年度中国煤炭工业协会科学技术奖获奖项目汇编，2004.

[112] 刘佑荣，唐辉明．岩体力学[M]．武汉：中国地质大学出版社，1999.

[113] 卢文波，周创兵，陈明，等．开挖卸荷的瞬态特性研究[J]．岩石力学与工程学报，2008，27(11)：2184—2192.

[114] 鲁祖德，丁梧秀，冯夏庭，等．裂隙岩石的应力—水流—化学耦合作用试验研究[J]．岩石力学与工程学报，2008，27(4)：796—804.

[115] 洛阳市地方史志编撰委员会．洛阳市志：第15卷[M]．郑州：中州古籍出版社，1996.

[116] 吕有盛，钱利芹，胡叙良．浙中地区以红砂岩作为路基填料的探讨[J]．山西建筑，2007，33(22)：183—184.

[117] 马朝龙，方云，李建厚．龙门石窟万佛洞至奉先寺北段渗漏水成因分析及综合防治措施研究[J]．敦煌研究，2007(5)：36—38.

[118] 马海萍．不同侧压对于节理岩体特性和洞室稳定性的影响[J]．四川建筑，2014，34(3)：99—101.

[119] 马豪豪，刘保健，姚贝贝．水对岩石力学特性及边坡稳定的影响及其机理分析[J]．南水北调与水利科技，2012，10(4)：86—89.

[120] 孟召平．含煤岩系岩石力学性质控制因素探讨[J]．岩石力学与工程学报，2002，21(1)：102—106.

[121] 米德才，陆民安．百色水利枢纽 RCC 坝基岩体松弛及处理[J]．水力发电，2006，32(12)：43—45+92.

[122] L. 米勒．岩石力学[M]．李世平，冯震海，等译．北京：煤矿工业出版社，1981.

[123] 苗胜军，蔡美峰，冀东，等．酸性化学溶液作用下花岗岩力学特性与参数损伤效应[J]．煤炭学报，2016，41(4)：829—835.

[124] 倪绍虎，吕慷，杨飞，等．复杂条件下大型尾水隧洞围岩稳定性分析及支护对策[J]．水力发电学报，2014，33(3)：258—266.

[125] 聂德新．岩质高边坡岩体变形参数及松弛带厚度研究[J]．地球科学进展，2004，19(3)：472—477.

[126] 潘别桐，刘景龙，曹美华．洛阳龙门石窟地质病害与防治对策研究[R]．武汉：中国地质大学水文地质与工程地质系，1988.

[127] 裴玲玲．露天石质文物的风化和加固保护技术探讨[J]．黑龙江史志，2015(13)：64.

[128] 裴向军，黄润秋，李正兵，等．锦屏一级水电站左岸卸荷拉裂松弛岩体灌浆加固研究[J]．岩石力学与工程学报，2011，30(2)：284—288.

[129] 彭柏兴．长沙红层的风化分带与地基承载力的确定[J]．城市勘测，2000(3)：中插1—4.

[130] 彭林军，张东峰，郭志飚，等．特厚煤层小煤柱沿空掘巷数值分析及应用[J]．岩土力学，2013，34(12)：3609—3616+3632.
[131] 钱七虎，李树忱．深部岩体工程围岩分区破裂化现象研究综述[J]．岩石力学与工程学报，2008，27(6)：1278—1284.
[132] 乔丽苹，刘建，冯夏庭．砂岩水物理化学损伤机制研究[J]．岩石力学与工程学报，2007，26(10)：2117—2124.
[133] 秦建彬，冯明权．彭水水电站主厂房下游边墙岩体卸荷松弛特征[J]．人民长江，2007，38(9)：91—93.
[134] 屈天祥，倪锦初，孙金山，等．深埋隧洞节理密集带 TBM 掘进围岩破坏范围研究[J]．人民长江，2008，39(3)：16—18+44.
[135] 茹忠亮，蒋宇静．弹性纵波入射粗糙节理面透射性能研究[J]．岩石力学与工程学报，2008，27(12)：2535—2539.
[136] 商艳芬．聚丙烯酸酯乳液的制备及性能影响因素分析[J]．中国科技博览，2010(22)：61.
[137] 邵高峰，许淳淳．环保型石质文物防风化剂的研制[J]．腐蚀与防护，2007，28(11)：562—565.
[138] 邵明申，李黎，李最雄．龙游石窟砂岩在不同含水状态下的弹性波速与力学性能[J]．岩石力学与工程学报，2010(A02)：3514—3518.
[139] 申林方，冯夏庭，潘鹏志，等．单裂隙花岗岩在应力—渗流—化学耦合作用下的试验研究[J]．岩石力学与工程学报，2010，29(7)：1379—1388.
[140] 申林方，冯夏庭，潘鹏志，等．应力作用下岩石的化学动力学溶解机制研究[J]．岩土力学，2011，32(5)：1320—1326.
[141] 沈明荣，陈建峰．岩体力学[M]．上海：同济大学出版社，2006.
[142] 石安池，徐卫亚，张贵科．三峡工程永久船闸高边坡岩体卸荷松弛特性研究[J]．岩土力学，2006，27(5)：723—729.
[143] 史謌，杨东全．上覆压力变化时孔隙岩层弹性波速度的确定及其普遍意义[J]．中国科学(D 辑：地球科学)，2001，31(11)：896—901.
[144] 宋战平，肖珂辉，杨腾添．渗透压力作用下灰岩单轴压缩变形特性研究[J]．西安建筑科技大学学报(自然科学版)，2019，51(5)：649—653.
[145] 孙广忠．岩体结构力学[M]．北京：科学出版社，1988.
[146] 孙金山，金李，姜清辉，等．地下洞室爆破开挖过程中地应力瞬态调整诱发节理围岩松动机制研究[M]．振动与冲击，2011，30(12)：28—34.
[147] 孙敏．SiO_2基石质文物加固保护用复合材料制备及性能测试[D]．哈尔滨：哈尔滨工业大学，2011.
[148] 谭卓英，刘文静，闭历平，等．岩石强度损伤及其环境效应实验模拟研究[J]．中国矿业，2001，10(4)：50—53.

[149] 汤连生，王思敬．工程地质地球化学的发展前景及研究内容和思维方法[J]．大自然探索，1999(2)：34—38+43.
[150] 汤连生，王思敬．水—岩化学作用对岩体变形破坏力学效应研究进展[J]．地球科学进展，1999，14(5)：433—439.
[151] 汤连生，王思敬．岩石水化学损伤的机理及量化方法探讨[J]．岩石力学与工程学报，2002，21(3)：314—319.
[152] 汤连生，张鹏程，王洋，等．水溶液对砼土剪切强度力学效应的实验研究[J]．中山大学学报，2002，41(2)：89—92.
[153] 汤连生，张鹏程，王思敬．水—岩化学作用的岩石宏观力学效应的试验研究[J]．岩石力学与工程学报，2002，21(4)：526—531.
[154] 汤连生，张鹏程，王思敬．水—岩化学作用之岩石断裂力学效应的试验研究[J]．岩石力学与工程学报，2002，21(6)：822—827.
[155] 汤连生．水—岩土化学作用的环境效应研究[J]．中山大学学报(自然科学版)，2001，40(5)：103—107.
[156] 汤献良，赵建军，黄润秋．小湾水电站坝基岩体质量动态评价研究[J]．工程地质学报，2013，21(3)：370—376.
[157] 唐大雄，孙愫文．岩土工程学[M]．北京：地质出版社，1990.
[158] 唐晓明，钱玉萍，陈雪莲．孔隙、裂隙介质弹性波理论的实验研究[J]．地球物理学报，2013，56(12)：4226—4233.
[159] 唐兴华，赵志祥，吉守信，等．新第三系红层不同含水量与其力学性质关系试验研究[J]．西北水电，2005(4)：16—19.
[160] 陶振宇．岩石力学的理论与实践[M]．武汉：武汉大学出版社，2013.
[161] 田振农，李世海，肖南，等．应力波在一维节理岩体中传播规律的试验研究与数值模拟[J]．岩石力学与工程学报，2008，27(S1)：2687—2692.
[162] 汪成兵，朱合华．埋深对软弱隧道围岩破坏影响机制试验研究[J]．岩石力学与工程学报，2010，29(12)：2442—2448.
[163] 汪成兵，朱合华．隧道围岩渐进性破坏机理模型试验方法研究[J]．铁道工程学报，2009(3)：48—53.
[164] 汪成兵．均质岩体中隧道围岩破坏过程的试验与数值模拟[J]．岩土力学，2012，33(1)：103—108.
[165] 王波，王建勋．龙门石窟生态及文物保护初探[J]．南方建筑，2002(4)：12—14.
[166] 王春艳，朱传方，万婷，等．环氧改性脂肪族水性聚氨酯的合成与性能[J]．应用化学，2006，23(4)：441—443.
[167] 王桂花，张建国，程远方，等．含水饱和度对岩石力学参数影响的实验研究[J]．石油钻探技术，2001，29(4)：59—61.

[168] 王浩，廖小平．边坡开挖卸荷松弛区的力学性质研究[J]. 中国地质灾害与工程学报，2007(S1)：5—10.
[169] 王亨通．温差变化对炳灵寺石窟的影响[J]. 敦煌学辑刊，1990(2)：106—111.
[170] 王红霞，王建美．龙门石窟环境综合整治工程景观环境影响回顾分析[J]. 黑龙江环境通报，2006，30(4)：64—67.
[171] 王宏图，李晓红，杨春和，等．准各向同性裂隙岩体中有效动弹性参数与弹性波速关系的研究[J]. 岩土力学，2005，26(6)：873—876.
[172] 王建秀，朱合华，唐益群．石灰岩损伤演化的断裂力学模型及耦合方程[J]. 同济大学学报(自然科学版)，2004，32(10)：1320—1324.
[173] 王军，何淼，汪中卫．膨胀砂岩的抗剪强度与含水量的关系[J]. 土木工程学报，2006，39(1)：98—102.
[174] 王军祥．岩石弹塑性损伤 MHC 耦合模型及数值算法研究[D]. 辽宁：大连海事大学，2014.
[175] 王丽琴，党高潮，赵西晨，等．加固材料在石质文物保护中应用的研究进展[J]. 材料科学与工程学报，2004，22(5)：778—782.
[176] 王利，阚永明，高谦，等．岩爆孕育和发生全过程数值研究[J]. 河南理工大学学报(自然科学版)，2010，29(5)：667—673.
[177] 王俐，杨春和．不同初始饱水状态红砂岩冻融损伤差异性研究[J]. 岩土力学，2006，27(10)：1772—1776.
[178] 王培义，张晓丽，徐甲强．表面活性剂在纳米材料形貌调控中的作用及机理研究进展[J]. 化工新型材料，2007，35(6)：14—16+26.
[179] 王让甲．声波岩石分级和岩石动弹性力学参数的分析研究[M]. 北京：地质出版社，1997.
[180] 王伟，李雪浩，朱其志，等．水化学腐蚀对砂板岩力学性能影响的试验研究[J]. 岩土力学，2017，38(9)：2559—2566.
[181] 王伟，刘桃根，吕军，等．水岩化学作用对砂岩力学特性影响的试验研究[J]. 岩石力学与工程学报，2012(A02)：3607—3617.
[182] 王现国，彭涛，郭友琴，等．龙门石窟变形破坏原因及保护对策[J]. 中国地质灾害与防治学报，2006，17(1)：130—132.
[183] 王新录．钟山石窟的风化及保护初探[J]. 文博，1992，1：86—90.
[184] 王泳嘉，冯夏庭．化学环境侵蚀下的岩石破裂特性——第二部分：时间分形分析[J]. 岩石力学与工程学报，2000，19(5)：551—556.
[185] 王媛，速宝玉，徐志英．裂隙岩体渗流模型综述[J]. 水科学进展，1996，7(3)：276—282.
[186] 王运生，罗永红，吴俊峰，等．中国西部深切河谷谷底卸荷松弛带成因机理研究[J]. 地球科学进展，2008，23(5)：463—468.

[187] 魏玉峰，荀晓慧，聂德新．黄丰水电站坝基软岩变形参数取值研究[J]．人民长江，2010，41(10)：45—47.
[188] 吴宝燕，张爱国，朱丽君．云冈石窟水害及其治理措施[J]．地下水，2008，30(3)：116—118.
[189] 吴铸，许模，覃礼貌，等．建基岩体开挖前后的声波曲线特性及其成因分析[J]．南水北调与水利科技，2011，9(3)：68—71+74.
[190] 仵彦卿，曹广祝，丁卫华．CT 尺度砂岩渗流与应力关系试验研究[J]．岩石力学与工程学报，2005，24(23)：4203—4209.
[191] 仵彦卿．岩体水力学基础(六)——岩体渗流场与应力场耦合的双重介质模型[J]．水文地质工程地质，1998(1)：43—46.
[192] 仵彦卿．岩体水力学基础(四)——岩体渗流场与应力场耦合的等效连续介质模型[J]．水文地质工程地质，1997(3)：10—14.
[193] 仵彦卿．岩体水力学基础(五)——岩体渗流场与应力场耦合的裂隙网络模型[J]．水文地质工程地质，1997(5)：41—45.
[194] 夏唐代，周新民．气饱和土中弹性波的传播特性[J]．江南大学学报(自然科学版)，2006，5(6)：711—714.
[195] 肖国强，覃毅宝，王法刚，等．声波法在三峡工程永久船闸边坡岩体卸荷松弛监测中的应用[J]．岩土力学，2006(S2)：1235—1238.
[196] 辛维，王宝善，郭志伟，等．单轴加载条件下瑞利波偏振和不同震相波速对应力敏感性的实验研究[J]．中国地震，2011，27(1)：39—48.
[197] 徐光苗，刘泉声．岩石冻融破坏机理分析及冻融力学试验研究[J]．岩石力学与工程学报，2005，24(17)：3076—3082.
[198] 徐松林，刘永贵，席道瑛，等．卸荷过程岩体中弹性波波速变化分析[J]．岩土力学，2011，32(10)：2907—2916.
[199] 徐桃．水溶液及冻融侵蚀下龙门石窟灰岩的损伤试验及机理研究[D]．焦作：河南理工大学，2013.
[200] 许崇帮，夏才初，宋二祥．节理岩体中隧道围岩变形特征分析[J]．岩石力学与工程学报，2012(A02)：3566—3570.
[201] 许淳淳，何宗虎，李伟，等．添加 TiO_2、SiO_2 纳米粉体对石质文物防护剂改性的研究[J]．腐蚀科学与防护技术，2003，15(6)：320—323.
[202] 严绍军，方云，孙兵，等．渗水对龙门石窟的影响及治理分析[J]．现代地质，2005，19(3)：475—478.
[203] 阎宏彬，黄继忠，赵新春，等．温度、湿度的变化对云冈石窟保存的影响[J]．山西大同大学学报(自然科学版)，2007，23(3)：25—29.
[204] 阎岩，王恩志，王思敬，等．岩石渗流—流变耦合的试验研究[J]．岩土力学，2010，31(7)：2095—2103.

[205] 杨刚亮，马朝龙．龙门石窟风化现状调查与对策分析[A]. 2005 云冈国际学术研讨会论文集，2005.
[206] 杨刚亮．龙门石窟保护修复工程综述与探讨[J]. 石窟寺研究，2012(1)：263—380.
[207] 杨刚亮．龙门石窟的日常维护[N]. 中国文物报，2004.
[208] 杨刚亮．龙门石窟科技保护研究的现状和展望[J]. 石窟寺研究，2010(1)：273—278.
[209] 杨更社，张全胜，蒲毅彬．冻结温度影响下岩石细观损伤演化 CT 扫描[J]. 长安大学学报(自然科学版)，2004，24(6)：40—42+46.
[210] 杨金保，冯夏庭，潘鹏志．考虑应力历史的岩石单裂隙渗流特性试验研究[J]. 岩土力学，2013，34(6)：1629—1635.
[211] 杨璐，王丽琴，王璞，等．文物保护用丙烯酸树脂 Paraloid B72 的光稳定性能研究[J]. 文物保护与考古科学，2007，19(3)：54—58.
[212] 杨涛，杨勇，杨坤，等．新型环保水性含氟共聚物涂料[J]. 四川化工，2005，8(2)：21—25.
[213] 杨天鸿，屠晓利，於斌，等．岩石破裂与渗流耦合过程细观力学模型[J]. 固体力学学报，2005，26(3)：333—337.
[214] 姚华彦，冯夏庭，崔强，等．化学侵蚀下硬脆性灰岩变形和强度特性的试验研究[J]. 岩土力学，2009，30(2)：338—344.
[215] 陈炳瑞，冯夏庭，姚华彦，等．水化学溶液下灰岩力学特性及神经网络模拟研究[J]. 岩土力学，2010，31(4)：1173—1180.
[216] 姚华彦．化学溶液及其水压作用下灰岩破裂过程宏细观力学试验与理论分析[D]. 武汉：中国科学院武汉岩土力学研究所，2008.
[217] 姚增，丁梧秀．岩体地震破坏后弹性波波动力学参数特征研究——以黄河大柳树地区岩体为例[J]. 兰州大学学报(自然科学版)，1995，31(3)：113—119.
[218] 姚增，丁梧秀．黄河上游某坝基岩体弹性波速的各向异性与归一化研究[J]. 地质灾害与环境保护，1996，7(2)：38—43.
[219] 姚增，赵平劳，邱新红．不同测试方法的纵波波速与静弹模量的相关研究[J]. 兰州大学学报(自然科学版)，1991，27(3)：126—130.
[220] 易毅，何刚，汤子坚，等．高拱坝坝基岩体松弛时间及空间效应研究[J]. 水利规划与设计，2014(2)：89—93.
[221] 尹玉英，尹立威．浅析岩石单轴抗压强度的影响因素[J]. 湖南水利水电，2002，12(6)：12—13.
[222] 俞缙，关云飞，肖琳，等．弹性纵波在不同非线性法向变形行为节理处的传播[J]. 解放军理工大学学报(自然科学版)，2007，8(6)：589—594.

[223] 俞缙，李宏，陈旭，等．渗透压—应力耦合作用下砂岩渗透率与变形关联性三轴试验研究[J]．岩石力学与工程学报，2013，32(6)：1203—1213.
[224] 袁胜忠．弹性波在地质勘探中的应用[J]．华东交通大学学报，2004，21(1)：47—50.
[225] 张傲，方云，徐敏，等．龙门石窟碳酸盐岩体文物风化作用模拟试验研究[J]．中国岩溶，2012，31(3)：227—233.
[226] 张秉坚，陈劲松．石材的腐蚀机理和破坏因素[J]．石材，1999，11：14—17.
[227] 张秉坚，尹海燕，陈德余，等．一种生物无机材料——石质古迹上天然 CaC_2O_4 保护膜的研究[J]．无机材料学报，2001，16(4)：752—756.
[228] 张秉坚，尹海燕，沈忠悦，等．CaC_2O_4 生物矿化膜的形成机理和化学仿制——一种新型石质文物表面防护材料的开发研究[J]．矿物学报，2001，21(3)：319—322.
[229] 张成渝．洛阳龙门石窟水的赋存对岩体稳定性的影响[J]．北京大学学报(自然科学版)，2003，39(6)：829—834.
[230] 张春安，易毅，汤子坚，等．大岗山水电站坝基长观孔测试分析研究[J]．人民长江，2011，42(14)：56—58+71.
[231] 张大红．红砂岩路段的施工实践[J]．湖南交通科技，2000，26(3)：11—13.
[232] 张光杰．高速铁路隧道围岩大变形特征及机理分析[J]．湖南城市学院学报(自然科学版)，2014，23(2)：15—19.
[233] 张继周，缪林昌，杨振峰．冻融条件下岩石损伤劣化机制和力学特性研究[J]．岩石力学与工程学报，2008，27(8)：1688—1694.
[234] 张金才，张玉卓，刘天泉．岩体渗流与煤层底板突水[M]．北京：地质出版社，1997.
[235] 张金风．石质文物病害机理研究[J]．文物保护与考古科学，2008，20(2)：60—67.
[236] 张培源，卢晓霞，严波，等．初应力场的 Rayleigh 波[J]．重庆大学学报(自然科学版)，2000，23(4)：64—67.
[237] 张清照，沈明荣，张龙波．结构面在卸载条件下的力学特性研究[J]．地下空间与工程学报，2009，5(6)：1126—1130+1137.
[238] 张石虎，傅少君，陈胜宏．坝基岩体开挖松弛效应分析与锚固效果评估研究[J]．岩石力学与工程学报，2014，33(3)：514—522.
[239] 张文捷，程荣兰，詹美礼，等．岩体渗流的一种改进数学模型[J]．河海大学学报(自然科学版)，2010，38(1)：52—57.
[240] 张霞，赵岩，张彩碚．有机分子控制下 TiO_2 纳米材料的制备及光催化性能研究[J]．功能材料，2003，34(4)：436—438.
[241] 张玉卓，张金才．裂隙岩体渗流与应力耦合的试验研究[J]．岩土力学，

1997，18(4)：59—62.

[242] 张站群，蔚立元，李光雷，等．化学腐蚀后灰岩动态拉伸力学特性试验研究[J]. 岩土工程学报，2020，42(6)：1151—1158.
[243] 张志耕，张亚峰，邝健政，等．聚氨酯改性环氧丙烯酸酯灌浆材料的制备[J]. 新型建筑材料，2006(4)：56—59.
[244] 张忠胤．俄罗斯地台东部上二叠纪红层的成因及该地层粘土质岩石的工程地质性质[M]. 北京：地质出版社，1958.
[245] 长春地质学院水文物探编写组．水文地质工程地质物探教程[M]. 北京：地质出版社，1980.
[246] 赵明华，邓觐宇，曹文贵．红砂岩崩解特性及其路堤填筑技术研究[J]. 中国公路学报，2003，16(3)：1—5.
[247] 赵明阶．二维应力场作用下岩体弹性波速与衰减特性研究[J]. 岩石力学与工程学报，2007，26(1)：123—130.
[248] 赵平劳，姚增．层状结构岩体的复合材料本构模型[J]. 兰州大学学报(自然科学版)，1990(2)：114—118.
[249] 赵勇，许模，赵红梅，等．大岗山水电站拱坝建基岩体波速曲线类型及地质背景[J]. 水利水电科技进展，2012，32(5)：74—77.
[250] 赵瑜，张春文，刘新荣，等．高应力岩石局部化变形与隧道围岩灾变破坏过程[J]. 重庆大学学报，2011，34(4)：100—106.
[251] 赵云，刘懿夫，王晶，等．龙门石窟的窟龛分布与保存状况[J]. 古建园林技术，2016(1)：73—79.
[252] 赵忠虎，鲁睿，张国庆．岩石失稳破裂的能量原理分析[J]. 金属矿山，2006(10)：17—20+37.
[253] 郑少河，朱维申．裂隙岩体渗流损伤耦合模型的理论分析[J]. 岩石力学与工程学报，2001，20(2)：156—159.
[254] 重庆建筑工程学院、同济大学．岩体力学[M]. 北京：中国建筑工业出版社，1981.
[255] 周翠英，邓毅梅，谭祥韶，等．软岩在饱水过程中水溶液化学成分变化规律研究[J]. 岩石力学与工程学报，2004，23(22)：3813—3817.
[256] 周翠英，彭泽英，尚伟，等．论岩土工程中水—岩相互作用研究的焦点问题——特殊软岩的力学变异性[J]. 岩土力学，2002，23(1)：124—128.
[257] 周凤玺，赖远明．饱和冻土中弹性波的传播特性[J]. 岩土力学，2011，32(9)：2669—2674.
[258] 周华，汪卫明，陈胜宏．岩体开挖松弛的判据与有限元分析[J]. 华中科技大学学报(自然科学版)，2009，37(6)：112—116.

[259] 周辉，冯夏庭．岩石应力—水力—化学耦合过程研究进展[J]. 岩石力学与工程学报，2006，25(4)：855—864.

[260] 周辉，邵建富，冯夏庭，等．岩石细观统计渗流模型研究(II)：实例分析[J]. 岩土力学，2006，27(1)：123—126.

[261] 周继亮，涂伟萍．室温固化柔韧性水性环氧固化剂的合成与性能[J]. 高分子材料科学与工程，2006，22(1)：52—55.

[262] 朱合华，叶斌．饱水状态下隧道围岩蠕变力学性质的试验研究[J]. 岩石力学与工程学报，2002，21(12)：1791—1796.

[263] 朱华，杨刚亮，方云，等．龙门石窟潜溪寺凝结水病害形成机理及防治对策研究[J]. 中原文物，2008(4)：109—112.

[264] 朱貌贤，陈晓斌．红砂岩粗粒土路基填料试验分析[J]. 广州建筑，2007(3)：13—16.

[265] 朱珍德，张爱军，张勇，等．基于湿度应力场理论的膨胀岩弹塑性本构关系[J]. 岩土力学，2004，25(5)：700—702.

[266] 朱正柱，邱建辉，段宏瑜，等．改性氟树脂石质文物封护材料的研究[J]. 石材，2007，5(12)：39—43.

[267] 祝启虎，卢文波，孙金山．基于能量原理的岩爆机理及应力状态分析[J]. 武汉大学学报(工学版)，2007，40(2)：84—87.

[268] 邹灵战，邓金根，徐显广，等．山前高陡构造节理围岩的井壁失稳机制研究[J]. 岩石力学与工程学报，2008，27(S1)：2733—2740.

[269] 祖恩普，郝常艳．龙门石窟藻类类群调查分析[J]. 洛阳师范学院学报，2012，31(8)：63—65.

[270] Amold L，Honeybome D B，Price C A. Conserve natural Stone[J]. Chem Ind，1976，4：345—347.

[271] Antonucci V，Mastrangeli C，Mensitieri G，et al. Gas and water vapour transport through polymer based protective materials for stone monuments：Fluorinated polyurethanes[J]. Materials and Structur-es，1998，31(2)：104—110.

[272] Arocena J M，Hall K. Calcium phosphate coatings on the yalour islands，antarctica：formation and geomorphic implications[J]. Arctic Antarctic and Alpine Research，2003，35(2)：233—241.

[273] Atkinson B K，Meredith P G. Stress corrosion cracking of quartz：a note on the influence of chemical environment [J] . Tectonophysics，1981，77：1—11.

[274] Avid W P. Slake durability and engineering properties of Durham Triassic Basin rock [D] . PhD thesis，North Carolina State University，Raleigh，2001.

[275] Barthlott W，Neinhuis C. Purity of the sacred lotus，or escape from contamination in biological surfaces[J]. Planta，1997，202(1)：1—8.
[276] Burshtein L S. Effect of moisture on the strength and deformability of sandstone[J]. Journal of Mining Science，1969，5(5)：573—576.
[277] Cassell F L. Slips in fissured clay. In Proceedings of 2nd International Conference on Soil Mechanics and Foundation Engineering[J]. Rotterdam，1948，2：46—50.
[278] Christopher G. Groves，Alan D. Howard. Minimum hydrochemical conditions allowing limestone cave development[J]. Water Resources Research，1994，30(3)：607—615.
[279] Chugh Y P. Effects of moisture on strata control in coal mines[J]. Engineering Geology，1981，17：241—255.
[280] Ciardelli F，Aglietto M. Structurally modulated fluoropolymers for conservation of monumental sto-nes：synthesis，stability and applications [J]. Schweizerische Medizinische Wochenschrift，2000，86(7)：174—178.
[281] Dei L，Salvadori B. Nanotechnology in cultural heritage conservation：nanometric slaked lime saves architectonic and artistic surfaces from decay[J]. Journal of Cultural Heritage，2006，7(2)：110—115.
[282] Ding W X. Study on the time-dependent characteristics of sandstone under chemical corrosion. 2nd International Conference on Civil Engineering and Transportation[J]. Applied Mechanical and Materials，2013，256—259：174—178.
[283] Doménech C，Aura C. Evaluation of the phase Inversion process as an application method for synthetic polymers in conservation work[J]. Studies in Conservation，1999，44(1)：19—28.
[284] Dreybrodt W，Buhmann D. A mass transfer model for dissolution and precipitation of calcite from solutions in turbulent motion[J]. Chemical Geology，1991，90：107—122.
[285] Dunning J，Douglas B，Millar M，et al. The role of the chemical environment in frictional deform-ation：stress corrosion cracking and comminution [J]. Pure and Applied Geophysics，1994，143(1)：151—178.
[286] Dyke C G，Dobereiner L. Evaluating the strength and deformability of sandstones[J]. Quarterly Journal of Engineering Geology and Hydrogeology，1991，24(1)：123—134.
[287] Einstein H. Suggested method for laboratory testing of argillaceous swelling rocks[J]. International Journal of Rock Mechanics and Mining Sciences，

1989，26(5)：415—426.

[288] Feng X T，Chen S L，Li S J. Effects of water chemistry on microcracking and compressive strength of granite[J]. International Journal of Rock Mechanics and Mining Sciences，2001，38(4)：557—568.

[289] Feng X T，Chen S L，Li S J. Study on nonlinear damage localization process of rocks under water chemical corrosion. In Proceedings of 10th Congress of the ISRM，Technology Roadmap for Rock Mechanics[J]. South Africa，2003，66—76.

[290] Feng X T，Chen S L，Zhou H. Real-time computerized tomography (CT) experiments on sandstone damage evolution during triaxial compression with chemical corrosion[J]. International Journal of Rock Mechanics and Mining Sciences，2004，41(2)：181—192.

[291] Feng X T，Li S J，Chen S L. Effect of water chemical corrosion on strength and cracking characteristics of rocks-a review[J]. Key Engineering Materials，2004，261：1355—1360.

[292] Feucht L J，Logan J M. Effects of chemically active solutions on shearing behavior of a sandstone[J]. Tectonophysics，1990，175：159—176.

[293] Gamble J C. Durability plasticity classification of shales and other argillaceous rock[D]. PhD thesis，University of Illinois，Champagne，1971.

[294] Garty J，Kunin P，Delarea J，et al. Calcium oxalate and sulphate-containing structures on the thallial surface of the lichen Ramalina lacera：response to polluted air and simulated acid rain[J]. Plant Cell and Environment，2002，25(12)：1591—1604.

[295] Hawkins A B，McConnell B J. Sensitivity of sandstone strength and deformability to changes in moisture content[J]. Quarterly Journal of Engineering Geology and Hydrogeology，1992，25(2)：115—130.

[296] He M C. Current condition for mechanics of soft rock in China[M]. The Koreen：Ins of Min Energy Press，2004.

[297] He M C. New Theory in tunnel stability control of soft rock-mechanic of soft rock engineering[J]. Journal of Coal & Engineering，1996，17(1)：39—44.

[298] Heggheim T，Madland M V. A chemical induced enhanced weakening of chalk by seawater[J]. Journal of Petroleum Science and Engineering，2005，46：171—184.

[299] Hutchinson A J，Johnson J B. Stone degradation due to wet deposition of pollutants[J]. Corrosion science，1993，34：1881—1898.

[300] Jana N R，Gearheart L，Murphy C J. Wet chemical synthesis of high aspect

ratio cylindrical gold Nanorods[J]. Journal of Physical Chemistry B, 2001, 105(19): 4065—4067.
[301] Karfakis M G, Askram M. Effects of chemical solutions on rock fracturing [J]. International Journal of Rock Mechanics and Mining Sciences and Geomechanics Abstracts, 1993, 37(7): 1253—1259.
[302] King M S, Myer L R, Rezowalli J J. Experimental studies of elastic wave propagation in a columnar-jointed rock mass[J]. Geophysical Prospecting, 1986, 34(8): 1185—1199.
[303] Koncagul E C. Comparison of uniaxial compressive strength test and slake durability index values of shale samples from Breathitt Formation, Kentucky [D]. PhD thesis, University of Missouri, Rolla, 1998.
[304] Lee C H, Choi S W, Suh M. Natural deterioration and conservation treatment of the granite standing Buddha of Daejosa Temple, Republic of Korea [J]. Geotechnical and Geological Engineering, 2003, 21(1): 63—77.
[305] Lehmann, Janusz. Damage by accumulation of soluble salts in stonework. Studies in Conservation, 2016, 16(1): 35—45.
[306] Lewin S Z, Baer N S. Rationale of the barium hydroxide-urea treatment of decayed stone[J]. Studies in Conservation, 1974, 19(1): 24—35.
[307] Li H, Zhong Z L, Liu X R, et al. Micro-damage evolution and macro-mechanical property degrada-tion of limestone due to chemical effect[J]. International Journal of Rock Mechanics and Mining Sciences, 2018, 110: 257—265.
[308] Li N, Zhu Y M, Su B, et al. A chemical damage model of sandstone in acid solution[J]. International Journal of Rock Mechanics and Mining Sciences, 2003, 40(2): 243—249.
[309] Lin Y, Zhou K P, Gao R G, et al. Influence of chemical corrosion on pore structure and mechanical properties of sandstone [J]. Geofluids, 2019: 1—15.
[310] Liu J, Sheng J C, Polak A, et al. A fully-coupled hydrological-mechanical-chemical model for fra-cture sealing and preferential opening[J]. International Journal of Rock Mechanics and Mining Sciences, 2006, 43(1): 23—36.
[311] Logan J M, Blackwell M I. The influence of chemically active fluids on the frictional behavior of sandstone[J]. American Geophysical Union, 1983, 64 (2): 835—837.
[312] Louis C. Rock hydroulics in rock mechanics[M]. New York: Verlay Wien, 1974.
[313] Manganelli D C, Pecchioni E, Scala A, et al. Sandstone conservation problems: aggregating-protective treatment by a fluorinated elastomer[J]. Science and

technology for cultural heritage，1992，1(2)：201—208.

[314] Moriwaki Y. Causes of slaking in argillaceous Materials[D]. PhD thesis，University of California，Ber-keley，1975.

[315] Muneo H，Hidenori M. Micromechanical analysis on deterioration due to freezing and thawing in porous brittle materials[J]. International Journal of Engineering Science，1998，36(4)：511—522.

[316] Peter M. Breathing new life into statues of wells[J]. New Scientist，1977，76(4)：754—756.

[317] Piacenti F. Structure and behavior of materials for the conservation of monumental buildings structural studies[J]. Journal for restoration of building and monuments，1997，6(3)：277—286.

[318] Polak A，Elsworth D，Liu J，et al. Spontaneous switching of permeability changes in a limestone fracture with net dissolution[J]. Water Resources Research，2004，40(3)：1—10.

[319] Price C A. Stone：decay and preservation[J]. Chemistry in Britain，1975，11(10)：350—353.

[320] Rebinder P A，Schreiner L A，Zhigach K F. Hardness reducers in drilling：a physico-chemical method of facilitating the mechanical destruction of rocks during drilling[J]. USSR，Moscow：Tansl，1948.

[321] Rodrigues J D，Pinto A P F，Charola A E，et al. Selection of consolidants for use on the tower of Belem[J]. Restoration of Buildings and Monuments，1998，4(6)：653—666.

[322] Schnabel L. Evaluation of the barium hydroxide-urea consolidation method. In Proceedings of 7th International Congress On Deterioration and Conservation of Stone[J]. Lisbon：Laboratorio Nacional de Engenharia Civil，1974，1063—1072.

[323] Seinov N P，Chevkin A L. Effect of fissure on the fragmentation of a medium by blasting[J]. Journal of Mining Science，1968，4(3)：254—259.

[324] Singh T N，Verma A K，Singh V，et al. Slake durability study of shaly rock and its predictions[J]. Environmental Geology，2004，47(2)：246—253.

[325] Skempton A W. The pore pressure coefficient A and B[J]. Geotechnique，1954，4：143—147.

[326] Spathis P，Karagiannidou E. Influence of titanium dioxide pigments on the photo degradation of paraloid acrylic resin[J]. Studies in Conservation，2003，48(1)：57—64.

[327] Steefel C I，Cappelen V P. A new kinetic approach to modeling water-rock interaction：the role of nucleation，precursors，and Ostwald ripening[J]. Geochimica Et Cosmochimica Acta，1990，54(10)：2657—2677.
[328] Terzaghi K，Peck R B. Soil mechanics in engineering practice；second edition [M]. New York：Interscience Publishers，1967.
[329] Torraca G. Air pollution and the cultural heritage：the case of the decay and treatment of stone monuments，In：Sustained care of the cultural heritage against pollution[J]. Journal of Cultural Heritage，2000，39—50.
[330] Wang Y P，Zhu L，Li W，et al. Biomimetic synthesis technology and its application researches[J]. Chemical Industry and Engineering，2001，15(5)：272—278.
[331] Warnes A R. Building stone：their properties，decay and preservation[M]. London：Ernest-Benn，1926.
[332] Watanabe T，Sassa K. Velocity and amplitude of P-waves transmitted through fractured zones composed of multiple thin low-velocity layers[J]. International Journal of Rock Mechanics and Mining Science and Geomechanics Abstract，1995，32(4)：313—324.
[333] Yamabe T，Neaupane K M. Determination of some thermo-mechanical properties of Sirahama sandstone under subzero temperature condition[J]. International Journal of Rock Mechanics and Mining Sciences，2001，38(7)：1029—1034.
[334] Yasuhara H，Elsworth D，Polak A. A mechanistic model for compaction of granular aggregates moderated by pressure solution[J]. Journal of Geophysical Research Solid Earth，2003，108(B11)：2530—2536.
[335] Yasuhara H，Elsworth D，Polak A. The evolution of permeability in a natural fracture：the significant role of pressure solution[J]. Journal of Geophysical Research Solid Earth，2004，109：1—11.
[336] Yeh G T，Tripathi V S. A model for simulating transport of reactive multispecies Components：model development and demonstration[J]. Water Resources Research，1991，27(12)：3075—3094.
[337] Yu L Y，Zhang Z Q，Wu J G，et al. Experimental study on the dynamic fracture mechanical properties of limestone after chemical corrosion[J]. Theoretical and Applied Fracture Mechanics，2020，108.
[338] Zhang J，Deng H W，Abbas T，et al. Degradation of physical and mechanical properties of sandstone subjected to freeze-thaw cycles and chemical erosion[J]. Cold Regions Science and Technology，2018，155：37—46.